The Universal Sense

How Hearing Shapes the Mind

「音」と身体のふしぎな関係

Seth S. Horowitz

セス・S・ホロウィッツ［著］

安部恵子［訳］

柏書房

音に関する悪巧みのパートナー
チャイナ・ブルーとランス
そして
深夜の奇妙なアイデアに関する恩人
アーノルド・ホロウィッツへ

目次

本文中の［　］は訳者による注を示す

前書きと謝辞

初めての本を書くのはとても難しい。自分が情熱を注いでいることが含まれるならなおさらだ。数十年のあいだに、数え切れないほどの人々と交流を重ね、いく多の場所や物事にかかわる経験をしてきた。相手が生き物の場合も、そうでない場合もあった。それらの散り散りになった要素を寄せ集めなくてはならないのだ。音に囲まれた生活の大半は、意識して考えるよりも低いところにあるので、聞こえたことについて書くのはとりわけ難しい。それは一見、やさしくも思われる——それというのも日常生活で注意を払う音の多くは言葉であり、言葉は言語の約束事に縛られているから、会話や歌詞を直接文字に書き起こすことができるのだ。けれども、書き言葉と話し言葉の基礎についてほんの少し掘り下げて考えればわかるように、英語のような非声調言語（中国語のように音の高低で意味が異なる言語ではない）の簡単な発言でさえ、それが豊かに含むものの一部しか、書き言葉のルールで表すことはできない。私が「何ですか?」と書けば、読者のあなたは、私が質問をしたと思うだろう。ところが、あなたは私がその言葉を叫ぶのを聞いたとしよう（「何ですか!!!!」）。するとたちどころに、私が変化させた音声に基づいてまったく新たな背景が現れる——あなたが私の邪魔をしたので私が怒っている、またはいらついている、あるいはあなたが今知らせてくれた内容が実にひどいので、あなたがいったことが事実かどうかを疑っている、など。だがそうするかわりに、私が長めの沈黙を置いてから、ひっそりとささやくように同じ言葉を言ったとしよう（「……何ですか？」）。あなたがひどく悪い知らせを私に伝えた、というところだろうか。このように、単純な言葉でも音声の変化だけで、話し手と聞き手のどちらの感情や注意、行動の状態も見抜けるのだ。満ち足りたネコがゴロゴロと喉を鳴らす音を書き表すことはできるが、その音で飼い主の気持ちが落ち着くことや、ネコ科動物に重いアレルギーがあるのに、そのゴロゴロと音を出す代物に懐かれるようになった人がいらいらすることを、どう説明できるだろうか。こうした反応を説明しようとするには、ヒトとネコ科動物の双方の音声の振幅変調や、種間のコミュニケーション、脳の情動の働きについて調べていく必要がある。さらに、黒板に爪を立てて引っかくときのぞっとするような不快な音についてはどうだろう。なぜ私たちは、一八一五年に発明されたばかりの技術を使った非常に特殊な行為に対して、そうした本能的な反応を進化させたのだろうか［一八一五年にイギリスのジェームズ・ピランズが、現在の形の黒板を初めて作ってチョークとともに高校の地理の授業に導入したという説がある］。

音の発生の仕方や聞こえ方（あるいは聞こえなさ）、つまり音があなたの心や注意、記憶、気分に及ぼす影響はことのほか大きいので、言葉ではほとんど表現できない。文字通り数百もの優れた書籍（と、一部のそれほど優れていない書籍）には、この巨大なパズルのピースを個別に取り扱っているものがあるだろう。だが、あらゆる音と、生き物がそれを認知し影響を受けることにおいては、物質とエネルギーと精神の最も基本的な相互作用を結びつける数学的本質が存在する。

私がこの本を書こうと決めたのは、三〇年以上のあいだ、あらゆる種類の音に魅了されてきたからだ。私は音に注目し、情熱を傾け、多種多様な――リズム・アンド・ブルースのミュージシャンから、デジタルサウンドを作るプログラマーやイルカのトレーナー、聴覚神経科学者、音楽プロデューサー、あるいは音響ブランディングのデザイナーまでの——視点から理解し、ただ一つのテーマにまとめあげようとしてきた。すなわち、音と聴覚が、どのようにして進化し、発達して、心の日常的な働きを形作ってきたか、というものだ。

本書があなたのこれまでに読んだ音関連の本とは違うとすれば、次のいくつかのわけがある。最近では、音について、そして音声言語・音楽・騒音といった音のさまざまな側面についての科学関連の研究のほとんどは、神経イメージングの実験に基づいている。機能的核磁気共鳴画像法（ｆＭＲＩ）のような技術は、ある物事を見たり聞いたりするときや、物事について考えるときに、脳のどの部分が活性化しているのかを示すあざやかな画像を映し出す。たいていの場合、こうした研究は、大脳皮質の部分、つまり人間やそのほかイルカやチンパンジーといった大きな脳を持つ哺乳類に特徴的な脳の複雑な部分に注目するので、「トップダウン」といわれる考え方による——つまり目が向けられるのは、興味深い脳活動の最終処理段階に関係する領域なのだ。だがそれに対し、私が目を向けるのは、物事が体外の世界で始まり、体内に入ってくること、つまり、耳（と、ときにはほかの感覚器）での最初の身体的感覚から、脳幹の最下部までの全体に基づいている。つまり私は「ボトムアップ」の見方をして、皮質による認知に関する高度なレベルの機能のもとになって、それを駆動させる要素に注目する。どちらの見方も科学では重要だが、私はボトムアップのアプローチによるほうが、環世界、つまり感覚をとおして作られる世界の本質に迫った理解ができる［環世界は、ドイツの生物学者で哲学者のヤーコプ・フォン・ユクスキュル（1864-1944）が提唱した概念。すべての動物は種特有の知覚世界を持っており、動物が知覚して作用する世界がその動物にとっての環境と考える］。このボトムアップのアプローチによって、私にとって（そして願わくは本書を読み終えたときの読者のみなさんにとっても）、私たちが組み込まれている刻々と変わりゆく世界の状況のなかで、一つの脳が、ほかの脳で進む深遠なプロセスを理解するよい機会が与えられるだろう。

大きな物事を大局的に見ようとするすべてのプロジェクトと同様に、多くの細かい特徴は種々雑多なもののなかに埋没するだろう。本書が聴覚の神経科学と知覚に関する教科書になるとは思わないが、数十マイクロメートル［マイクロメートルは一〇〇万分の一メートル］の細胞がピコボルト［ピコボルトは一兆分の一ボルト］スケールで働き、分子チャネルが一秒あたり数千回開閉することが、あなたがお母さんの声を認識する基礎になっているのかといった、私が驚嘆したことを説明してみようと思う。本書は、音楽の認識の生物学的根拠に決定的な答えを何ら与えるものではないが、なぜ科学がこの種の基本的人間行動を取り扱うのに苦労するのかを説明したい。同様にまた、あなたが賞を取るような音響エンジニアになる方法を教えようとする本ではないが、なぜあなたが異性にもてるようになるはずの着メロには実際お金を支払うべきではないのか、あるいはなぜあなたがティーンエイジャーを家の芝生から追い出すのかを説明してもよい。そして、宇宙空間での戦闘シーンで爆音を入れるのにこだわる映画製作者が選ぶ音についての説明はできないが、地球外の音を聴く旅へあなたを案内しようと思う。若い読者のなかにはいつか火星の風の音を実際に自分の耳で聞く機会をえて、最初にこの本で読んだなあと思いだしてくれる人もいることを期待しながら。

音についての本を書こうと初めて考えてから三〇年を超えるが、さらに三〇年待ったとしても、音についてのすべてを書くことはかなわないだろう――それに、この原稿をとても辛抱強く待っている編集者のベンジャミン・アダムズに渡すはずだった期日から、なおさらひどく遅れてしまうことになるだろう。とはいえ、この三〇年来、音と聴覚に対する情熱を私とともに燃やし、私のなかに形作ることになった、幅広くさまざまな分野の先生や支援者、同僚、そして友人に私は恵まれた。そうしたなかでは特に、NASAの元ライフサイエンス・ディレクターの故ジェラルド・ソフェンの名をあげたい。私の宇宙生物学への興味を最初にかき立てた（そして、火星はどんな音がすると思うか、と私に尋ねた）人だ。また、ニューヨーク水族館のマーサ・ハイアットは、私がイルカたちを研究してイルカたちから学ぶように上手に仕向けてくれたので、私は忍耐を身につけることに初めて成功した。そしてイルカのリリーとスターキーとミミは動物行動学の楽しさを教えてくれた。ニューヨーク市立大学ハンター校のピーター・モラーは、巧みな言葉を操って私を心理学研究の虜にさせ、神経動物行動学の世界に招き入れ、そしてその道に進むことを勧めてくれたので、私はブラウン大学で働くことになった。そこでは指導教官としてアンドレア・メジェラ・サイモンズと、博士号取得後の指導教官のジェイムズ・サイモンズ、そしてそのほかにも、すばらしい先生や学生に出会った。彼らは後に同僚となったが、そのなかにはシャロン・シュウォーツ、バリー・コナーズ、デイヴィッド・バーソン、ダイアン・リプスコム、ジュディス・チャップマン、レベッカ・ブラウン、メアリー・ベイツ、ジェフリー・ノウルズ、そしてそのほかにも、ここには書き切れないたくさんの人がいる。ピーター・シュルツは、友人で、扇動的科学者でもあり、NASAのロードアイランドのスペースグラント（助成）のディレクターでもあるが、私のきわめて奇妙なプロジェクトのいくつかに資金が集まるように励まし協力してくれた。偉大なエド・マレンが亡くなって私はとても寂しい。彼は非凡なエンジニアで、「科学という名においてこれまでに作られた最も奇妙なもの」（たとえば、コウモリに背負わせるレーザー搭載リュックといったもの）に私が興味を持つからといって、私を「邪悪博士（ドクター・イーヴィル）」と呼び、いくつかの最も愉快な部類の研究に手を貸してくれた。レイチェル・ハーツは、ブラウン大学におけるばかげたこと好きという「同病」の同僚で、『あなたはなぜあの人の「におい」に魅かれるのか』（前田久仁子訳、原書房）の著者でもあり、彼女こそ本書に記載のあらゆるごたごたに私を引っ張り込んだ人である。レイトン・トルソンはいつも元気と熱意で盛り上げて、音と睡眠の臨床研究でも手助けしてくれた。フォックスファイア・インタラクティヴ社のブラッド・ライルが、私を『ジャスト・リッスン』のプロジェクトに引き入れてくれたおかげで、私はエヴェリン・グレニーのことを知った。ライルがエヴェリンとともに仕事をする機会を与えてくれたことに深く感謝している。エヴェリンは驚くべきパーカショニストで、彼女独特の音楽の認知についてすばらしい洞察を与えてくれた。メアリー・ローチは私の好きなサイエンス・ライターの一人だが、最初の草稿で私がひどく癇癪を起しているあいだに手を握っていてくれた。それから、エージェントのウェンディ・ストロースマンと、ブルームズベリーUSAの編集者のベンジャミン・アダムズにも、喜んで感謝を表したいと思う。

次の四人は私の最も感謝すべき人々で、ある意味、最も責任の重い人々ともいえる。母のマーレ・フィッシュマンは、私が何をするにせよ、自分の行きたい場所に行く助けになることをするべきだと主張した。こと知性と創造性にかけては、父のアーノルド・ホロウィッツを私は尊敬してやまない。ごく小さいころから父に教え込まれたことがある。それは、誰かが何かを不可能だといったら、それはそれを成し遂げるのにはほんの少し余計に時間がかかるという意味にすぎないということ、それから、装置を使った実験で本物の失敗とは、感電死してしまった場合だけ、ということだ。ランス・マッセーは、ここ一五年ほど音に関する悪巧みをともにする友人でパートナーだ。彼はオーバリン大学から音楽で学位を得た初めての人物で、Tモバイル社のサウンドロゴの作曲者だ。私はランスとともに一〇年以上にわたって兵器級の音を作り出そうとしてきた。彼のおかげで私がこうしたすべてを経験し続けているのは、私がどれほど科学をつぎ込んだものを書こうとも、結局それはすべてワンフレーズの音楽にすぎないことを彼が気づかせてくれるからだ。そして、大事なことをいい忘れていたが、私の美しくて優秀な妻のチャイナ・ブルーは、非凡なサウンドアーティストで、他人だったら私に精神科にかかるよう勧めてくれそうな私のプロジェクトに我慢するだけでなく協力もしてくれた。彼女と喧嘩することといえば、はんだごての取り合いぐらいだ。みなさまに感謝します。この責任はみなさまに。

はじめに

ここ数年、私はブラウン大学ハンター心理学研究所の地下室に入り浸っていた。私の周りには進行中の実験の臭気が立ち込めていた。臭いのもとは、コウモリにレーザーを装着するための小さなリュックサック、アカゲザルの中耳の骨、妻がにこやかに写っているがエイムズ研究センターの垂直発射砲実験室でまるまってしまった写真、そして用途不明のものも含むおびただしい数の装置類だった。こうしたごたごたしたものに囲まれて、非常に静かでうれしいとよく私は思った。たいていの人は窓のあるオフィスで働きたいと切に願うようだが、私はむしろそうした場所に恐怖を感じた。作業室がまたしても水浸しになっているとか、カエル飼育室の温度制御装置が切れてしまったことなどを知らせるアラームや、通路の向こう側の研究室で作動している音響心理学の実験用装置がたまにビービーとけたたましく鳴る音などを、ときどき我慢しなければならなかったとはいえ、概して、私は人から離れていることを好み、考える時間があるという感覚が気に入っていた。ここアイビーリーグの科学系の学部では、考える時間は一般の人が想像する以上に制限された必需品だ——ほとんどの時間を、前述の温度制御装置がこの二週間に五回切れた事実について一生懸命書くようなことに費やして終わってしまうようなので。

するとあなたは疑問になるだろう。大学のなかはほんとうに静かなのか、と。アラームが鳴ったり大学院生が修正実験を試みたりすることが一切なくても、実際に注意を払えば、私の耳にはほとんど途切れることなく雑音が聞こえた。たとえば換気口の振動で響く低音、車の通りすぎる音、廊下の向こう側から聞こえる声、頭上にある旧式の蛍光灯器具から出ているブーンという音、机の脇にある古い小型冷蔵庫の奇妙なゴボゴボという音などだ。騒音計を引っ張り出してみれば、部屋の騒音レベルはおよそ四五から五〇デシベルになるだろう（デシベルは音圧レベルの単位。二〇マイクロパスカルの圧力を、音圧レベルの基準値の〇デシベルとして定義する。音の大きさの定義は重要だが省略されがちだ）。そう、日常の経験上、「静か」といえるぎりぎりの値ではあるが、「音がしない」とは到底いえないレベルだ。もちろん銃声よりは静かだが、私がコウモリやマウスだったら蛍光灯の発する音は、八〇から九〇デシベルという耐え難い大音量だろう。また、私がカエルだったら、通りを往来する車などによる穏やかな振動は、だいたいマグニチュード五・〇程度の地震と同じように強く感じるだろう。

無音などということはありえないのだ。私たちは絶えず音と振動にとっぷり浸かって影響を受けている。これはどこへ行こうと真実だ——最も深い海溝から、最も高くほとんど空気のないヒマラヤ山脈に至るまで。ほんとうに静かな場所では、耳の穴のなか（外耳道）で空気分子が振動している音や、内耳の液体の雑音さえ聞こえる。私たちの住む世界は、物質に作用するエネルギーに満ちている——それは生命そのものと同じぐらい基本的なものだ。そして絶えず音がかき鳴らされていても、私たちがみなおかしくなってしまわないのは、ラジオから流れるＣＭソングで気が散ることや、テレビがついているときは読書ができないのと同じ理由、つまり私たちは聞こえるものを選択するのが上手なのだ。ところが、たとえ私たちに聞こえない音でも、別の誰かには聞こえている。

自然の世界は変化に満ちている。多くの進化史を共有している脊椎動物のなかでさえもそうだ。目の見えない動物はたくさんいる。洞窟魚は、地下の洞窟で光の届かない場所に棲み、身体の周りを流れる水の変化によって世界を把握する。インダスカワイルカは濁った川のなかの光がほとんど届かない場所に棲息するので、音の跳ね返りにより位置を確認する反響定位を用い、横倒しになって泳ぎながら泥のなかのものを探るという奇妙な習性を持つ。多くの動物（私たち人間を含む）は電場の「歌」を感知できないが、電場は電気魚の行動やサメの狩猟行動の大半、あるいはハチが見ている美しい紫外線世界の基礎になっている。また、多くの動物（これも人間を含む）の持つ嗅覚は性能が悪い。アルマジロのような動物は触覚の感度が低い。そしてハゲワシの味覚は乏しいだろうと考えられる。とはいえ、見つからないものが一つある。それは、音が聞こえない動物だ。なぜだろうか。

一歩引いて考えてみよう。神経を持たない小さな単細胞生物など、正確には聴覚を持つといい難い生物はたくさんいる。それに多くの動物は、家庭で飼われているペットでさえ、老いて耳が遠くなったり、何らかの思いもよらない出来事によって聴力を失ったりする。だからここではもっと具体的にいおう。普通の状態で音が聞こえない脊椎動物は存在しない、と。このことから聴覚は、電場や紫外線に対する感受性を含め既知のほかの感覚すべてとは、区別される。

さてそれでは、背骨のある動物はみな聞こえるのはなぜだろう。質問の表現を変えよう。なぜすべての感覚のうちで、聴覚は最もユニバーサルな感覚なのだろうか。そして、聴覚がそれほど重要な感覚なら、なぜ人間はこれほど頻繁に意識レベルでは無視するのだろうか。地下鉄の騒音をあくまで遮断しようとしたり、最新の音楽のダウンロードをじっくり調べようとしたりするときは違うのに。

音はどこにでも存在する。雨降る深い森に響くカエルの夜のコーラスから、南極の広漠とした氷原を吹く風の音まで、あなたは音と振動に囲まれている。すっぽりと包み込まれているのだ。銀河間空間のような深遠な場所も含め、エネルギーがあるところはいずれも、振動を生じる領域だ。音の多寡はあれども、完全な無音ということはない。測定されている振動のスペクトル帯域は途方もなく広い。スペクトルの最大は、一秒間に九一億九二六三万一七七〇サイクルという励起したセシウム133原子によるとてつもない振動の速さ（周波数）である。反対に、最低とまではいかなくてもそれに近いものは、ブラックホールの音で、重力波に引き起こされた振動（パルス）（この音は、イギリスのケンブリッジ大学天文研究所のアンドリュー・ファビアンによると、中央のドより五七オクターヴ低いシのフラット）である。とはいえ、この振動の両極は、生物学的に私たちには関係しない——私たちの脳が扱えるものすべては、数百ナノ秒から数百年までの時間枠に縛られており、スペクトルの両端からはほど遠い。生き物は、自分たちにとって興味がある有用な情報を拾うように調整されている。つまり、環境、友人や家族、捕食者、目覚まし時計といった情報が集められる信号に向けられているのだ。だが、たとえ生物学に課せられた限界内であっても、人間の聴力や、コウモリの超音波探知、ハダカデバネズミが頭をコツコツぶつけた音でとるコミュニケーション方法のいずれでも、とてつもなく広い帯域の情報が集められる。

視覚は比較的速く作動する感覚で、見たものを意識が認知するよりもわずかに速く働く。嗅覚と味覚は数秒間かそれ以上かけてのろのろと働く。触覚は機械感覚性の感覚で、（軽く触れる場合のように）素早く働いたり、（痛みのように）ゆっくりと働いたりすることができるが、それは限られた範囲にすぎない。これに反して、動物や人間は、一〇〇万分の一秒より短い時間で起きる音の変化や、数時間にわたる複雑な音の前後関係を感知して反応できる。感知できる振動はいずれも何らかの情報を意味し、利用されるか無視される。そしてこの単純な概念のなかに、音と心の全世界が存在する。移動しながら数時間にわたる反復的な「歌」を聴くザトウクジラと、食用の獲物か避けるべき枝かを判断するために反響音の一〇〇万分の一秒未満の違いを利用するコウモリのどちらであろうと、音は、動物が食糧を見つけたり、交尾したり、遊んだり、眠ったりするための役に立つ。ただし、そのように音をたてることで、あっという間に食べられてしまう可能性についてはしばらくおくとして。おそらくそういうわけで、性能がまあまあの耳を持つ私たち人間が聴力と呼ぶものも含めて、振動の感知はきわめて基本的でユニバーサルな感覚システムであり、地球上のどんな生物でも持ちうるのだろう。「感知できるもの」「識別できるもの」「関連するもの」を基準に、なまの振動を分析して「静寂」「信号」「雑音」に分類しているのだ。

聴覚の研究はすべて、二つの基本的事実に的を絞っているように見える。(一) 情報のチャネルが利用可能なら、生物によって使われることになるだろうという点、(二) 音は生命のあるところ(やそうでないところ)のどこにでもあるという点だ。物質とエネルギーがあるところならどこにでも振動が存在し、どんな振動でも、耳を傾けている受け手にエネルギーと情報を伝達することができる。そして、たった一歩踏み出すことでカエルのコーラスが止むズシンという響きから、イルカによる天然の超音波が作り出す信じられないほどの高周波音まで、生き物が感知できる振動は帯域が広いので、視覚や聴覚、味覚といったほかの感覚より数千倍速い感知システムを必要とする。視覚の感知する色とは比べものにならないほど音色の周波数帯域は広く、味覚や嗅覚という化学的感覚よりも柔軟性が大きいので、思考よりも速いこの聴覚の速度のおかげで、音によって生き物の潜在意識に信じられないほど多種多様な影響が生じる。さまざまな種によりまったく異なる聞く方法と、ますます複雑になる生き物の情報利用方法とが組み合わさって、音の存在が精神の進化や発達や日常的な働きを刺激する。では、いったいどのような方法で、というのが本書のこれからのお話だ。

第1章

始まりは爆音

二〇〇九年の夏、妻と私は招かれてNASAのエイムズ研究センターを訪れ、垂直発射砲での録音の実験を行った。その垂直発射砲は〇・三〇口径のライトガスガンで、オーダーメードの発射体（氷から鋼に至るまで）を最大秒速一五キロメートル（時速五万四〇〇〇キロメートル、M16自動小銃の銃口速度のおよそ一五倍）というものすごいスピードでターゲットに打ち込む。このライトガスガンは隕石や小惑星の衝突をシミュレートするのに使われる。そのエネルギーは強力な爆発から得る。五〇リットルの水素ガスのなかで火薬二〇〇グラムを爆発させるのだ。

鮮やかな赤色の砲身は、三階の高さがあり、下部中央の密閉されたチャンバー（小部屋）内部を通って地面に向かっている――エレベーターシャフト（エレベーターの上下する縦穴状の空間）にエレベーターのかご（箱）があるところを想像するといいかもしれない。地対空ミサイル用の古い発射台によってライトガスガンの角度が変えられて、角度が違う四つの発射口の一つから、中央のチャンバーのなかへ発射される。主要部をなすチャンバーは壁の表面が明るい空色で塗られている。その壁は戦艦の装甲のように厚いので、宇宙空間に近い真空レベルまで気圧を下げて、空気のない月のような天体への衝突をシミュレートすることや、オーダーメードで作った混合気体で地球の大気のようにチャンバーを満たすことができる。この試験用チャンバーは「ターゲット」を中心に外周およそ二・五メートル、ターゲットは砂や水、氷のほか、時速数万キロメートルで発射物をぶつけると面白そうなどんな物質で満たすこともできる。チャンバーにはさまざまなポートが設けられていて、3Dビデオカメラと温度カメラによって、一秒あたり最大一〇〇万フレームで衝突の映像をとらえて保存できるようになっている。チャンバーが設置されている部屋の壁には、これまでの実験で用いられたターゲットと発射物――アクリル樹脂、ポリカーボネート樹脂、ガラス、鋼――がずらりと並んでいるが、高速の衝撃でへこんだり穴があいたりしたものや、砕けたものばかりだ。大きな赤い発射ボタンは、別の安全な部屋にある。

私たちを招いてくれたピーター・シュルツは、ブラウン大学地質学部出身の友人かつ仕事仲間、クレーター形成では世界的な専門家の一人だ。彼はクレーター形成の進度について、よどみなく説得力をもって語ることができる。それは衝突の歴史に基づいて、惑星表面の年齢や地質学的形成年数、惑星構造の改造からの経年数を決定する助けになる。とはいえ彼はおもに、ものを爆破して穴をあけることに関する世界的専門家の一人だ。この領域の専門知識を持つ人々はたいてい、科学捜査で銃弾の入口の傷と出口の傷の話をしているか、ロケット打ち上げや兵器の設計で弾道衝撃効果の計算について話しているか、あるいは、ビルを爆破解体するときに生じる問題についての話をしている。それに比べて、ピーターが考えるのはもっと大きなことだ。彼は彗星の内部を調べるために爆発で彗星に穴をあけた。月に巨大な穴を掘って水の痕跡を探した。爆発で飛び散るものを見て、ピーターは大いに楽しんでいる。テンペル第1彗星から何トンもある岩石や、氷の大きな塊や、爆発の恐れのある物質が飛び出してこようとも、シベリアで一九〇八年に起きたツングースカ大爆発でなぎ倒された木々の模型に使われていたようじの山が吹き飛ぼうとも。

私が招かれたのはピーターが新しいやり方で録音するのを手伝うためだった。高い周波帯域の録音技術を用いて、衝突とターゲットゾーンから飛び散った物質についての情報を記録できれば、衝突場所からどのように物質が飛び散ったかを示す、音をもとにした3Dモデルを作り出せるだろうと考えた。これが重要で役に立ちうるのには、いろいろな理由がある。まず、衝突後に飛び散るものは、発射体（私たちのモデルの小惑星）とターゲット（砂がいっぱい入った器）の物理的特徴だけでなく、何かから別のものへのエネルギーの移動の仕方にも基づいているからだ。水にぶつかる石について考えてみてほしい

――中心から広がる水面の波紋は、石から水へのエネルギーの移動によって生じる振動の波だ。同じことは、石が何か硬いものにぶつかるとき（地球に小惑星が激突するときなど）にも起きる。ただ見えにくいというだけだ。

衝突エネルギーの移動は、衝突から現れる多様な圧力波によってある程度は分析できる。それは、最初の衝突そのものの結果として、そして取り囲んでいる媒体（気体や水など）を通って飛び出すものの軌跡によって、という両面からだ。音は、衝突や圧力の流れといった波の現象をモデル化するためのすばらしい方法だ。それで、ピーターが砂のターゲットとライトガスガンを積んだ装置類を据えつけたあと、ターゲットの周りの台に地震マイク一式を置き、チャンバーの壁に二つのバウンダリーマイク［可聴音を拾う平たい形状のマイク。舞台などの床面や壁面、会議室の机上などに置かれて使用される］を取りつけ、発射体が通りすぎる発射口の近くに超音波マイクを設置した。各マイクは間隔をあけて設置したことで、音の移動する速さがわかって、そこから3Dサウンドモデル作りが始められる。私の妻がデジタルレコーダーを起動し、ライトガスガンの向きが適切な角度まで動き、チャンバーがほぼ真空になるまで減圧されると、私たちはみな部屋を追い出されて移動し、離れた場所にあるテレビモニターでいっぱいのデータルームで、ハイスピードカメラを通して衝突を見ていた。（それは、隕石の落下スピードで飛ぶ発射体や火薬や可燃性ガスなどを含め、可能性のあるどんな事故が起きても私たちに危険が及ばないようにするためでもあった。もっともそんな出来事は、ライトガスガンの四〇年の歴史で実際には一度も起こったことはないが）。暗い部屋で発射アラームは鳴り止み、私たちみんなの耳にドスンというくぐもった音が聞こえた。だが、すぐにモニターに映ったスローモーションの映像には、砂山が数千の太陽のように照らし出されて、それに続いて（砂粒子のかたまりから）飛び出した砂とガラスによる円環が生じた。粒子のなかにはもとの発射体の秒速五キロメートルより速く動くものさえあって、チャンバー内はガラスと塵の渦巻く大混乱に陥った。

私たちは実験室に戻り、ピーターは、チャンバーの扉を開けて、新たなクレーターを見て実に嬉しそうな笑みを浮かべたが、その一方で私はせかせかと動き回り、彼の「赤ん坊たち」が私のマイクを壊していないかをチェックして回った。私も装置は手荒に扱いがちだが、そうはいってもふだんはせいぜいマイクをコウモリの糞の山に落とすか、録音装置のバッテリーを逆向きに取りつけてしまう程度で、火星の砂嵐もどきにさらすことはない。幸いにも、マイクはすべて動作確認ができたので、ターゲットはもとどおりきれいにされて、砂は置き直され、新たに発射体が装着されて、しかし今度は、宇宙に存在する空気のない天体上でというのではなく、チャンバー内を通常の地球の大気で満たして衝突のシミュレーションを行った。もう一度私たちは録音装置をチェックしてから、データルームに退避して発射アラームを待った。すると今度は違うことが起きた。今回も、戦艦の装甲レベルのチャンバーの壁と、安全扉を超えて、発射によるドスンという音が私たち全員の耳に届いたのだが、空気の存在によって事態が変わったのだ。再び、飛び散るもので円環ができたのだが、砂粒子の動きははるかに激しく見えた。そしてその違いがわかるには、録音を実際に聞くまでもなかった。

最初の真空での実験では、とても控え目な、柔らかいといえるような音が聞こえた。地震マイク（ジオフォンと呼ばれる振動受信機で、地震を記録する地震計として使われるもの）がキャッチしたのは、最初の衝撃と、砂がチャンバーの壁にぶつかってターゲットの器に落ちたパラパラというかすかな音だ。バウンダリーマイクには音がなかった――というのはあたり前のことで、これは私たちの考える通常の録音に使われるマイクで、空気の圧力変化を感知するものなので、真空に近いチャンバーではほとんど作動しなかったのだ。超音波マイクも同じように静かだった。

ところが、大気がある場合での衝突実験は、まるで違っていた。超音波マイクは、衝突前に発射体が飛んでいるシューッという千分の一秒未満の音をキャッチした。それは地震マイクからのくぐもった衝突音や、柔らかなパラパラ音や、空気中専用のバウンダリーマイクからの無音というのではなく、そのかわりに衝突の爆発音が聞こえてきて、それからサハラ砂漠を覆い尽くすような砂嵐がまる一分間ほど続いた。大気の存在は、私たちがシミュレートした小惑星の衝突での飛び散り方や音響の動力学を完全に変えて、くぐもったドスンという音ではなく、継続的な騒音を発生する猛烈な出来事に変えていたのだ。そして、これを契機に私は、録音装置の発明されるはるか以前に、あるいは聞くための耳さえ発生にはまだ長い時間が必要だったころに起きた出来事、つまり、地球が生まれた前後の時代のことを理解するために、ここで行ったシミュレーションをどのように役立てればいいのかがわかってきた。

四五億年ほど前、地球は、大量の塵や破片が合体して、気体の雲に覆われた大きなごつごつした球体になった。岩石の塊や、ときには彗星、そして小惑星が宇宙の交通渋滞を避ける軌道をがむしゃらに見いだそうとしているかのように絶えず衝突するために、当時の地球は騒々しい場所だった。さらに、火山は噴火し、溶岩が再び堆積し、至るところで巨岩が放り投げられていた。その数億年後、火星サイズの別の惑星が若い地球をかすめて大打撃を与え、地表は砕かれはぎ取られた。破片は軌道に放り込まれて、そこでゆっくりと再び合体してやがて月ができた。

激しい爆発音がしたはずだ。

衝突は大量の大気も奪い去ったので、地震レベルの振動のほかは音がなくなった。だが、そうした爆撃は続いて、衝突が起きるたびに岩石や金属だけでなく、蒸発しやすい氷や冷凍ガスが新たに持ち込まれ、新しい大気が作り出されて、地球を冷やすために必要だった水がもたらされて、新しい音——雨の音――が生じた。この第二の大気に含まれる大量の水蒸気が液化して雨になり、地球の海を形成したのだ。

地球は再び騒々しくなってきた。火山の噴火や隕石の爆発に水の音が加わったのだ。音は新たに冷えた岩石のなかを高速のねじれ波として伝わるだけでなく、大気を鳴り響かせて進み、新しい海をとどろかせ円柱状に広がっていった。地球は自身の「サウンドトラック」を作り出した。とはいえそれは、私たちが雑音と呼ぶものだけでできており、全帯域にわたってほぼ均一に（あるいは少なくとも非常に広帯域に）エネルギー分配がなされている音だった。

その数百万年後の「後期重爆撃期」と呼ばれる期間に、地球（とそのほかの太陽系全域）めがけてさらに多くの小惑星が雨のように降り注ぐようになったため、「サウンドトラック」の音量が再び急上昇した。だがこうした時期に奇妙なことが起きた。どこか海のなかで（あるいはいくつかの説によるともっと深いところ、海底の熱水孔の近くで）撹拌された有機化学物質のほんの一部が、自らを複製し始めた。こうしたあらゆる大騒音と振動の真っ只中で、生命が誕生したのだ。現在、最初期の生命体の証拠として、藍藻類のストロマトライトという巨大な層状の岩石が化石として存在している。そのストロマトライトは数十億年前に生きていたものだ。その（ストロマトライトを作った）最初期の生命体（シアノバクテリア）は、原初の海のなかで波や振動によって激しく揺すぶられ、新生表面部を（当時の大気の）メタンにさらして、（光合成により）私たちの呼吸に必要な酸素を作り出した。だがこの生命体は、（酸素という排泄物があふれたために）静かに酸素にまみれて死んでいった。それから二〇億年かけて酸素は海から大気に放たれて、後継者の真核生物のための準備が整った。

最初期における非独立栄養性真核生物――つまり、動かずに光合成をしているだけではなかった生物

――は、生体内の細胞骨格を構成するのに似たタンパク質を体外に作ろうとし始めた。これらのタンパク質は自己集合性の鎖を持ち、それが繊毛と呼ばれる動く細かい毛を作って、この生物が動き回れるようにした。そして動き回ることで食糧が以前よりも多く見つかるようになった。発生期の生態系のなかで、生命体はこの変化によって受動的なものから能動的なものに転換し、最初の捕食者の進化が可能になった。

まもなく、この繊毛の変異したものが、別の機能を持って現れた。この新タイプの繊毛は一次繊毛と呼ばれ、細胞膜から突き出ていて、単細胞動物を進ませる漕ぎ手のように動くというよりもむしろ、その細胞膜の内部の小さなチャネルを開閉する働きをした。繊毛が一方に曲がるとチャネルが開き、もう一方に曲がるとチャネルが閉じる。これによって繊毛は感覚器(センサー)に変わり、周りの液体の動きを感知するようになった。これを最初に発達させた生物は単純だったとはいえ、感覚世界で初の本質的な飛躍を遂げていたのだ。その生物は自分の周りの状況の変化を感知する手段として、振動を感じて用いた最初の生物だった――食糧が少ない場所から豊富な場所への移動をうながすような液体の流れの変化を感知するだけでなく、獲物を示すらしい遠くのほうの動きも積極的に感知する。振動感受性は最初期の遠距離システム一つで、直接触れたり細胞表面に隣接したりするものよりむしろ、少し離れた環境の変化を感知することができる。

こうした繊毛は、今日の私たちの耳のなかにあって振動を感知する細かい毛の祖先だとついいいたくなるだろう。けれども、進化はもっとややこしいものだ。振動感受性は実際に毛のような繊毛の置き替えがもとになっているとはいえ、現代の脊椎動物の内耳にびっしり生えている有毛細胞への進化の道は、始生代の海のあちこちで単細胞を回転させた最初期の鞭毛から始まったのではない。およそ一五億年前、おそらくクラゲの先祖に似た多細胞生物における機械感覚性ニューロンの出現から始まる。それから四、五億年ほどのちに、ようやく現代の感覚有毛細胞らしいものが現れ、さらに数十億年ほど経て、これらの有毛細胞が、私たちの祖先である初期の脊椎動物において、液体のなかで動きを感知する専用の感覚器――すなわち内耳のもとになった。

ここで一息ついて、耳とは何かを考えてみよう。耳は、分子の圧力変化を感知する器官だ。私たちは耳が音楽や車のクラクションを聞くことを想像しがちだが、耳が真に「気づいている」のは、振動である。初期の脊椎動物が振動感受性を用いるのは、二つの異なる目的があるからだ。一つめは、自分を取り囲む液体の流れの変化を監視することだ。その際には、今もなおほとんどすべての魚類に見られ、幼若期の両生類に現在もまだ存在する「側線系」というものを用いる。二つめは、頭の両側に位置する専門器官で、「内部の」液体の流れの変化を監視するのに使われる。この構造が空気中を伝わる音を拾うための専門化した器官ではなかったのは、当時はまだ、すべての生物が海に棲んでいたからだ。とはいえ、それらの器官は、動物の頭部の角加速度と直線加速度を感知するのに用いられた。それぞれ三半規管と耳石器と呼ばれ、動物の頭が動くにつれ加速度を測る内部振動センサーだった。内耳を持つ最初期の脊椎動物の化石（シビリンクス・デニソニ（*Sibyrhynchus denisoni*）という、とりわけ見た目が奇妙なサメの仲間の化石）でさえ、この構造を示す。これらの器官が前庭系の基礎を形成したのだ。そこでは筋骨格系は、協調して動物を動かして、重力による引力に対抗し、加速度感知システムを、ほかのほとんどの感覚と正確に同期させている。しかしシビリンクス・デニソニとその仲間の初期脊椎動物にとっては、前庭系は聴力の始まりでもあった。重力の方向を感知する耳石器にある球形嚢も、水圧変化に反応して振動する。言い換えると、耳が存在するようになり、生き物は聞くことを始めたのだ。

おそらくこれらの初期脊椎動物の聴力は、今日実在する動物の多くに比べて、比較的限定的だっただろう——結局、私たちがこのテーマに取り組める変化が生じるのには、あと三億五〇〇〇万年かかったのだ。シビリンクス・デニソニの子孫である現代のサメは比較的聴力感度が高い。つまりサメが反応するには音はかなり大きすぎるということだ。さらに、サメが水中の音源を突き止めるために持つ能力はごく限られている。これには、水中で聞くことに特有のわけがある——水の密度は空気より大きいため水中の音速は空気中の五倍になるので、頭の両側面で聞こえる音の左右差に基づいて、音がどこからくるのかを把握するのが困難なのだ。だが、サメにはそれを助けるほかの感覚がある——視覚（これもサメには比較的限られる）だけでなく、嗅覚、電気受容感覚（これのおかげで現代のサメは、近くを泳ぐ獲物の神経筋の反応をキャッチできる）だけでなく、側線系もある。これらの感覚は感覚世界を形成するためにまとめられた。そして、まさにそこにこそ、生命がまだ発達する前の音の世界と、生命が出現してからの音の世界とを分け隔てる最初の重大な転機があった。振動や光子、加速度、化学物質を測る感覚を、脳に位置づけする必要性が生じたのだ。

私たちが音として考えるものは、物理的性質と心理状態という二つの因子に分けられる。物理的性質が関与するのは、音の要素——周波数（媒体が一秒あたりに振動した回数）、振幅（与えられた振動での最高圧力と最低圧力の差）、位相（振動の開始からの相対的な経過時間）——を説明しようとするときだ。理論的には、これらのたった三つの要素の特性を完全に示すことができれば、音を完全に説明できるだろう。そういうとまあまあ簡単な話に聞こえるかもしれないが、音響の実験室の外に出ると、音ははるかに複雑なものになる。日常の通勤途上で自分の目の前に、調整されたアンプとスピーカーの備わった単独の音波発生装置を見つけることなどほとんどありえないし、万が一見つけたとしても、道路を渡るのに信号として使えるというよりも、電話で爆発物処理班を呼びそうだ。音響技師は、こうした単純でよく制御された音を基準として使って、音が何を行い、どのように働くかを説明するが、それを実世界での音の説明に使うことは、物理学者に乳牛の群れの動きを説明してくれと頼むようなものだ。物理学者は群れの動きのモデルを完璧に作れるが、球体の乳牛が真空中で摩擦の存在しない地面を動くという条件つきだ。

乳牛と同様に、実世界は音響的にごちゃごちゃとして厄介で、特に最初に音を聞く生物が生まれた原始の海はその度合いがひどい。音の物理的側面は、周波数と振幅、およびタイミング、つまり位相によって特徴づけられるが、実世界で、音は環境の細部に基づいて根本的な変化をする。悪魔は細部に宿るということだ。環境のなかのおよそあらゆるものから音は放たれ、ひとたび放たれれば、その環境のなかのほとんどすべてのものによる影響を受け、音が相互作用でエネルギーを失って背景雑音に紛れてしまうまで影響は続く。十分な我慢強さと装置とコンピューターの性能（と潤沢な予算）があれば、そうした音を発生することについてのモデル作りがまずまずうまくいくだろう――そして実際にこのモデル作りが録音の業界のポストプロダクションといわれる仕事（テレビ番組や映画をはじめさまざまな映像コンテンツを音声編集する仕事）で、かなり多くの部分の土台になっている。モデル作りは、脊椎動物の脳がすることのかなりの部分を占め、感覚の変換に基づくあらゆる物理的性質を統合し、外の世界の作用を受けられるように外の世界の認知モデルを組み立てる。行動作用とそれの根底にある原因が、心理状態の基盤だ。物理的性質は聞く者があってもなくても存在し続ける――誰がいてもいなくても、すべての森では倒れる木はすべて音を立てる。だが、ひとたび聞く者（あるいは見る者や嗅ぐ者）が世界に現れると、すべては変化する。世界の物理的性質は、感覚器とニューロンのレベルでの心理状態とは別個のものだ。だから、それを説明するための新たな用語を必要とする――それを心理物理学という。

私たちは周りの世界を観測することで、今進行中のものを自分が実際に見ている、聞いている、味わっている、触っていると考えるが、そういうわけではない。私たちは世界の表現を解釈し、エネルギーの一つの形を、利用できる信号の形に位置づけ直すことで世界を作り出す。すべての感覚入力は――それが用いるエネルギーが何の形であろうと――位置づけ直されるのだ。景色、臭い、音などいずれの刺激でも、その初めのエネルギーは受け手に何らかの変化をもたらし、その後異なる形に変換されて、感覚として伝えられる。認知は感覚を統合して、私たちを取り巻くエネルギーの数々の変化の整合的なモデルにすることだ。最少の認知とは、実世界におけるたった一つの出来事を、たった一種類の感覚器から位置づけ直すことだ。

これらの個々の知覚対象をすべて合わせて得られるのが環世界、つまり私たちが自分の感覚から打ち立てる世界だ。たとえば、色は光の波長を心理学的に位置づけ直していて、同時に輝度は光の振幅(受け取った光子の数)を位置づけ直している。触覚――軽い圧力、あるいは強い圧力――は、構造物の機械的変形の位置づけ直しだ。嗅覚は、特定の化学物質が結びついた結果だ。音は振動の信号――空気や水、泥、岩といった何らかの媒体中での圧力変化――を心理学的に位置づけ直したものだ。

聞き手となる――私たちの祖先のストロマトライトのように周りの振動にただ影響されるのではなく、聴覚情報の受け手となる――ことで、生物は音響エネルギーの移動と感知に積極的に参加するようになる。初期の生物が徐々に必要性を増していったのは、生物学的な変換を経由して音エネルギーを位置づけることや、音を表す神経インパルスを作り出すことで、ときには(蝸牛マイクロフォン電位のように)真似さえしたが、決して一対一での位置づけではなかった。脳の時間的にあいまいな生物学的システムに頼るということは、音エネルギーを、感覚経由の認知での表現に位置づけ直さなければならないということだ。

とはいえ心理物理学は、物理学の個人的位置づけ直しであり、進化や発達で変わるものだ。進化や種のレベルでの違いは、次にいくつかあげるようなことでわかる。夏の夜の玄関先では、コウモリ十数羽が獲物の虫を追いかけてバタバタと飛びながら、地下鉄の轟音レベルの鳴き声で叫んでいるが、あなたには聞こえない周波数なので、その下であなたはゆったりと腰をかけて田舎は静かだなあといっていられる。あるいは都会の動物園のゾウは、高速道路の近くでは飼育がうまくいかない――なぜなら数キロメートル先から伝わる自動車の往来による低周波数の振動は、ゾウの超低周波音でのコミュニケーションを妨げるからだ。また、発達や個人のレベルでの違いを示す例をあげてみよう。ティーンエイジャーは、刺激を求めてやかましい音楽に夢中になる。あるいは年相応に耳が遠くなったお年寄りが、周りの様子がわからなくなったということに、こだわりすぎるように見えることがある。このように心理物理学の誕生は、精神の発生の第一段階だった。

生命体は心理物理学が必要になるほど十分複雑になってほどなく、興味深いことをし始めた。周りの音に寄与し始めたのだ。生命体の生じる以前は、地球上に存在するすべての音――波の砕ける音、風がサラサラとたてる音、バチバチと稲妻の走る音――は、ほとんどでたらめにスペクトル全域に散らばった音響エネルギーの絶え間ない流れをもたらしたという意味で、ただの騒音だった（ただし例外として、たまに岩石のあいだの空洞を風が横切るときに低くうなるような音がしたり、砂丘で風に吹かれて鳴き砂が短い音を出したりすることはあった）。ところが、多細胞生物は徐々に複雑になり、聞き手が発達したため、地球の音が変化を始めた。進化の経験則――資源の豊富な「隙間」があれば必ず、そこを満たすものが現れる——によって、振動感受性が生じたのだ。初期の振動感受性は、単純な生物の周辺で水流が変化するのを知らせる早期警告システムとして生じた。こうした自分のすぐそばの流れの変化は、近くを通りすぎる波から、捕食者の接近やすぐ近くの獲物の存在までの何かを意味しうるものだっただろう。だが生物が成長して、ひとたび周囲の音を実際聞くのに十分な複雑さを備えると、感覚の「隙間」は活用に向けて完全に開かれた。動物は音を作り出すことができたのだ。これは動物の行動の複雑さにおける飛躍的進歩だった。視覚は太陽などからの光のエネルギーを受動的に感知するが、それとは違って音は、新たなコミュニケーションチャンネルをまるごともたらす。音は、暗闇でも、奥まったところでも、また視線に依存することもなく機能するのだ。[*] 音は突然の早い警告システムというだけでなく、同種内でも異種間でも、長い距離を超えて協調した行動を取るための積極的な方法としても用いられる。

声を出すことができた最初の動物についてはよくわかっていないが、脊椎動物ではなさそうなことだけは確かだ。無脊椎動物は、生物量としても多様性の点でも常に脊椎動物を上回り、私たちより数十億年前から存在し始めた。だが、発声行動の出現を示す化石や遺伝子データはほとんどない。生物史の要因をたどるどちらの方法にも欠かせないのは、共通の基盤、すなわち推定に基づく一連の共通点か、あるいは調べるためには少なくても少数の適応形態だ。数千とはいわないまでも数百の適応形態によって動物は音を作り出せる。現代のテッポウエビは、水中で一斉に耳をつんざくような一〇〇デシベルの音を出す。それは彼らが不釣り合いに大きいハサミをパチンと鳴らすことによるものだ。それがとても素早い動きなので水から気泡が生じる。するとこの気泡が圧力波のなかで破裂する。それは非常に強い衝撃なので、光パルスが発生する。イセエビは、目の近くの殻のザラザラした部分に触覚をこすりつけて、ギイギイという下手な人が弾くバイオリンのような音を出す。これに対して、脊椎動物は驚くほどさまざまな方法で音を作る。その多くは、複雑な発声器官を必要としない。ひとたび動物が聴力を発達させ始めると、生成された音ならどんなものでもほとんどが意味を持ちえただろう。

声を出すことができた最初期の動物は、おそらく音を発生させる専用の構造を用いていなかっただろう。どんな音であろうとも制御可能ならほとんどは、情報のやりとりに利用できるだろう。一例として、最も変わったコミュニケーション機構のコンテストで脊椎動物部門最優秀賞に輝くのは、ニシンによる速い繰り返しのカチカチ音（FRT）だろう［ニシンの「速い繰り返しのカチカチ音（Fast Repetitive Tick）」は、頭文字をとってFRTと呼ばれる］。ニシンは優れた聴覚を持つが、それがなぜなのかは誰にもいまーつわからなかった。というのも、ニシンは発声器官を一切持たないらしく、誰も音を立てるところを聞いたことがなかったからだ。だが、二〇〇三年の研究で、ニシンの大きな群れが肛門から気泡を出すと、ニシンの聴覚の周波数帯域にぴったり合う超音波の騒音が発生したため、ニシンのFRTによるコミュニケーションと社会的調整は実際に行われることが示された（のと、頭字語生成史の本にはFRTの項目ができて、研究の筆頭研究者であるベン・ウィルソンの名前が掲載されると決まったわけだ）。だがこの若干スカトロジー的な実例は、重要な指摘をする。それは、全体的にいって音を作り出す水生動物は、私たちが典型的な発声メカニズムと考えるものを使わないのだ。陸生の脊椎動物は通常、気道を改良したものを使って細胞組織に空気を引き込み、その組織を制御可能な方法で振動させることができる。それにはたとえば、オペラ歌手が肺から出した空気を声帯を経

◆

［＊］これは、交信するためにみずから光を作り出す数々の生物をおとしめるものではない。そうした生物のあらましが見事に書かれている本を紹介しよう。『光るクラゲ――蛍光タンパク質開発物語』（ヴィンセント・ピエリボン、デヴィッド・F・グルーバー著、滋賀陽子訳、青土社）には、天然のものと遺伝子組み換えのもののどちらも含め、植物や菌類、無脊椎動物、脊椎動物の生物発光の歴史が記述されている。

由して口から出すことにせよ、ヘラコウモリが鼻の上を覆う信じられないような奇妙なひだをとおして空気を出し、反響定位の信号用に音のビームを出していることにせよ、どちらも同じだ。ところが、水中の脊椎動物がそうしたシステムを使うことはめったにない。水は空気よりも密度が大きいので、小さい穴をとおして水を押し出して振動を生じさせるためには、同じ構造から空気を押し出すよりも、はるかに大きなエネルギーを使う。だからたとえばブラウンマスなど多くの水生動物は、固いひれのような構造部分をこすり合わせて出した音を使う。陸生のコオロギが鳴くのと同じような方法だ。フグに似たほかの魚は、音を出す筋肉を浮き袋にこすりつけるだろう。それは風船を手でこするとキーという高い音やブーンという低い音が出るのに似ている。

そしてたとえ最初期の音を作り出す生物が、現代のブラウンマスやフグ、あるいはおならをするニシンですらなかったとしても、おそらくこれらのメカニズムとともにこれ以外のものも使って音を作り出したただろう。生物は多くの音を作るほど、行動もより複雑になりうるし、社会的にも、また生き残りのためにもより遠くに行けるようになり、音波に乗って移動したことだろう。そして、音声を出す生き物がますます増えると、地球にとても興味深いことが起こった。地球の音が変わったのだ。打楽器のような衝撃と地滑り、ギシギシと鳴る砂、風が巻き起こした嵐のホワイトノイズといった音の存在する環境から、生物は目的のある調和的な自分自身の音を作り始めた。より豊かな音色を持ち、制御された、意味が詰まった音を。音の背景にある数学はもっと整数のようになり、ランダムではなくなった。地球の音響特性は、偶発的な雑音から歌へと発展した。生物圏はいっそう複雑になって、地球は音響生態系を発達させた。それは、私たちの土地や海、大気の振動エネルギーにおける重要な変化であり、地球に生命が出現したことによって引き起こされたのだ。

空から降り注いでいた鉄や氷の雨は止んで、たまにカナダ上空に降る流れ星や、落下する宇宙のゴミのかけらくらいになっているとはいえ、地球はなお騒々しい場所だったが、少なくともそのときには聞き手があちこちに存在し、生きている惑星の音をよく理解していた。そして私たちはそうすべきなのだ。巨大な鐘のように地球を鳴り響かせてきたあらゆる衝突、構造プレートが別の構造プレートの下に滑り込んで大地を軋ませるすべての地震、すべての大津波、そしてすべての穏やかな風が、生命を形成することに寄与してきた。原初の沼地をかき回し、生物以前の化学物質にエネルギーを与えて、衝突するように、相互作用するように、そして複製を始めるように推し進めてきたのだ。そして今日に至るまで、そうした音は止むことなく鳴り響いている。

現代の音は私たちに対して何をするのだろうか。地球は本来そなわっている音――地震、風、落石、吹きつける雨や雪――で、今もなお私たちを包んでいるが、地球の最も深い海と大気のあいだの薄い表皮を満たす音は、その多くが生き物に由来する。親になって間もない人は誰でも知っているように、生命とは非常に騒々しいものだ。そして音声や騒音は、生命が進化し発展するよう駆り立て続ける。私たちの環境作りから、まさにシナプスの形成に至るまで。耳を澄ますと、個々の動物の音だけでなく、健康な生物圏の歌を聞くことができる。

私は最近、フクロオオカミ、すなわちタスマニアタイガー（トラではなく、イヌぐらいの大きさの有袋類で、乱獲により二〇世紀にオーストラリアで絶滅した）のクローンを作る試みに関する論文を読んでいた。鳴き声のわかる音声を探していて、野生のフクロオオカミの短編映画を数本見つけたが、どれも無声映画だった。そのとき私は悟ったのだ。今後フクロオオカミの鳴き声を聞くことは、決してないだろうということを。種の絶滅に際しては必ず、音響の生物圏から何かが失われる。総勢一〇〇万羽の群れをなしたリョコウバトが立てる羽音は失われた。ドードーのわめくような間抜けな鳴き声も存在しない。途方もない労力を最大限につぎ込んで作ったハリウッド映画をもってしても、恐竜の吠えたり鳴いたりする声が聞けることは決してないだろう。ところが、野外へ出て周囲を録音する（生物学に基づく音の研究をする生物音響学では、一般的な方法）だけで、しばしば驚くべき結果が得られる。何十年も姿を見せず、絶滅が心配される種がまだ生存しているかもしれないという希望をもたらす。北米最大のキツツキの大型のハシジロキツツキは、棲息地が破壊されたために一九四四年に絶滅したと推定された。ところが、その前の一九三五年にアーサー・アレンが行った録音に基づいて、つい最近二〇〇五年になって科学者たちが、姿は見えないにしても鳴き声を聞いたと主張して、アメリカ南部でこの鳥がわずかに生き残っているかもしれないという希望をつないだ。（そしてもちろん、太平洋岸北西部には、ビッグフット［ロッキー山脈一帯で目撃される未確認動物］の足で踏み鳴らされる音やうなり声の録音が無数にある。それに続く音声分析が、クマから人間まで何によってもその音を容易に出しえただろうということを示しているとはいえ）。

人間が手つかずの自然の領域へと進出するにつれ、そうした場所を人間の声や、人や車の往来する音、音楽、CMソング、街角に立つ伝道師、バンドなどといった音で満たしていく。人間は雑音をもたらすのだ。そして、徐々に音量があがって騒々しくなった環境を「普通」で「憩いの場」として考えられる私たちの能力が、いっそう事態を悪化させる。それによって注意力が極端に変化して、静寂のありがたみを実感する場所の変化をもたらした。私たちは自分たちの場所を生命の音で豊かにするというよりも、むしろ人間以外の種の鳴き声を締め出している。

とはいえ、一方で人間の科学技術の革新によって、かつて聞いたことのない音が聞こえるようにもなっている。コウモリの群れは、その声さえ除けば静かな夏の夜に私たちの頭上で一二〇デシベルの音量で金切り声を上げるが、私たちはその酒場の乱闘のような大音量を超音波マイクによって聞くことができる。あるいは、惑星間探査機によって金星での雷鳴や、土星の衛星タイタンに吹く風の音に聞き耳を立てることが可能になる。このように私たちは科学技術のおかげで地上のほかのいずれの種よりも多くのものや遠くのものを聞くことができるのだ。とはいえ、私たちに組み込まれている豊かな感覚をよく理解するために、新たな場所にいるとき、たまには音を立てずにいることが必要だ。そして、とにかく耳を澄ませてみよう。

第2章

空間や場所——セントラルパークを歩く

私が子どもだったころ、母はジーン・シェパードがパーソナリティを務めていたラジオ番組をよく聴いていた。彼は話が上手でユーモアがあることでよく知られていた（そして今日真っ先に思い出されるのは、彼の作品の映画版『クリスマスの物語（A Christmas Story）』だ）。でも私が彼を覚えているのは、彼が物事はどんな音がするのかについて話をするのが常だったからだ。旅をするときにはカメラを持たない、とよくいっていた。誰もが写真を撮ったが、彼は訪ねた場所で録音をしたのだ。

とりわけ印象深かったのは一九六四年のニューヨーク万国博覧会についての彼の番組で、さまざまなパビリオンの音を彼があちこち録って回っていた。私は万博に足しげく通った。というのも当時たまたまそこから二ブロックほどのところに住んでいたからだ。彼の番組を聴いて心を躍らせたことを思い出す。なにしろ彼がどこで話しているのかが私には正確にわかったのだ。パビリオンの「イッツ・ア・スモールワールド」から流れてくる歌や、「シンクレア石油会社恐竜ランド」で押し出し成型自販機がプラスチックの恐竜の玩具を作り出す音が聞こえてきた。

私が好きだった放送回の一つでは、アーニーという名の物売りについての話から始まった。アーニーはコミスキー・パーク［一九九〇年までシカゴにあったスタジアム。野球などに使用された］の報道関係者席の正面でポップコーンを売っていて、一部の野球選手と同じくらい有名だった。それ自体は特別興味を引くテーマではなかったが、彼がアーニーの有名な売り声の真似をして、スタジアム中を声がどのように反響するのかを話し始めてから俄然面白くなった。声は左翼のフェンスや、右翼のスコアボードで跳ね返り、それから「観客席の大きな空洞」を通り抜けて戻ってきて、「とにかくスタジアム全体を漂う、まさに生命の豊かな放出の一部だ」った。そこから彼は話題を移して、熱気球に乗って地上一二〇〇メートルから、世界の音に耳を澄ましたことについて話した。そこではイヌの吠え声、人々の会話、子どもたちが塀を叩く音が聞こえた——地上にいても聞こえないし、飛行機に乗っていても壁に囲まれエンジンの音に阻まれるので耳に届かない音だった。彼はそれほど高いところにまで音が運ばれることを不思議に思い、音響技師か気象学者なら説明してくれるかもしれないが、自分にはわからないといった。

それから数十年、私は今でもその特別な回の放送を覚えていて、今なら彼の質問に答えられるのにと思う[*]。音波は空中を球状に伝播し、何が作り出した音であろうと外に向けて広がる。理論的には、距離の二乗に比例してエネルギーを失いつつ、ほぼ永遠に拡散し続けることができるが、ものに遮られて音のエネルギーを失う。音は屈折する、つまり空気の密度変化による屈折と同じように音は簡単にものによって曲げられる。音は固い表面で跳ね返ったり、表面に吸収されてその構造物にほんの少し熱を加えて、音のエネルギーを失う。ものが音を屈折したり、反射したり、吸収したりすると、音はゆがめられ、強さやまとまりを失う。遮るものが多いほど、消える音も多くなる。だが、音の一部が地上のごたごたしたものから抜けて上へ進むと邪魔するものがないので、上空にいる(そして飛行機のうなるエンジンに囲まれていない)聞き手は、自然の補聴器が得られることになる。聞く場所を変えるだけで、聞こえるものはがらりと変わりうるのだ。地上一二〇〇メートル地点であろうと、地下のコウモリの洞窟であろうと、あるいは本棚の位置を移動しただけの自分の仕事場であろうとも。

[*] 実際のところ私の古びた記憶の掘り起こしを大いに助けてくれたのは、録音を探し求める人にとって非常にすばらしい情報源の一つで、私の古い学友のブルースター・カールが運営しているインターネットアーカイブだ。ブルースターの目標は、世界じゅうのすべてのメディアのすべての情報をアーカイブに保管することで、その目的に向けかなり順調なスタートを切った。ほかならぬこの放送回は、以下のサイトで聴くことができる。http://www.archive.org/download/JeanShepherd1965Pt1/1965_03_24_Pop_Art_Worlds_Fair.mp3

さまざまな空間や場所によって音がどう変化するかの理解はさておき、私が彼の話から受け取ったのは別のことだった。妻と私で旅行をするとき、いつもカメラはどこかに入れて持って行くが、荷物にはたいていたくさんの音響装置を詰め込んで、TSAチェックポイント〔空港のセキュリティーチェックポイント〕を通って旅行を面白くする。エッフェル塔の音を撮りに行ったときは、最高に面白かった――私の妻はアーティストで、音を中心的テーマとする仕事をしており、エッフェル塔の実際の音を、人間が普通は感知できない低周波数の可聴下音を含めて記録したいと考えた。それで、エッフェル塔の管理会社（SNTE）から必要な許可を得たのち、四つのデジタル録音機といくつかのインイヤー型バイノーラルマイク、数百メートル長のケーブル、そして八つのジオフォン――普通は地震や掘削作業の振動を記録するために用いる地震マイク――を梱包した。もちろん、以上が私たちの旅行に必要最小限の荷物だ。

　これらのジオフォンは「缶」型で比較的小さいとはいえ、端に導線がついた重い真鍮製シリンダーだ。言い換えると、見た目がパイプ爆弾に似ているのだ。それを一〇〇メートルの導線に接続する。さらに、点滅するライトやタイマーのついたたくさんの電子機器をつなげる。驚いたことに、ニューヨークのケネディ国際空港では、警備員が私にこれは何かと簡単に尋ねたあと、パリが彼女にとってどれほど魅力的かをまくしたて、私たちの幸運を祈り、その録音はどこで聞けるのかという質問のあと、解放してくれた。その後パリ滞在の二日目に、SNTEからすべての承認を得て、タワーの南側支柱に受信機をダクトテープで貼りつけ始めてから（フランス語を話せる妻が映像担当者たちとその場を離れているすきに）、何をいっているのか私にはわからないが、そうとう殺気立った叫び声が聞こえてきた。見下ろすと私のちょうど真下のほうに、マシンガンを装備した大勢の警察官が集まり、私に何かをしろといっているのか、あるいはやめろといっているのか、明らかにどちらかなのがわかった。警備の責任者（現場の警察官には連絡してくれていなかった）からもらった許可書を振りつつニューヨーク訛りで「ル・パピエ！（証明書だ！）」と繰り返しいったがあまり役に立たなかった。とはいえ妻が戻ってきて、なんとかことを収めてくれたので、私は音響研究の名目で撃ち殺される羽目にならずにすんだ。

とはいえ、それだけの価値はあった。タワーを取り巻く可聴音と超低周波振動を、タワーの底部、先端、地下の機械室（当時は厳しく立ち入りが制限されていた）、無線アンテナ下のタワー最上部の脱出シュート、という各箇所から測定することができた。エッフェル塔に行って耳を澄ますと通常聞こえる音は、何百ものさまざまな国の言語による何千もの観光客の声、タクシーが自分もほかの車を遮りながら自分の行く手を阻む車にクラクションを鳴らす音、警察が車の流れをうながそうとする二音でできたヨーロッパ式サイレン、どこにでもいるハトのクークー鳴いたり羽ばたいたりするパリの都会的環境音だ。ところが、ほかの観光客たちのほとんどから離れて最上部の乗降口に立つと、私が「ジーン・シェパード効果」と考えていることが確かめられた。風が止むとときどき、三〇〇メートルほど下で会話する人それぞれの声が聞こえたのだ。（フランス語の）声が、ひずむことなく、はっきりした固有の角度に沿って上ってきた。

ところがタワー自体も、人間には聞こえない音を出す。タワーは七三〇〇トンの金属、二五〇〇トンの石、および五〇トンの塗料でできているのだから、揺れずに立っているだろうとあなたは考えるかもしれない。だが、巨大な構造物は可聴周波数以下で振動する。ギュスターヴ・エッフェルは、自分の構造設計は風の抵抗を最小限にするよう意図されており、自分の成功は、強風が吹いてもタワーの揺れはたった五から八センチメートル弱だ（それに対して世界貿易センタービルは三メートルから四メートル弱揺れていた）ということによって示されていると主張した。だがタワーはあらゆる種類の低周波振動——

観光客の足音や、一九世紀製のエレベーターを持ち上げる釣り合い重りを持ち上げる巨大な装置の動く音（ギュスターヴが導入したテクノロジーがほとんどそのまま今もなお使われている）、風がアンテナや照明システムを揺する音——に反応してそれらを伝播する。

　こうした音は人間には聞こえない。エッフェル塔の聞こえない歌だ。そのもっぱらの理由は、人間が空気中を伝わる音を聞くからだ。音は媒体の密度によってさまざまな伝わり方をする。タワーの構造部材は高周波音を減衰させるが、密度の高い鉄が空気中の一五倍の速さで音を移動させる。それはどんな振動も、空気中より一五倍速く伝播して、構造物全体で反射や反響が起きることも意味する。だからタワーのどこかを強く打つと必ず、本質的にタワー全体を一時的に「鳴らす」ことになり、それはやがてほかの振動の雑多な音のなかに飲み込まれる。とはいえ、およそ〇・一から二〇ヘルツという地震や地滑りの音響帯域で録音する地震マイクを使って記録し、そしてその音を私たちの可聴域に変えることによってのみ、それは聞くことができる、タワーの呼吸でありうめき声であり、震えであり揺らぎである。タワーはあたかも生き物であるかのように、地面を這って近づくものや吹き抜ける風雨に反応するのだ。

　エッフェル塔は特殊なケースのように思われるかもしれないし、私がかつて訪ねたところのうちでもきわめて興味深い音響空間なのは確かだが、あらゆる空間や場所には、そこの形や構成材料、そこを満たすもの、そしてほとんどは近くの音と振動の発生源に基づいた、そこ独特の音響世界が存在する。ほとんどの聴覚研究は、きれいな明るい研究室で、オーディオファン垂涎の防音室と較正の行き届いた装置を使って行われるが、研究室以外、つまり私たちが聴覚を用いている世界は複雑な音で満たされていて、そうした音は二種類以上の周波数からなっていて、長期的にも短期的にも振幅や位相が変化する。ほとんどの人間が感知できる周波数は、二〇ヘルツの重低音から、叫び声のような最も金属的な響きの二万ヘルツ（二〇キロヘルツ）までの範囲だ。各周波数は各波長（音の完全な一周期の長さ）に対応する。これは、ある空間での音の変化の仕方にとって重要な意味合いを持つ。与えられた媒体での音の移動速度がわかっていれば、一つの完全な波、つまり周期が占める距離を簡単に計算できる。霧笛の非常に低い周波数の一〇〇ヘルツは、三・四メートルの波長を持つ一方、コウモリの超高周波数のバイオソーナーの一〇〇キロヘルツは、波長がわずか三分の一センチメートルほどだ。

ここで疑問が生じる。霧笛の音をそれほど低い音にするのはなぜか？　兵站学について考えてみよう。あなたは陸地から、非常に遠くにある何かまでの信号を受けなければならない。それは場所がわかっていないし、おそらく目に見えない。受信の目的は、船や岩との不愉快な交差を避けるためだ。目的を達成するには音を必要とする（もちろん灯台も使える）が、なぜそれほど低い周波数なのか？　それは、周波数が低いほど波長が長いからだ。というのも、波長が非常に長ければ、圧力変化は途中にある小さい物体にはほとんど影響されずにすむからだ。単一周波数に含まれる全エネルギーは、障害となりうるどんなものより遠くへ達し、低い周波数の音ほどさらに遠くまで到達する。コウモリのバイオソーナーのように、高い周波数の音ほど、波長が短いので、反射されやすく、より小さな物体に吸収されたり、そうでなければ歪められたりするので、それほど遠くまで届かない。（コウモリは、大量の高周波音を出すことで、比較的近くの非常に小さな獲物から反響を受け取って、それを食べに行く）。

だが反響はコウモリだけのものではない。私が反響を経験した最初の記憶は、小さいころにキャッツキル山地へ化石を掘りに行ったときのことだ。私が出かけているあいだ、両親はつまらない大人の用事で忙しくしていた。私が手当たり次第あちこち掘り起こして、ティラノサウルスを何頭か発見したのではないかというほどたっぷり泥だらけになったころ、山を下って斜向かいに大きな岩壁が露出している四〇〇メートルほど先から、母が私の名前を呼び始めた。その声は繰り返し聞こえたが、繰り返すごとにだんだん小さくなっていった。私は初め、その音響反射の驚異に目を見張ったが、母が「戻っていらっしゃい、すぐに！」と怒鳴って、「すぐに」だけが強調され繰り返して聞こえると、それどころではなくなった。私は急いで声に従った。これは絶対に、母が秘密の能力を行使したせいだと思ったのだ。そしてやはり、母は岩にメッセージを繰り返させたのだった。とはいえ実際には、高密度で比較的平らで、それゆえに音響反射しやすい岩壁のほうに、母の顔が向いていただけだ。母の声は反射して、だんだん小さくなり徐々に歪んでいく一連の声が生じたのだ。その音は、四〇〇メートルほどの距離を行ったりきたりの移動をした。それで、最初の反響音は音速で進んで三分の一秒ほどかかって私に届き、高いほうの周波数のエネルギーを失い、それから私の背後の岩でごつごつした斜面にぶつかって、音は上方へも、遠くの岩壁に戻るほうへも跳ね返った。このどちらによっても、続く反響音の強度は散乱の損失で減少し、高周波数がよりいっそう減衰し、やがて直接聞こえた「すぐに」の声によって最後の反射音は飲み込まれた。静かな山のなかにいても周囲の雑音のなかに吸い込まれるように。

だが反響は物体が音を変える方法の一部にすぎない。あなたが本書を寝室で、電車で、バスで、あるいは教室で読んでいるなら、その空間内のすべての表面は――テーブルや壁やほかの人でさえ――聞こえる範囲で生じる音を変えることができるし、実際変えるだろう。音がぶつかる表面は何であろうとも、何らかの方法で音を変えるし、そうした表面を作ったり覆ったりする材料は、それ固有の方法で音を変えるだろう。三メートル四方のほぼ何もない壁に囲まれているすっきりとした部屋で、最も単純な音を出したとしても、何千もの重なり合う反響音が生じる。そして、それぞれの周波数に対応するそれぞれの波長があるので、壁や天井や床の表面にぶつかるたびに位相と振幅が変化し、こうした反響音が互いに干渉し合い、ときどき建設的干渉によって大きな音になったり、相殺的干渉で静かになったりする。

もとの音に対するこうした複雑な変化を合計したものは、「残響」と呼ばれ、単一の反響音が数万個含まれるだけでなく、その空間内の何とでも建設的干渉をして増幅する音や、相殺的干渉をして減衰する音も含まれる。固いタイル張りの壁や床は（音響特性があなたの美声のわずかな欠点を隠して完璧にするバスルームのように）、音をよく反射して残響の豊富な部屋を作るが、濁った音響特性を持つ可能性がある。床にカーペットが敷かれているか、天井に柔らかい不規則な表面形状の吸音タイルがついていれば、振動する空気分子のエネルギーを反射するより吸収しやすくなる。これは仕事場のような場所での音波減衰だ。レコーディングスタジオや無響室のように音質が重要な意味を持つところでは、人々はもう一歩先に進んで、壁の表面に柔かい幾何学的な立体模様を施して、音の吸収をさらによくする。これの簡単な例が家で見られる。固い床の部屋にステレオが置いてあるなら、スピーカーの向こう側だけにカーペットを敷いてみる。床のその部分で跳ね返る音だけでなく、床が音の方向に反射させた残りの部分からの音もすべて減少するので、音が弱まって聞こえる。次に、イスを移動してスピーカーの正面に置いてみる。低周波音はイスのあたりでうまく曲がるが、高周波音はイスで跳ね返されるので、高周波音が減って聞こえるはずだ。このことから、ある空間での音響学的特性とはどういうものかがわかり、スピーカーの適切な設計と配置が実際に一つの技術であるという何らかの考えが得られるだろう。最高の音を得るには、最高の音の再生だけではなく、聞き手の耳へどのように音響エネルギーが運ばれるのかを理解することが必要だ。

このようにひどく複雑なのにもかかわらず、私たちはこの込み入った音響学的特性における空間の情報を見つけ出すのが実にうまい。とはいえ、反響音の遅れによって距離などの単純なことを把握するのはひどく苦手だ。私は音響心理学の講座を長年共同で教えてきて、授業で自分が行ったデモ実験の結果にいつも目を見張った。私が再生して聞かせるのは二種類の録音で、まずはピアノで一つの音符を弾いた音、次は、音階に続けて和音を弾いた音だ。最初の再生で、私は単純な反響音を加える。その際、音と反響音のあいだの遅延時間をさまざまな長さにし、球面拡散からの通常の損失に基づく音量の減少も加味する。二回目には、私は音をアルゴリズムを用いて修正して、異なる大きさと内容を持ついくつかの空間それぞれの複雑なシミュレーションを作り出す。私はそれらを学生に聞かせてから、ピアノから反射壁までのシミュレートされた距離と、シミュレートされた空間の大きさと内容物を推定させる。

ところで、一つの反響音によって表された距離を見いだすことは容易なはずだ。というのは実際、最初の音からそれぞれの反響音までの時間的間隔を知るだけでいいからだ。あとはとても簡単な数学だ。少し似ているのは、稲光(秒速二九万九八〇〇キロメートルほどで動いている)が見えてから、それに続く雷鳴(比較的のろい秒速三分の一キロメートルぐらいで動いている)まで、数を数えることだ。たぶん親御さんはあなたに教えたと思うけれども、次にその数を三で割るだけで、雷から何キロメートル離れているのかがわかる。雷の光や音を怖がるあなたを落ち着かせるためだったのかもしれないが、この簡単でおおまかなやり方によって、あなたは物理学の世界にいざなわれただけでなく、すでに耳と脳が自動的にしていること――危険からの距離を見いだすこと――を意識的にする方法を学んだ。

そこで、録音再生をした授業での話に戻ると、音が秒速三分の一キロメートルで移動し、音が反射面まで到達して必ずまた戻ってくるとしたら、反射壁までの距離をかなり簡単に見積もることができるはずだ。一方、木製の棺からブライスキャニオン［ブライスキャニオンは、アメリカのユタ州のブライスキャニオン国立公園内にあり、自然の隆起と浸食によって広大な領域に土柱が林立した複雑な光景を作っている］までの距離を測るためのパラメーターを、残響を利用するだけで見いだすのは恐ろしく困難だ。それでも相変わらず、くる年もくる年も、私の学生は、最初の音に比べてどちらの反響音のほうが遠い反射面からの音なのかは、ほとんどあてられず、逆に、たいてい八割ぐらいの学生が、シミュレートされたさまざまなスペースの大きさ、形、材質、そして内容物を正しく推定した。これらの発見は、直感に反しているように思われる。反響面までの距離を見いだすことは、単純な算数であるのに反して、未知のスペースの内容物をコンピューターで計算したり、金属製のイスに座っている人がいるかどうかや部屋に何もないかどうか（半分を超える学生が正解した）がわかるような計算をするには、時間と周波数の特性の数百万の非常に細かい計算が必要なので、おそらくコンピューターの小さなネットワークを利用しながらかなり多くの時間がかかるだろう。だがこの場合も、耳と脳はこの複雑な音響世界に日常的に触れているので、これらの計算を実行し、聴覚のほんの数分の一秒ほどの働きだけで、その情報を意識に伝える。（人間が反響音によって距離計算をしようとしてもかなり悲惨なことになるが、コウモリにはお安いご用だろう。コウモリがそれを素早く的確にこなさなかったら、食べ物にありつけないし、木にぶつかってしまう――あるいはもっと悪くすると研究者の網に捕まってしまうから）。

ある場所がどんな音を出すかを見いだす能力は、しばしば建築音響工学と呼ばれる分野――音が特定の鳴り方をするように場所を設計すること――に関係する。建物、特に空港やカフェテリアといった広いオープンスペースは、しばしば騒々しくてひどく反響するので、目の前の人のいうことが聞き取れないほど高い騒音レベルのこともある。たとえば、ニューヨーク市のグランドセントラル駅のメインコンコースは巨大なオープンスペースの美しい構造をしている。アーチ型天井は約一二メートルの高さがあり、壁は花崗岩と大理石と石灰岩で仕上げられている。その結果、メインコンコースが壮大なまさにローファイ音響反射物になり、人々の出す音や、周辺地域の列車の通過や道路交通による（鋼鉄や石材でできたインフラに沿って高速で伝播する）低周波の轟音を響かせる。そのせいで、列車の到着や出発のアナウンスはもとより、毎年恒例のホリデーコンサートを聞き取ることが非常に困難だ。けれども、このような音響的にごちゃごちゃしている場所でさえ、スイートスポットは存在する。あなたが一階下がって、オイスターバーのレストランの向かいにある内側がセラミックの低いアーチのなかへ入り、壁に向かって囁いてみると、驚くべきことに通路の反対側にはっきりとその声が聞こえるのだ。固くてカーブしている表面は、音を散乱させるのではなく、静かな音を表面に沿って導く導波管として働くからだ。それでそこには「囁きのアーチ」という名前がついている。

とはいえ、世紀の変わり目の鉄道ターミナルは、音響特性を考慮に入れて設計されることは多くなかった。建築音響工学は、とりわけ都市部で生活の質にますます重要になると考えられる数十億ドル産業の代表的な一つの巨大分野だ。最も基本的な部分では、オフィスやホテル、住宅建築業者でさえ、年に総額数億ドルを費やして、内部の騒音公害を削減しようとしている。あらゆるコンサートホールや劇場、講堂――どこであれ何かを聞くことが重要な場所――では、聞こえるべき音を最大限にし、それ以外の音を弱め、歪みを最小限にするように設計されている（あるいは、そうした設計でないことに悩まされている）。建築音響工学という分野は新しいものではない――エピダウロスにある古代ギリシャの円形競技場は、紀元前四世紀に造られたものだが、音響工学的な驚異だ。音響装置のない野外の構造物にもかかわらず、音響品質の高さは今もなお伝説的で、建設当時は誰にもその音響品質はまねできなかった。その成功の基盤が、二〇〇七年にようやく理解されるようになった。ジョージア工科大学のニコ・デクラークとエンジニアのシンディ・デカイザーは、シートの物理的な形が音響フィルターのように働き、低周波音を抑え、高周波音を伝搬することを示したのだ。そのうえ、石灰岩という多孔質の石が利用され、あちこちで生じるランダムな雑音の多くが吸収されるようになっていた。（ヴェネツィアでは、車両の交通がないことに加え、建物に石灰岩が広く利用されている。おもにそのおかげで、ヴェネツィアは非常に静かな都市なのだ）。

もっと最近の一八、一九世紀のコンサートホールには、巨大な空間があり、ドレープのついた布がかけられ、バロック様式の装飾が施されていたが、舞台から、聴衆の全領域への音の流れを最大にするように、しばしば注意深く設計された。劇場内のさまざまな大きさをした精緻な装飾のおかげで豊かな音響環境が作り出され、そうした環境では音が濁るのではなく、音に残響が加わった。ところが二〇世紀の建築では、単調な幾何学的直線が導入されたので、多くの場所で音が満足に届かなかったり濁って聞こえたりし始めた。私の友人はニューヨークのフィルハーモニックホール（後にエイヴリー・フィッシャー・ホールに改名）のコンサートを聴きに行って、木管楽器と弦楽器以外は何も聞こえなかったと話していたことがある。音響技術の大家だった故シリル・ハリスの指導のもとでこのホールは構造的に全面改築され、元の構造的単調さと奇妙な向きの座席による弱点を克服して、演奏される音楽にふさわしいホールに生まれ変わることができた。

たとえ短時間でも気をつけて耳を澄ましてみれば、多様な音源が明らかになるだけではない。どのように空間が音を形作るのか、そして、脳が音を自分のいる空間の心理物理学的表現に位置づけ直すのに、どのような処理をするのか、という二点のどちらについても深い洞察が得られる。

そこで私は、数年前に行った「散歩」についてこれから書こうと思う。一一月の終わりのある日曜日の午後二時三〇分ごろのこと、その日はよく晴れていて、気温一五度ぐらい、かすかに風が吹いていていた。

妻と私は、ニューヨークのセントラルパークのなかを歩いた。ニューヨーク在住ではない読者のためにいうと、セントラルパークでは週末はほとんどの車両の立ち入りが禁止されているので、自転車やローラースケートに乗る人、ランニングする人、楽器を演奏する人、あるいは、自然豊かなユートピアを散策しているつもりの人々（ホットドック売りのいるユートピアだが）でいっぱいだ。私たちは都会の生物音響に関する妻の研究の一部として散歩の音を記録した。妻は、携帯用デジタル録音機に接続したインイヤー型バイノーラルマイクを装着しながら歩いた。そのマイクは特注の小さな装置で、人間の聴覚帯域であるおよそ四〇ヘルツから一万七〇〇〇ヘルツまでをかなりよくカバーし、外向きにして外耳道にすっぽり収まるようになっている。このマイクからの録音がユニークなのは、耳のなかに収まるので、正確に人の耳と同じ音をキャッチする、つまり、両耳それぞれの外耳の形による音の波形やスペクトルのかすかな変化を人が感知しているのと同じように得られることだ。このマイクは、両耳に入ってくる音のわずかな左右差をとらえるのにも適している。身長が一七〇センチメートルの妻と一七七センチメートルの私は準備のために、メトロポリタン博物館のすぐ西側のアスファルトの歩道を北向きに、右側の車道に近いほうに妻、左側の草地に近いほうを私にして並んで歩いた。読者のみなさんはもう少し読み進めると、私がこういう細かいことを述べる理由がわかるだろう。

私たちはおよそ一時間録音しながら歩いたのにもかかわらず、分析することにしたのはそのうちのたった三四秒ほどだ。次ページに二種類のグラフを示した。どちらもさらに二つに分かれているのは、それぞれ上が左耳からのデータ、下が右耳からのデータを表すためだ。二種類のうち上側の二つのグラフは、「オシログラム」と呼ばれるもので、縦軸に音圧の変化をデシベル（dB）という単位で、横軸に時間経過を秒の単位で示している。オシログラムは、時間経過による信号全体の強度変化を分析し、高解

オシログラム——時間経過に伴う音圧の振幅変化

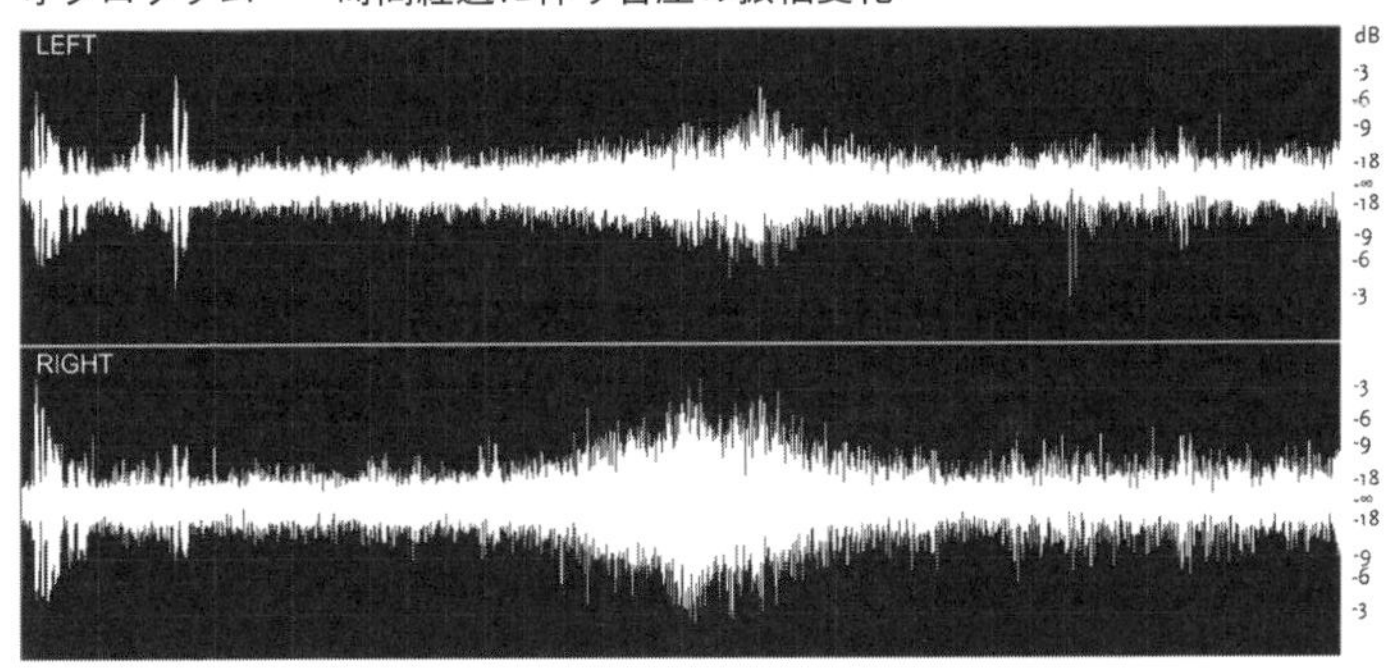

スペクトログラム——時間経過に伴う周波数の振幅変化

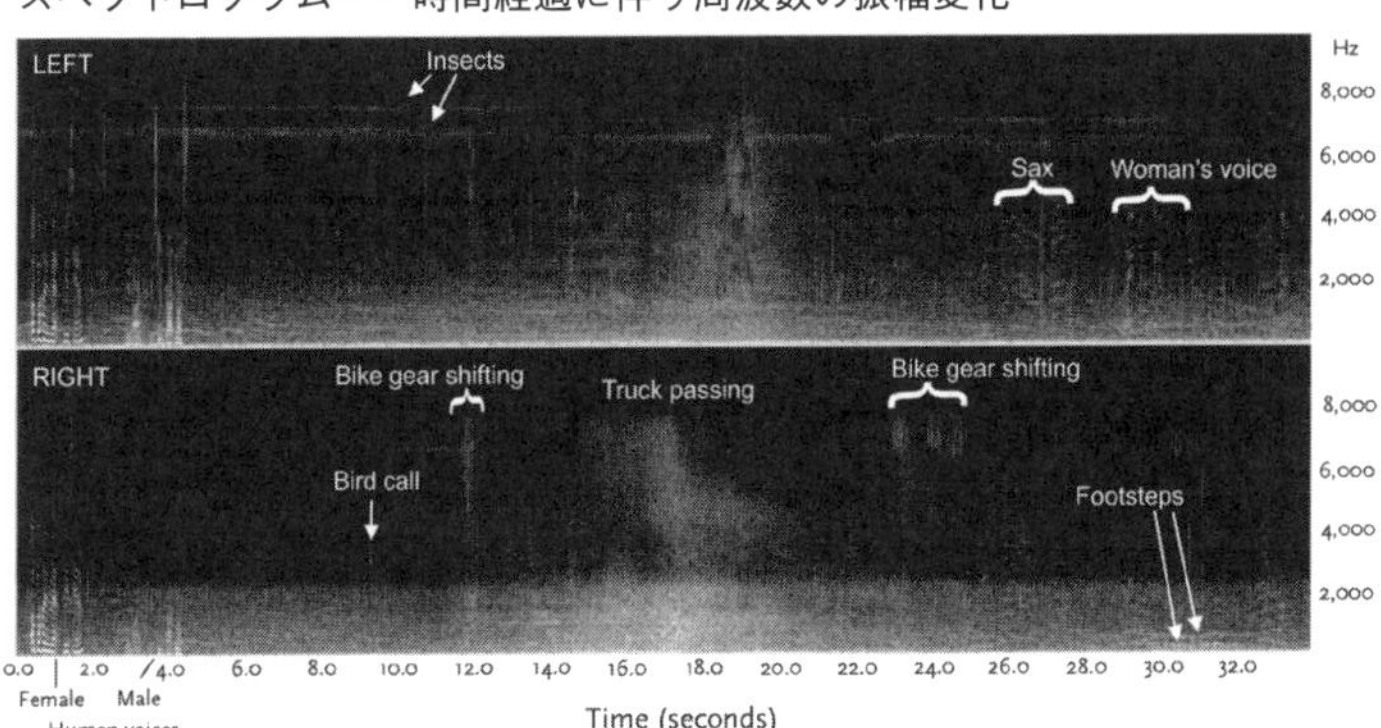

像度（したがって短時間のサンプル）が用いられるときの信号波形の細かい構造の変化を識別するための標準的なツールだ。このサンプルは約三四秒間を扱っているので、細かい構造を作り上げている波長の個々の変化は表さないが、音の「エンベロープ」と呼ばれる振幅のわりと全体的な変化だけを示す。エンベロープは中心線（グラフ中、-∞の記号で示す）の上側と下側を交互に行ったりきたりする。この録音に限っていえば、振幅の範囲が〇デシベルから九〇デシベルまでになるように設定した。その九〇デシベルは録音可能なほぼ最大の音量で、

○デシベルは、それに満たない音はすべて静かすぎてマイクでは拾えない音量だ。中心線（波形のゼロ交差）は$-\infty$として記入される。それは音エネルギーがまったくないことを示すからだ。そういう状況には、大量の液体水素で絶対零度に近いところまで冷やさなければなりえない[*]。

下側の二つのグラフは、「スペクトログラム」で、時間経過による特定の周波数の振幅の変化を示す。オシログラムと同じ音から得られるにもかかわらず、音についての別の詳細を表す。横軸は時間を示し、左端から始まって右端の約三四秒まで、上のオシログラムとそろえて並べられている。縦軸はゼロヘルツから最大およそ九〇〇〇ヘルツまでの周波数を表す。録音は一万七〇〇〇ヘルツまであるが、このスペクトログラムでは九〇〇〇ヘルツより高い周波数を省いている。音エネルギーで興味深い部分はおおむねそれ以下の周波数であり、また詳細を見やすくするためだ。グラフ中、黒い部分には音エネルギーが存在しない。よって白っぽいところはすべて、特定の周波数が検出された箇所を意味し、振幅が大きいほど、白っぽさが増している。グラフのなかほどに白い横線があれば、聞き手の観点で、線の長さの継続時間だけ四五〇〇ヘルツの強い音が出ていたことを意味する。ある与えられた時間でのすべての周波数の振幅を（オシログラムのように）すべてひとまとめの測定値にするのとは違い、スペクトログラムは周波数を直接示すので、音に関する個々の事象を直接見つけることと、周波数の内容を分析することのどちらもより簡単になる。

音風景に関する二、三の基礎的特徴をふまえて、私たちの聴覚散歩を始めよう。オシログラムの音全体のエンベロープは、およそマイナス一五デシベル未満にはならないようだ。それを、スペクトログラムの左右の耳でのグラフでの白っぽくなっている帯域（右耳のグラフのほうがよりはっきりしている）と見比べる。スペクトログラムでは全録音時間にわたって二〇〇〇ヘルツ前後からゼロヘルツまでが白っぽくなっている。その白っぽい帯域は全体的にほぼ均一だ。つまり、二〇〇〇ヘルツまで音響エネルギーがほぼ等しく分布していることを意味する。これがノイズ（雑音）帯域（バンド）だ。都会から遠く離れて、森のなかや草深い静かな場所で録音すると、そのレベルと周波数はどちらも下がるが、消えることはない。背景雑音はどんな環境にも存在するため、それがあることで無意識に声を少し大きくしたり音楽のボリュームをあげたりすることを除けば、ほとんど注意を払うことはない。この背景雑音には、遠く離れた声や風、車の往来などを含めて数千の音源が混ざり合っているが、それらは聞き分けることができずささやきのように周波数全体に分布している。とはいえ、その低周波ノイズ帯域に寄与するおもなものに、地面を往来する車などの交通がある。音の速度は媒体の密度によってさまざまだ。固められた土やアスファルト、コンクリートは、どれも十分に高密度なので音の速度が増して、最高で空気中の一〇倍の速さになる。これは、音が地面を移動するときには空気中に比べて、一〇倍遠くまで伝わるということを意味する。一人ひとりの足音や、移動する自動車や自転車のタイヤの音、荷物を落とす音は、四〇メートルかそこらまでの範囲にいる人にしか聞こえる音ではないが、地面での伝播速度はより速いために、聞き手にはほぼ半径四〇〇メートル以内からのすべての音が合わさって突然伝わることになる。そうした音は、車道の上下から反射し、互いに干渉し合い、固い地面全体に伝わって反響し、そして、地面そのものをローファイの巨大スピーカーとして使う。これはノイズ密度（スペクトグラムの輝度）が、右耳のほうが左耳より高い理由も説明する。妻の右耳は車道側を向いていて、左耳は草地に

［＊］数字の前のマイナス符号（－）は、慣習的な振幅の表示方法に基づいている。聞こえる最大音量を基準のゼロデシベル（上端）にして、ピーク値が中心線に近づくにつれ音は静かになる。

向いていたのだ。

　私はいくつかの旅行先で、どんな都市でも固有の背景雑音の特徴があることに気がついた。空気中の音は、多くの人々や動物、あるいはある瞬間にその場所でノイズを生み出すものによって変化する。ある場所とほかの場所との背景雑音の違いは、車道の材料と密度に基づいているように思える。車が走る音はコンクリートの上とアスファルトの上ではかなり違うし、別々の場所の異なる組成のアスファルトでさえ、注意を払えば地面による背景雑音の違いを知覚できる。前述したように、イタリアのヴェネツィアは、何千もの旅行者が押し寄せるにもかかわらず、きわめて静かな都市だ。それは、自動車が立ち入らないことと、建物外壁に多孔質の石灰岩が多く使われているので構造的に自然の弱音器として働くことによる。

　グラフからわかるもっと特徴的な点を検討してみよう。オシログラムを見てみると、最初の四秒間は数箇所の大きい音のピークがあり、左と右でほぼ等しいピーク値で始まり、続く音は右より左のほうが大きい。これは妻の声と、それに続く私の声だ。妻の声で大きい振幅のほうは、彼女が叫んでいるからではなく、妻の耳のなかのマイクから最も近いのが妻の声だからだ。さらに、その音は耳のなかのマイクへ向けて彼女が発するように進むだけでなく、体内、つまり頭蓋骨を通る骨伝導経路でも伝わる。そのあとの約三・五秒で始まるピークは私の声によるもので、左耳のほうが大きい振幅だ。というのは、私が妻の左側で話しているからだ。スペクトログラムを見れば、さらに詳細なことがらがわかり、人の発話音響学についての理解が得られる。スペクトログラムで、妻の声は時間の経過とともに、ひと続きの明るい線が帯域に垂直に並び、わずかに位置を変化させている。これらが倍音帯域で、同じぐらいの周波数エネルギーのレベルが、ゼロレベル部分によって分けられている。これらの帯域の持つ固有の倍音構造は、声道で決まる。妻は「私たちはメトロポリタン美術館の裏手にいます（We're behind the Met Museum.）」といっていて、声の周波数帯域の向きは、母音と子音の切り替えに従って変化している。周波数帯域のこれらの変化はフォルマントと呼ばれ、人間が発する音声の基本的音響特性の確認に役立つ。気づいてほしいのは、妻の声（およそ二秒まで）の帯域が、左右ともおよそ六〇〇〇ヘルツまで層になって広がっていて、周波数が低くなるほど明るいが、私の声ではおよそ四〇〇〇ヘルツまでしか達していないことと、右耳よりも（私のほうを向いている）左耳のほうが明るくなっていて、妻の右耳は三〇〇〇から四〇〇〇ヘルツにはほとんど何も表れていないことだ。これは妻の頭によって音の影ができていることを示している。およそ四〇〇〇ヘルツを超えると音は頭を回り込んで反対の耳に到達するということができないのだ。「私たちは美術館の北向き通路にいます（We're on Museum Drive North.）」と私はいっている。約四秒での私の声からの倍音帯域を詳しく見ると、私の声からのほとんどのエネルギーは妻のものより低い（ただし、ノイズをたくさん含む音声の「D」と「th」を除く）だけでなく、帯域間が狭まっている。これら二つの要因は、私の声を妻の声より低いと判断するものだ。耳が音の高さを判断するのには、周波数帯域の最高値だけではなく、倍音の間隔も一助となっている。

ほかの明らかな特徴として、ほぼ最初から存在し、グラフが左右で違うものは、上側（左耳）のスペクトログラムで、かなり明るい二本の線が六〇〇〇ヘルツと七〇〇〇ヘルツ付近にある。もっと詳しく見ると、それらの帯域はかなり密集した白い垂直線で、ほぼ途切れることなく音が持続している。これは虫の声（おそらくセミの鳴き声）で、私たちが歩いたとき左側の草むらにある木々にとまっていたのだろう。オシログラムではこのセミの鳴き声が、途切れず続く背景雑音の振幅に大きく寄与もしているが、ここでもう一度気づいてほしいのは、音源に向いていない右耳では、高周波音が妻の頭で隠されるために、その音がどれぐらい遮られるのかということだ。右耳のスペクトログラムにセミの鳴き声が表れている時間は一〇から一二秒ぐらいまでのあいだだけで、それはおそらく私たちがセミのいる非常に大きな木のそばを通りすぎているときだ。

そのまま歩き続けていくと、次の明白な変化は、九秒あたりにある三〇〇〇ヘルツほどの小さなほぼ縦向きの短い線だ。これは、小鳥が車道を横切って飛んでいくときのさえずりだ。耳で聞いてもスペクトログラムを見ても背景雑音から明らかに区別できるとはいえ、オシログラムではそれによるピークはほとんど見えない。とはいえ、このシンプルな鳴き声にはもっと深い物語がある。さらに詳しくスペクトルのその部分を調べると、スペクトログラムの一五〇〇ヘルツぐらいのところに別の小さなシグナルを見分けることができる。それが三〇〇〇ヘルツの信号を倍音帯域にしている。だが、もっと低い帯域は背景雑音の領域にあるので、ほとんど見えない。これは、動物のコミュニケーションにおいて重要な意味合いを持つ。都市に棲む鳥は、ほとんどつねにこの背景雑音と戦わないといけないからだ。最近のいくつかの研究で、都市に棲む鳥は背景雑音があっても声が届くように、鳴き声を変える必要があることが示されている。その結果、私たちの近くに棲む鳥類の行動とストレスレベルには（私たちに起きているのとまさに同じような）興味深い変化が起きている。

オシログラムとスペクトログラムは両方とも約一二秒のところで、一時的に振幅の増加を示している。それはスペクトログラムでは、大部分が高周波ノイズで、そのなかに淡い帯域が含まれている。これは自転車が私たちの右側の車道を通りすぎながらギアチェンジをする音だ。アスファルト上の車輪の低周波（で比較的小さい振幅）の音は、背景雑音のなかでは感知できない。ところがそれを、オシログラムで約一四秒から始まって約二〇秒まで続く出来事と比べてみよう。この音もまたとりわけ右側で素早く増大し、それからやや遅れて左側にピークがくる。スペクトログラムでも同じようなパターンが見えるが、その音は低周波数から八〇〇〇ヘルツあたりまで非常に濃くなっていて、それが右耳では約一七秒で、左耳では約一九秒でピークになっている。この音は、アスファルトの車道を北向きにゆっくり走りすぎた管理用トラックによるものだ。左耳と右耳に入る音の違いと、スペクトグラムとオシログラムの形の違いから、この動き全体がひととおり理解できる。まず近い側の右耳で感知され、右耳のマイクの脇を通りすぎるときに振幅が最大になるが、トラックが妻の右脇を通っているあいだは、妻の頭による音の影によって部分的に妨げられる。このとき、妻の左耳へ向かう高周波ノイズにはっきりとした経路がある。

およそ一九秒では、トラックのノイズは高周波数ではるかに広いノイズ帯域になっており、セミの声を遮るか隠す。隠すということは、この距離でのセミの鳴き声よりトラックの音量が大きいことによるだけではない[*]。トラックからははるかに広い周波数帯域の音が生じるので、その合成騒音はセミの鳴き声による狭い帯域の音を効果的に遮る。

二四秒付近で、ギアを数段階シフトしている別の自転車が通りすぎるのが見て取れるが、二五秒ほどのところでは、オシログラムの振幅がわずかに増し、(スペクトログラムで) 一連の交互の倍音の線が見える。それは低周波部分だけ観測できて、最大約四〇〇〇ヘルツまで続いており、右より左のほうが音が大きい。この倍音帯域は、始めのほうで観測された人間の声よりも単純で、階段のような形をしてい

[*] 自分からセミまでの距離とトラックまでの距離が同じなら、セミの九〇デシベルの鳴き声は、トラックの大音響を圧倒するだろう。私と妻は三、四〇センチメートルしか離れずにずっと歩いていて、セミは木の上のほうで鳴いていた。

る。これは、私たちの左側の小高いところでサクソフォンが奏でられた音だ。サクソフォンの音は長いあいだ聞こえていた（二〇秒の時点から聞こえ始めた）が、吹いている人に最接近したときにようやく高周波倍音が現れて、背景雑音の帯域でも低いほうの音がはっきりわかるようになった。これらの音は、数秒後に現れた女性の声による倍音帯域と比較することができる。その女性は、私たちの後ろのほうから左側へ近づいてきた。

最後に気がつく点は、三〇秒あたりに始まりこの録音の最後まで続いているもので、静かなスペクトル帯で、背景雑音のなかの非常に低いところにあり、およそ二〇〇ヘルツと五〇〇ヘルツで交互に生じている。このグラフの大きさでは周波数帯が連続して見えるが、拡大すると周波数帯は断続的で、その二つの帯域が交互に現れている。これは走っている人の足音で、背後から私たちの右に近づいて、約三四秒のところで私たちを通過している。左（低周波数）と右（高周波数）の足音にこんな違いがあることは奇妙に見えるかもしれないが、音響の認識に別の興味深い洞察を与える。ランニングする人が完璧に対称な足の運びで走っていて、左右の足が一直線上に着地するなら、両者にはほとんど違いがなかっただろう。ところが偶然気づいたのだが、その人ははっきりわかるほど右足が外を向いていて、左足はかかとで強く着地していた。左足のかかとが地面を打つ音と左足裏の全体の動きから出てくる音は、外に向いている右足が地面を打つより音よりも小さい（右足の作用する面積は左足より少ないので、右足には左足より小さい足裏の面積に、より大きなエネルギーがかかって、右足のほうが少し高い周波数でわずかに大きい音を生み出す）。何年も前、私の研究室にいた学生が、足音だけから誰かを識別することができるかどうかに興味を持った。彼女は、非常に巧妙な小実験を行った。同じような身長と体重の被験者たちに、同じような靴で廊下を歩かせたり走らせたりして、それを録音した。そのあと、あらかじめ被験者が歩いたり走ったことを聞かされた人々に、録音を再生して聞かせた。彼女は、これらの人々がこのシンプルな音を使うだけで足音の主を非常によく識別できるということを見いだした――これは、脳がわずかな音の手がかりに基づいて、きわめて複雑な識別と分析をすることができるという一例だ。そして、あなたがこれを単なるアカデミックな面白いエクササイズだと思うなら、次に暗い夜道でうしろから近づく足音を聞く機会までこのことを心に留めておいてほしい。あなたもおそらく、追いかけてくる人が知らない人なのか、カギを探しているルームメイトなのかは、振り返らなくても判別できることに気づくだろう。

第3章

ローエンドタイプの聴覚を持つ動物たち——魚類とカエル

あらゆる場所には、その場所特有の特徴があるように、あらゆる「聞き手」には、自分が聞く必要のあるものを聞くために特有の設計図がある。脊椎動物の世界にはおよそ五万種類の聞き手が存在し、聞き手それぞれが、耳を傾けるべきものと、その聞き手の通常の環境の音響特性にとても密接な関係があるものに対して独自の解決法を持つ。おそらくこれらすべての聞き手のうち一〇〇種は、科学的に調査されている（そしてほとんどのデータは、およそ一二の動物から引き出されている。それにはゼブラフィッシュ、金魚、フグ、ウシガエル、ツメガエル、ハツカネズミ、クマネズミ、アレチネズミ、ネコ、コウモリ、イルカ、人間が含まれる）。

一つの水準ではこれで十分だ。あらゆる脊椎動物の聴覚は、圧力もしくは粒子の動きの変化を感知し、有用な知覚に変換して行動を導く助けとするために、何らかの構造に存在する有毛細胞を使うことを基本にする。耳より奥へ入ってしまえば、脊椎動物の脳は同じような一般的設計図から生じる――後脳は未加工の感覚運動情報の多くを送受信し、中脳は入ってくる情報と出ていく情報の両方をまとめ、視床は意図的行動を管理する。だがその一方で、すべての種は、自分が聞くべきものに対する独自の解決策を発達させている。そして、さらにややこしいことに、すべての個体は、遺伝的多様性によるだけでなく、それ自身が生まれてこのかた経験してきたことによっても、その種の「正常な」ものとの違いが表れる。そのため、聴覚とその変化したすべてのタイプを、そうしたほんの少数の例から理解しようとすると、失望するばかりになりうる。

だが聴覚を研究する人々は最終的に、人間の視点から被験動物を理解したいと考えている。そもそも私たち人間は、人間の経験に対して関心を持っている。たとえ人間が地球上のほかのあらゆる生物よりもはるかに数が少ないとしても、騒音計を作ったり、騒音を規制する法律を作って願わくばそれを守ったり、向かい合わせにできる指を使ってつまみを回して音量を下げるか曲を変えたりするのは、人間にほかならない。だから私たちはほかの種について、その特徴が人間の行為や関心と重なり合うシステムとして考えがちだ。その限界が、ここ二〇年ほどで徐々に差し迫ってきている。今日の研究費のほとんどは「トランスレーショナルリサーチ（橋渡し研究）」——人間の生物医学か科学技術の応用に利用される可能性がある研究——に回される。だから私たちは、「役に立つ」ているものと現在思われているいくつかの種に注目しがちだ。これが理由で、カモノハシについての論文はそれほど多くないし、ホシバナモグラやキリンはさらに少ない（こうした動物は、電気受容性や触覚の感度やあくびの研究で愛用されているにもかかわらず[*]）。ところが、人間が進化の遺産をほかのすべての脊椎動物と共有するという事実と、バイオミメティクス（自然をまねする工学技術）が科学技術的に有用であると証明されたことは、動物の聴覚を研究する方法に関してゆとりをもたらした。たとえ私たちが五万種の聞くことのできる動物のすべてを研究できなくても、成功物語——長いあいだ存在し、何かをとても上手にこなす動物——を調べることで、私たちは自分たちの聴力について学ぶだけでなく、近い将来科学技術や生物医学でできることの限界を押し上げる。本章は、聴力のローエンドタイプの聞き手、すなわち魚やカエルのいる池の浅瀬から始めよう。

生命は海から始まった。海では生命体が何億年もかけて、水から顔を出してみたり、乾いた空気の世界にチャレンジしてみたりしてきた。今日、ほとんどの生物はまだ水中で暮らしている。水中での聴覚は、私たち陸上タイプにとって非常に複雑に思われる。人間の耳は、空気というかなり低密度の媒体中

---

［*］　オリヴィエ・ワルシンスキ博士によると、キリンはあくびをしない唯一の動物とのことだ。

で、音の圧力変化をキャッチするように進化してきた。この圧力変化が私たちの鼓膜を振動させる。次にその鼓膜の振動は、聞くための小さな三つの骨、すなわち耳小骨——ツチ骨、キヌタ骨、アブミ骨（それぞれラテン語では、金づち、金床、馬具の鐙の意味の単語にあたる）——によって増幅されて、それが、次に前庭窓を振動させる。これは、液体でいっぱいの蝸牛への入り口である。蝸牛は内耳にあり、振動はそこで有毛細胞が利用できる信号に変換される。

だが、入浴や水泳のときに、頭を水のなかに入れてみて、まず気づくのは、すべての物音が奇妙に聞こえることだ——私が今まで聞いたなかでも最高の表現は、ダイビングをする友人が「すべての音がいっせいに、より大きく、より柔らかくなり、すべての場所でそうなる」といったことだ。その理由の一端は、人間の耳が低密度の気体中の振動を、内耳の高密度液体に置き換えるように進化したことだ。ひとたび外耳道が水で満たされると、システムは混乱をきたす。外耳道は水でいっぱいでも、耳小骨を保護している中耳はまだ空気で満たされているので、伝えられるのは歪んだ信号だ。

水は、空気よりもおよそ八倍密度が高い（内耳の液体や、身体のほかの組織と同じぐらいの密度）。この密度の違いは、空気よりも水のほうがインピーダンスが高いことを意味する——水中で音を出すにはより多くのエネルギーが必要だが、ひとたび音が出れば、空気中より五倍速く移動し、音を識別する能力から音源の方向を見いだす能力まで、すべてを混乱に陥れる。このために、高価な通信装置を持たないダイバーは、耐水性ホワイトボードに頼るか、仲間の酸素ボンベをただ叩いて相手の注意を引くことになる。それは、バスタブの近くに置いたラジオをいくら大音量でかけていても、あなたがお湯に頭を突っ込んでしまえば、空気中の音はインピーダンス不整合により水面で反射してしまいバスルームを音で満たすだけで、その結果、あなたには蛇口からポタリと水滴が落ちて、水面にあたるときに鳴る音だけしか聞こえない理由も説明する。[*]

これまで魚は数億年ものあいだ、外耳や内耳が一切ないにもかかわらず、水中で音を聞いてきた。そして魚の音響インピーダンスは取り巻く水とほとんどまったく同じだ。単純な物理学に基づけば、その場合の音は基本的に感知されずにまっすぐ通り抜ける。ところが、ある適応が、魚の比較的単純な内耳でとらえた振動をはっきりと違いがわかるようにした。魚は、球形嚢（のう）という、有毛細胞をそなえた独特の構造をした感覚器官で音をとらえる。球形嚢は内耳のなかで垂直方向を向いていて、有毛細胞が外側へ伸びている。有毛細胞の先端は粘液状の部分に埋め込まれ、その部分には骨の小さなかけらのような、炭酸カルシウムの高密度の結晶がたっぷり入っている。耳石（文字どおり「耳の石」）と呼ばれるこのかけらは、周りの組織よりも密度が高い。音の圧力波が魚にぶつかると、ほとんどのエネルギーは身体を通り抜け、音に沿って魚を振動させるが、高密度の耳石は、そのほかの部分よりもインピーダンスが高い。魚の身体全体と、頭の両側にある耳石との動きの違いによって、有毛細胞の先端が曲がり、電圧が変わり、聴覚神経を経由して信号が送られ、音の特徴をコードする。私がこれについて聞いたなかでの最高の表現は、ロヨラ大学のディック・フェイによるものだと思う。彼の説明はこうだ。「陸生の脊椎動物では、動物はじっとしていて音が耳を揺らす。魚では、耳はじっとしていて、音が魚を揺らすのだ」。

サメや、アカエイ、ガンギエイなどのような多くの魚は、この単純な聴覚構造でなんとかうまく暮ら

---

[*] うまくかいくぐって聞こえる唯一の音は、バスタブそのものの振動によるものだ。ただし、バスタブの真上にラジオを吊り下げてスピーカーが直接、水面に向いているなら別だ。つまり、振動には通り抜けるものもある。だが、聴くなら頭をお湯から出すほうが簡単だろう。

している。これらの軟骨魚類は、比較的限られた聴力しか持たず、限られた周波数帯域のかなり大きな音にだけ反応する。それに対して、硬骨魚類のかなり多くは、進化的にもっと現代的で、浮き袋と呼ばれる進化適応がある。その空気を満たした袋は、私たちの肺のもとになる。魚が体内に大きな空気袋を持つと、音のインピーダンス不整合が生じるので、多くの淡水魚は脊椎に変化を加えてウェーバー器官と呼ばれるものを進化させ、それにより浮き袋が内耳につながることになった。金魚などを含むこれらの魚は、水中でかなり優れた聴力を持ち、低閾値で最高約四キロヘルツの音まで聞こえるので、「聴覚専門家」と考えられている。[*] ニシン目の魚（ニシン、イワシ、シャッドや、その仲間）は、これをもう一段階進めて、浮き袋を拡張して頭骨のなかに食い込ませ、内耳を直接刺激する。これは、メリーランド大学のアーサー・ポッパーが、こうした魚のなかに、超音波の帯域まで聞こえるものもいることを示した研究による。魚のなかには、海以外の世界の音を聞く第一歩として、自分の体内に大気をほんの少し取り入れているものもいる。そこで私たちはカエルの話に進むこととしよう。

私が最も古くからの友人、グレッグに会ったのは八歳のとき、ふたりともウシガエルを捕まえようとして同じウシガエル目がけて飛びついたときのことだ（私たちはお互いの上に着地して、ウシガエルは逃げてしまった）。私が一〇歳のときウシガエルのパブロ（少しのあいだ飼っていたペットで、池ではおとなしく捕まったが、毎晩テラリウム（飼育箱）から何とか出ようとしていた）は、毎晩階段の一番上から楽しそうに私の母に挨拶をしてセレナーデを歌っていた。その後、フランチェスカという名の成熟間近のウシガエルを飼った。私がシンセサイザーでBフラットの和音を鳴らすと、彼女が必ず左に顔を向けるように条件づけようとしたが、成功しなかった。

初めてブラウン大学の大学院課程に出願したとき、私は次期大学院生候補のための打ち合わせに行って、もうすぐ私の指導教官になる予定のアンドレア・サイモンズと、その夫（であり、私の最終的な博士号取得後指導教官）のジム・サイモンズに会った。当時アンドレアは、ウシガエルが音の高さをどのように感知するのかを専門に調べていた。ジムはコウモリの反響定位を研究していた。私が二人とひとしきり話したあと、ジムが「カエルはローエンドを持っている。コウモリはハイエンドだ。両方のあいだで、君は聴覚のほぼすべてを理解できる」といった。私はおよそ二〇年間、これら（とほかのいくつか）の種の聴覚を研究してすごしてきた。そしていまだに、聴覚のほぼすべてを理解したというわけではないが、この要点が私の頭から今もなお離れることなく私の興味をかき立てる。これによって私は、五〇キログラム近い録音装置を引きずって運んで、蚊とカミツキガメが棲息する沼地に入って、傷ついたカエルを遺伝子スクリーニングして、脳を再生する能力の分子基盤を特定しようと試みたことまで、あらゆる経験をすることになった。私を丸のみしようとしたウシガエルのオスが、私の手にかぶりついて離れなかったこともあれば、コウモリがうじゃうじゃといる屋根裏で、乳飲み子を持つ母コウモリが、乳首を吸う赤ちゃんたちをぶら下げたまま、急降下で襲ってきたために、グアノ（糞の堆積物）に覆われた床に転んでつっこんでしまったこともある。私の主治医によれば、ウシガエルの小便アレルギーを発症した記録は、世界でも私一人だろうということだ。

カエルに関して私が魅了されたことの一つに、カエルは両生類として、危険を冒して水から出て陸に上がることに成功した最古の原形であり、その代表的な生き物だというのがある。化石記録によれば、

［＊］金魚は聴覚研究で人気の高い被験動物だ。世話が容易で、同じ水槽に入っているほかの動物をあまり食べないからだ。これと対照的なのは、サメを被験動物とした聴覚研究だ。

解剖学的に現代の形をしたカエルは、およそ三億年以上のあいだ活動している。このことから、カエルは「単純な」つまり原始的な生物なので、カエルを調べることによって聴覚の基本だけを学べるという認識が作られた。その一例として、長年、カエルの聴力は、単なる交尾期の鳴き声を感知する——すなわち、仲間のカエルの音だけが聞こえるように狭く調整されている——ものとして考えられていた。一見これは筋がとおっているように思われる——あなたがカエルだとして、あなたの社会的行動が同じ種のカエルに呼びかけることと、自分以外のカエルの鳴き声を聞くことなら、無関係の雑音に脳のリソースを割く必要があるだろうか？　だがカエルは、あらゆる動物と同様に、種に特定の課題のためにデザインされた機械ではなく、複雑な生態環境のなかの複雑な生物だ。ディック・フェイの言葉をまた引用すれば、「自分の種の声しか聞こえないときの問題は、おそらくその声の帯域外の音を出す最初に出会う捕食者に食べられてしまうということだ」。カエルがたくさんいるところに忍び寄ろうとしたことがある人なら誰でも知っているように、フェイは正しい——ウシガエルが低音で合唱する夜、頭が痛くなるような一〇〇デシベルの音量で鳴いていても、二〇メートル以内に誰かが一歩踏み入れたとたんにピタッと鳴き止むだろう。ウシガエルの鳴き声は、周波数が二〇〇から四〇〇〇ヘルツの可聴域を含むことが多いが、彼らは私たちの耳が拾える音よりも、音の高さと振幅が数桁が低い地震振動を感知できる。

だが、魚に関しては、カエルといっしょくたにすることはできない。カエル目の動物の総称としてカエル（蛙）というが、カエル目の種は非常に多様性に富んでいる。完全に水生の種もあれば、ほぼ陸生の種もある。指先に乗せられるような種もあれば、四キログラムを超える三〇センチメートルサイズの種もある。この多様な種に共通するのは、すべての既知の種において、社会的行動と生き残りが聴力に依存するということだ。実際に、科学者も以前は、明らかな鼓膜があるものをフロッグ（水生のカエル）

とし、トード（陸生のカエル）との区別の方法としていたし、今でも、目と鼓膜の大きさを比較して、オスガエルとメスガエルを見分けている（オスの鼓膜は目よりもはるかに大きくなるが、メスのカエルの耳は目よりも小さい）。とはいえ、遺伝的関連性ではなく外見的特徴で動物を分類することで起きている多くのことと同様に、ここにも問題があることがわかった。フロッグのなかには、完全に内耳を持つものもいたのだ。このために、水生のフロッグのアフリカツメガエルが、当初は「アフリカン・アクアティック（水生）トード」と呼ばれていた。彼らは体内で鼓膜の円盤を発達させたので、アフリカの自然の棲息地を作っている濁った池で互いの鳴き声を聞き合うことができる。

ゼノパス・レービス（アフリカツメガエルの一種）は、一九三〇年代以降、さまざまなタイプの研究で好んで用いられた。その卵子は非常に柔軟な構造体で、ほかの種から移殖したタンパク質を発現する――たとえば、ニューロンのイオンチャネルのような細胞の部品をコードするＤＮＡは、ゼノパス・レービスの卵子や卵母細胞のなかで翻訳を受け、そのなかでニューロンのイオンチャネルを持つ卵子を作り出し、研究者がニューロンの動力学や薬力学といったほかでは不可能な緻密な研究を実行できるようにする。ゼノパス・レービスのオタマジャクシは、体外の透明な卵のなかで成長するので、発生学上の研究の多くが、卵が殻で覆われたニワトリや、子宮で覆われた哺乳類よりもはるかに容易になった。オタマジャクシそのものも透明なので、染料やトレーサー（追跡子）を注入して原基分布図を見つけ出し、ラベルされた個々の細胞の発達と移動の過程を分裂後も追跡することができる。またゼノパス・レービスは、クローンが作られた最初の脊椎動物だ。長いあいだ、耳の発達に関する何百もの研究を含めて分子遺伝学の研究には、両生類は欠かせなかった。ところが、多くのことがわかってくるにつれ、まずいことは生じうるものだ。ゼノパス・レービスは発達生物学におけるきわめて重要な研究の道をいくつか開いたが、その一方で、その遺伝的特徴は脊椎動物にしては非常に奇妙だということがわかったのだ――「異質四倍体」といって、各遺伝子に二つではなく四つのコピーを持っている。人間やほとんどの脊椎動物は遺伝子のコピーが二つの「二倍体」なのだ。このことは、ゼノパス・レービスで遺伝子を消失させたり「ノックアウト」したり、あるいは特異的突然変異を作り出すといった操作はできないことを意味する。そしてこの種で行われた遺伝子実験には、今は問題視されているものもある。この種で実施された実験の多くは、今は近縁種のゼノパス・トロピカリス（レービスと別種のアフリカツメガエルの一種）というもっと小さくて寿命は短いが二倍体の種で、再現実験が行われている。

とはいえ、ゼノパス・レービスは聴覚の研究にとっては興味深い動物だ。両生類にもかかわらず、泳いでいる手足のないオタマジャクシのときから、四肢のある肉食性の（そしてときどき共食い性の）大人まで、完全に水中で生涯をすごす。そして魚のように側線系を持っている。側線系は体外の有毛細胞が一列に縫い目と呼ばれる破線状に並び、頭と両側面に配置されていて、水の動きを感知する。子どものゼノパス・レービスのオタマジャクシは、このシステムを使って、水流の方向を見いだし、それの方向に身体を向け、浮力と安定性を保つ助けとする。この行動は走流性と呼ばれ、水中での自分の位置だけでなく、群れのほかのオタマジャクシに対する位置を保つのを助けるためや、また水流の突然の変化は捕食者がいることを示すかもしれないのでそれを感知するためにも用いられる。大人になると体長二五センチメートルぐらい、体重はおよそ五キログラム以上になりうる。たいていは濁った池の底近くにいるので、光はあまり利用できない。大人のゼノパス・レービスは、側線を使って上側にいる小さい虫や魚の動きを感知すると、それに急に襲いかかり、爪のついた指でつかみ取り、大きな平たい口のなかに押し込む。彼らの奇妙な上向きの目は、水面まで近づかないとほとんど役に立たない。ほとんどの水生動物と同じように、彼らは外部に面した耳を持たない。

ところがこの奇妙な、四本足で扁平な魚のように見える動物は、聴覚の進化において大きく一歩前進したことを隠している。彼らは魚と同様に球形嚢（聴覚に関与する器官で、特にオタマジャクシのときに大きな役割を担う）を持っているが、さらに基底乳頭と両生類乳頭と呼ばれる内耳器官もそなえている。これらは有毛細胞が豊富に集まっている小さい構造体で、水中での聴覚専用の器官だ。一方の基底乳頭は、内耳に広がる膜組織から構成されている。そこにある有毛細胞は、五〇から一〇〇〇ヘルツまでの低周波音に反応し、ゆるくおおまかなトノトピーマップ（周波数マップ）に従った配列になっている、つまり、周波数特定性の配置になっている。もう一方の両生類乳頭は、もっと小さなカップの形をした器官で、そのなかを有毛細胞が満たしている。こちらの有毛細胞は、もっと高い周波数の音に対応し、通常は最大四〇〇〇ヘルツ程度までに反応する。そして、ゼノパス・レービスにはいまだに球形嚢が存在するが、魚と違って中耳を持つ。その中耳は、体内の軟骨性の鼓膜からできていて、私たちの鼓膜と同様の器官だ。鼓膜は周りの組織や水とは密度がまったく異なるので、音から鼓膜を振動させるように圧力を変化させることができる。そして中耳は、アブミ骨と呼ばれる軟骨部分によって内耳につながっている。

こうしたことから、人間について何かを理解しようとして利用するには、ゼノパス・レービスという種は特殊だろうと思われる。だが、ゼノパス・レービスは奇妙で古いとはいえ、聴覚の社会的行動に関しての驚くべきモデルだ。音と性についての物語を教えてくれるからだ。

ゼノパス・レービスというカエルは、恋の歌に命をかける。すべてのカエルと同様に音声指向性に頼って――異性の鳴き声を目がけて突き進んで――、南アフリカの荒野で彼らが故郷だと見なす濁った池のなかで（あるいは実験室の水槽のいくらか濁りの少ない水のなかで）、異性を互いに見つけることができる。たいていのカエルの種とは違って、メスはオスと同じぐらい鳴き声を上げるし、主導権はメスにある。ゼノパス・レービスは鳴くための複雑な装置は持っていない――咽頭筋を使って二枚の軟骨性の円盤をかみ合わせてカスタネットのようなクリック音をたてることで鳴き声にしている。音色のレパートリーはそれほど豊富とはいえないが、このタイプの信号は発声システムに多くの空気を通す必要がなく、泡が音を妨害することもないので、クリック音は水のなかを歪むことなくよく拡散する。その上、あらゆる恋の歌と同様に、肝心なのはタイミングだ。オスは、愛情たっぷりに抱き合うときのゆっくりとした抱擁の鳴き声――数秒ごとのカチカチと鳴く音――から、たまの（とりわけ持ちあげられるときの）甲高い鳴き声や、唸るような低周波のクリック音まで、比較的広い音域の鳴き声を出す。だが、交尾期の鳴き声で最も重要なのは、広告音で、〇・五秒長のクリック音が連続し、最初はゆっくりと、続いて急速にはじけたように激しい勢いになり一分間に一〇〇回の速さのクリック音で鳴き続ける。

広告音は、まさに広告の印象を与える――あたりにいるメスを惹きつけ、ほかのオスを近づけないように警告する信号で、メスの鳴き声に対する反応で最もよく聞かれるものだ。一方、ゼノパス・レービスのメスの歌は二種類しかない――コツコツとカチカチというクリック音が、さまざまなタイミングで構成されている――が、オスの行動をコントロールする。カチカチという鳴き声は、かなりゆっくりで一秒間にたった四回だ。そしてメスがそれを歌うのは、性的に受け入れないときである。オスは、メスがカチカチ音で鳴くのを聞くと、そのメスから立ち去ることが多い。理由は明らかだ。コツコツ音はメスが性的に受け入れるときの鳴き声だ。カチカチ音より一秒間におよそ三倍速く繰り返されて、一一から一二回音を出す。それは、あたりにいるどんなオスにも、音でできた媚薬のように働く。録音したメスのゼノパス・レービスのコツコツ音を流すと必ず、あたりにいるどのオスも音源に近づき、音を立てているのが何でもかまわずつがいになろうとする。この実験のあとはしばしば、技術者が水のなかからスピーカーを引っ張りあげて、まるごと洗うはめになる。

人間が歌っているときには、歌い手の能力は非常に多くの生理学的、認知的、行動的要因（特に訓練、そうでなければ「オートチューン（音声補正ソフト）」）に基づいているが、カエルの場合、オスとメスの歌はより生理学的なつながりに基づいている。私の最高のお気に入りの室内実験は、ダーシー・ケリーとマーサ・トバイアスによって「試験管内の声」あるいは「シャーレのなかの歌」と呼ばれた。トバイアスとケリーは、オスとメスのカエルから喉頭と、喉頭神経の一部をともに切り離した。そうして取り出した神経を適切な頻度で刺激すると、その取り出された喉頭は、残りの身体の部分がなくても性的に意味のある歌を作り出すが、刺激の頻度を変えても、大人のメスの鳴き声をオスの喉頭ほど速くはできないことがわかった。これは、喉頭の筋線維の型が性分化していることによる。オスの喉頭筋は速収縮、すなわち2型の筋線維だ。この型の筋肉は代謝的に高速に向いているが、活動時間は比較的短い。メスの喉頭筋は主として遅収縮、すなわち1型の筋線維で、耐久性はこちらのほうが大きいが、収縮がゆっくりしている。両者の違いは、発達上での性ホルモンへの曝露に基づく。発達中に濃度の高いアンドロゲン（なかでも最もよく知られているのはテストステロン）に曝露すると、後に現れる筋線維の型が変化する。ところが性分化が、カエルのオスとメスでの鳴き声の違いの裏にある差異を引き起こしたわけではない――どちらかというと相互効果だ。オスとメスの鳴き声の違いを引き起こすのは、性分化した発声に関する脳の領域だ。

脳の性分化は、何世紀ものあいだ科学で異論の多い問題だ。一九世紀初期の解剖学者たちは、女性が平均して小さいサイズの脳を持つことを引き合いにして、女性は生まれつき知的に劣ると主張した。その後科学者は、性的適応は遺伝子的か、それとも行動的なのかを議論するように徐々に変わっていった。けれどもこうした年月を経ても、性的行動と脳の関係は科学での話題と同じぐらい複雑なまま残っている。[*]そういうわけで、ゼノパス・レービスは、比較的限られているものの性的に分化した歌のレパートリーを持っていて、きわめて複雑なテーマの基礎を研究するのにはすばらしい動物なのだ。たとえば、オスのゼノパス・レービスが去勢されると、それとともにおよそ一か月後には完全に鳴き声がやむが、テストステロンを与えられると、再び適切な性的鳴き声を出し始める。大人のメスはテストステロンを投与されると、だんだん速度を増す震える鳴き声を出し始める。喉頭筋に限界があるので、正常な大人のオスの最高速の鳴き声には達しないが、間違いなく雄性化している。これは、鳥類や哺乳類で観察されるものとは異なり、おそらく単純なシステムだろう。通常、鳥類や哺乳類では重要な特定期間に鳴き声が変わるだけだからだ。

性的に分化した脳の基本的特徴について何らかの客観的な理解をしようとして、山口文子らはゼノパス・レービスのオスとメスの脳全体を取り出し、かなり長時間生かし続ける方法を見いだした。動物の身体のうちで、動物自身が気にかけて多くの時間を費やしているすべての外側部分を取り除き、脳をシャーレのなかに分離して、酸素を送り込んだ人工の脳脊髄液に浸けて生かし続けたことで、脳には性のような真に重要なことに注目するための時間を持たせた。山口らの発見は、多くの複雑な行動問題に関与する神経伝達物質であるセロトニンを与えれば、脳は「架空の歌」と呼ぶものを生み出し始める——脳のなかの歌発生器から、今は身体から自由になったそのカエルの性にふさわしい速さの信号を喉頭神経へ送るだろう、というものだ。セロトニンレセプター、とりわけ5HT2cレセプターと呼ばれるものの分布と機能のあいだの微妙な性差は、信号が神経に送られる速度を変え、オスとメスの脳から異なる歌を生じさせる。

ところが、ここまではまだ水中の生活についての話で、バスタブでラジオを聞いたときの体験と同様だが、それは空気中で何かを聞いたりコミュニケーションをとったりする生活とは異なる。次に水生のゼノパス・レービスから、ウシガエル（*Rana catesbeiana*）のようなアカガエル科のカエルに話を移そう。水のなかと外のどちらでも、音を聞いたり音をたてたりする種である。ウシガエルは、北米で最も大きなカエルだ——私は大きな老齢のメスで研究していたことがある。重さが九〇〇グラムを超えていたので、私が持ち上げようとしても難なく振り払われた。[**]

ゼノパス・レービスと同様にウシガエルの社会的行動は、鳴き声を上げて聞かせることだ。とはいえ、ゼノパス・レービスとは違って、ウシガエルは長時間水の外に出てすごす（少なくとも頭は水の外に出している）動物だ。ウシガエルが合唱する典型的な夜は、数百ものオスが池のほとりで「ジャゴラン」という鳴き声の広告音を出し、それが耳をつんざくような一〇〇デシベル以上の音量に達しうるもので、音が氾濫（はんらん）して立ちはだかっているように感じるかもしれない。だがその音はウシガエルには意味がある。そうした鳴き声は、ほかのオスを近づけないよう警告して縄張りを主張する広告音であり、また湿っぽ

[*] 科学と性の共通部分の奇妙さについての卓越した概説として、メアリー・ローチの著書『セックスと科学のイケない関係』（池田真紀子訳、日本放送出版協会）をお薦めする。とはいえ、読んだあとには心の洗濯が必要かもしれない。

[**] 私は最後にはいつも勝っていたが、その前に、少なくとも〇・五リットル以上のおしっこをかけられるのが常だった。そのせいで、ウシガエルのおしっこアレルギーを発症したのだ。抗ヒスタミン薬を持っていない科学者は、ウシガエルに勝てない。

い緑がかった胸に抱き寄せるためにメスを誘惑しようとする声でもある。

夏の夜、懐中電灯を持ってウシガエルの池に行けば、メスとオスの耳から判断すると、カエルにはお互いにメスとオスを手っ取り早く見分ける方法があり、それと同様に空気中での聴覚の違いに関する手がかりをすぐに見つけられる。[*] ウシガエルの目のすぐ後ろに、ティンパニと呼ばれる皿のような構造がある。これがウシガエルにとって人間の鼓膜に相当する部分である。メスの鼓膜は、目と同じぐらいのおよそ一・五センチメートル弱の大きさだ。これに対しウシガエルのオスでは、生きているあいだずっと鼓膜が大きくなり続ける。大人のオスでは、フルサイズの鼓膜が直径四センチメートルに達しうるので、平たい録音スタジオ用ヘッドフォンを装着しているように見えることもある。これはクジャクの羽のような性的シグナルではない。鼓膜の大きさからは、耳の感度が最もよい周波数がわかる――大きいほど低い周波数の感度が高くなる。

オスのウシガエルの広告音にはモードが二つ、つまり二つの周波数ピークがある。低い方は、二〇〇ヘルツ近辺の領域で、高い方は一五〇〇ヘルツ近辺の領域だ。この高いほうの周波数のピークは種に固有のもので、少なくとも、ウシガエルが通常鳴き声を上げる環境にいるほかの種に比較すれば特有だ。メスのウシガエルでは、種に固有の一五〇〇ヘルツのピークに最も感度がよくなった時点で、鼓膜の成長が止まる。だが、オスのウシガエルの耳は大きくなり続け、年を取るに従ってますます低いほうの周波数に感度がよくなる。性差は重要だ。メスのウシガエルはほかのウシガエルの広告音（オスの鳴き声だけ）のピッチ（音の高さ）にとりわけ感度が高い必要がある。これによって、自分の種のオスに実際に近づいていることがわかり、ふさわしいつがい相手のオスを選ぶことができる。どんな種類の発声もエネルギーが必要なので、大音量でよく鳴くオスガエルは、たまにしか鳴き声を上げないオスよりもおそらく健康に優れていて、つがい相手として選ぶにはよりよい個体だろう。

ところが、オスの鼓膜は生きているあいだはずっと大きくなり続ける。そして聞く際には、大きさが問題になる。鼓膜のような受信面は、広いほどより低い周波数に感度が高くなる。高い周波数ほど早く減衰するので、鼓膜の大きいオスほど、より遠くにいるほかのオスの鳴き声を感知して、ライバルになりそうなオスまでの距離を測ることができる。

バーで女の子に「ねえ、君」などと簡単に声をかけるよりも、広告音ははるかに複雑だ。ウシガエルの脳は小さいにもかかわらず、それでもオスは複雑な音響環境に対処しなくてはならない。だから、ルールがある。黙っているメスたちが、水辺で鳴いているオスたちのあたりを泳ぐか、池を飛び出して陸にあがってほとんど動かずにいるかのどちらかのあいだ、一匹のオスが池の向こうで鳴くオスたちの声を聞き、その長く続く一連の鳴き声が止むのを待ってから、応える。すぐそばにいるオスたちは黙って口を挟まないか、あるいは鳴き声が自分のよりも小さいとかおとなしいとか思えばそれをしのぐ声を出そうとする。それによってしばしば、すぐ近くのオスが攻撃的な鳴き声を出すことになり、どちらも引き下がらなければ、二匹のオス同士が場所をめぐって争い、ひどく深刻な結果となりうる。小さな緑色の相撲取りたちは、たとえ敵の頭（自分と同じぐらいの大きさだ）を丸飲みすることが必要になろうとも、沼地の自分のテリトリーを守ることに没頭する。その一方で、従位のオスと呼ばれる小さいオスたちは卑劣にも目的のために手段を選ばず、大きいオスの傍をうろついて、大きなオスたちどうしでつばぜり合いをしているあいだに、近づいてくるどんなメスでも横取りしてしまう。カエルの世界でさえ、とき

［＊］　このことは、たぶん今後のパーティであなたが提供するよい話の種になるだろう。

には頭のよい者が、腕っ節の強い者に打ち勝つのだ。

私が初めてカエルの研究を始めたとき、取り組んでいた大きな疑問に、カエルがどのようにピッチを知覚するのかというものがあった。ピッチは音の周波数の心理物理学的相関現象で、周波数が高くなるほどピッチも高く聞こえる。それは脳が、音の神経表現をどのように解釈するかに基づいている。カエルには比較的低周波数の音しか聞こえない――せいぜい四キロヘルツまでだ。それに対して人間には最大二〇キロヘルツの音が聞こえる。カエルの聴覚神経は、脳のより高度な中心部に信号を送るのに、時間符号化を用いる。そのなかで、聴覚神経の発火は、音のタイミングか位相に同期する。スパイクと呼ばれるニューロン信号は、通常およそ二ミリ秒間すなわち五〇〇分の一秒間持続する。これは、コンピューターやMP3プレイヤーのサンプリングレートに相当する。つまり、五〇〇ヘルツ以下という低周波音では、カエルの内耳から中脳に通じる聴覚神経は、周波数が周期や位相で同じ点にあたるごとにスパイクを発生する。だが、ニューロンはシリコンチップではなく生化学的信号なので、まれな例外を除いて、五〇〇ヘルツ（幼児の声の基本周波数あるいは最低周波数）をはるかに超える周波数ですべてのスパイクに同期して発火することはできないため、ニューロン群はボレー（連発）と呼ばれる数学的に関係のある間隔で発火し、それによって脳は最大で約四〇〇〇ヘルツまでの音をコードできる。

それはピッチの認知の簡単なモデルとして、ウシガエルの聴覚をうまく説明するように思われる――ウシガエルは低い音を出し、まずまずの周波数帯域がよく聞こえる。だがオスの広告音は心理物理学の水準に達する問題の一つを示す――あなたはときどき、自分にとってきわめて重要だが物理学的にはそこに存在しないものが聞こえることがある。ウシガエルの鳴き声のスペクトログラムには、さまざまな周波数帯域での一連の線が見える。それはおよそ二〇〇ヘルツの帯域から始まって弱くなっていき、二五〇〇ヘルツあたりで消滅する。それらの線と線の間隔はほぼ規則的に開いているが、偽周期と呼ばれるパターンになっている。ほとんどの低周波数の帯域は、間隔がおよそ一〇〇ヘルツずつあいていて、二〇〇ヘルツ、三〇〇ヘルツ、四〇〇ヘルツに存在する。この鳴き声がどのように聞こえるかは、単純な数学的見方をするなら最低音がおよそ二〇〇ヘルツの低い音（だいたい成人女性の声の基本周波数）だが、豊かな倍音が含まれ、複雑な微細構造、あるいは音質が加わっている。ところが、カエルに実際に聞こえるのは（二十余年かけてカエルの脳と聴覚神経からとった記録に基づくと）、おもに一〇〇ヘルツの音色だ。周波数が一〇〇ヘルツの音響エネルギーが存在しないのに、どうやってその高さの音を得られるのだろうか。それは、たとえ小さなカエルの脳でも、失われた基底音と呼ばれる原理を用いるからだ。鳴き声の倍音に規則的な間隔が開いているなら、脳はスペクトルのエネルギー帯域間の差を関連づけて、この差のタイミングや周期を計算するので、そこに存在しないもの――一〇〇ヘルツのピッチ――が「聞こえる」。

これはカエル独特の奇妙な話だと思われるかもしれないが、人間でもまったく同じように働くので、電話や低価格スピーカーを含め、最もありふれた音響技術の基盤にもなっている。ほとんどの電話についている超小型スピーカーは、三〇〇から四〇〇〇ヘルツを下回る周波数の音を再現できないが、典型的な一五〇から二〇〇ヘルツの基本周波数を持つ成人男性の声を認識するのはきわめて容易だ。さらに、最も高価なオーディオやコンピューターのスピーカーは、たとえ小型サブウーファーでも一〇〇ヘルツを下回る音はあまりよく出ない。電話や、手ごろな価格のスピーカーで、かなりの重低音のベースラインなど低い音が「聞こえる」のは、脳がハードウェア性能の欠陥を埋めるために、進化によって与えられた神経の計算能力を利用しているからだ。

だがカエルの聴覚で私が当初から惹きつけられたのは、カエルがどのようにして聞くことを「学習する」のだろうか、という点だ。カエルは他の両生類と同様に、水中で卵を産む。カエルの子どものオタマジャクシは、親とはまったく異なっている。ウシガエルはある程度の時間を陸上でもすごしている四足の肉食性動物で、彼らの規模や環境では実質上のライオンに相当し、きわめて目立つ外耳を持っている。大人のウシガエルは音をとらえるために、耳から脳へ音を伝える二つの聴覚伝導路を持つ。一つは振動伝導路で、非常に低い周波数の音を、身体の両側面と頭から、そして前脚を通じて地面から拾って、肩帯へ、そして前庭窓に通じる軟骨の一部につながる筋肉へ渡し、そこから内耳に伝わる。この鰓蓋経路（肩を内耳につないでいる鰓蓋筋に由来した名称）は、人間の骨伝導に似ている――体外の聴覚専用の構造というよりむしろ、身体の剛性要素をとおして振動を通過させることによるものだ。もう一つの音の経路は、鼓膜経路と呼ばれるもので、私たちの耳にあるものに似ていて、体外の鼓膜がアブミ骨と呼ばれる骨のような構造物に取りついていて、それが内耳の前庭窓の正面部分につながっている。

ところが、オタマジャクシは脚を持たず、完全に水生の草食動物で、見てわかるような耳のしるしがないことから、科学者にとって多くの問題が生じた。ウシガエルのオタマジャクシは発達しながら二年間すごしてから小さいカエルになり、その後大人のカエルとして七年間生きる。おたまじゃくしが卵からかえるとき、内耳は魚によく似ている――大きくて突出した球形嚢と、それより小さい二つの耳石器がある。一つは卵形嚢といい、側面の動きを感知し、前庭系の一部をなす。もう一つは壺嚢で、非常に低い周波数と、おもに上下振動のみに反応する。圧力を感知できる両生類乳頭と基底乳頭は、進化的に私たちの蝸牛と相似の器官で、オタマジャクシがカエルになるにしたがい、あとからようやく発達する。発達のこの段階になっても外耳が存在しないことは、繁殖で聴覚に頼る種にしては奇妙な感じがする。

そしてオタマジャクシの解剖学的研究では、大人に見られる聴覚末梢系の兆候は見られない。オタマジャクシは孵化するときには肺を持っているが、一部の魚にとってすぐれた聴覚のもとになっている浮き袋を基礎にした機能の兆候は、存在しない。こうしたことから多くの人が、オタマジャクシは聴力を持たないか、持っているとしてもごくわずかだろうと考えた。内耳への唯一の接続は、気管支耳小柱と呼ばれる奇妙な撚り糸状の結合組織を通じており、それが内耳の後ろと肺を結合して、実際に大動脈を貫通する。肺が内耳につながっていることから、オタマジャクシは聞こえるとしても、聴力はかなり貧弱だろうと思われた。第一に、この気管支耳小柱は骨や軟骨を形成していない――コラーゲンに囲まれた線維芽細胞なので、すべて細麺パスタのリングイネをアルデンテに茹でたぐらいの構造強度だ。したがって、どんな振動もそれを通過すると歪む。さらに、オタマジャクシがこの不安定な構造体を経由して音をとらえるとしたら、自分の心臓が脈打つ音に耐え続けければならないだけでなく、肺に空気があるかないかによって聞こえ方が変わるだろう。

誰かが実験するまでのおよそ四〇年のあいだ、オタマジャクシは基本的に音が聞こえないと思われていた。オタマジャクシの脳から聴覚反応を記録しようとした最初の試みによれば、オタマジャクシの聴覚感度は非常に低いと予想される結果になった。この件はこれでけりがついたと思われた。ところが科学的事実が打ち立てられたわけではなかった。むしろこの研究が浮き彫りにしたのは、基本的事実をテストするのではなく期待に基づくことを研究するときの、科学者が直面する問題の一つだった。彼らが記録を取ったオタマジャクシは、水の外にある板の上に置かれて湿ったガーゼで包まれ、その状態で空気中で出された音を聞かされた。想像していただきたいのだが、カエルの科学者が、あなたの頭をバスタブ水のなかに入れながら、あなたの聴力テストをしようとしているとしたらどうだろう。その結果によれば、あなたは非常に聴力が弱く、低周波音にはほとんど反応しないし（浅い水はハイパスフィルターとして働くので）、音がどこからくるのか場所を突き止めることは完全に不可能、ということになるだろう。カエルの科学者にとって、あなたは耳が聞こえないということは明らかだ。

動物の行動について何かを見いだしたいと思うとき、きわめて重要なのは、その動物にとっての自然な環境と同じような設定のなかでテストを行うことだ。正直なところ、これがとても難しい——普通の防音室で、動物を使った電気生理学実験を行うことすらたいへんだ。その動物の頭を水中に保ちながら、個々の神経反応を記録するのに必要な精巧さで電気的システムを作動させ続けるというのは、ほとんど不可能だ。よって当然の成り行きとして、その問題は解決されたといわれてから数十年後に、私がやってみなければならなかった。

莫大な量のアルミホイル（プール一杯の水のアースを取るため）、ダクトテープ、食品保存用のタッパーを使い尽くして、特製の水中録音タンクを作り、それから、オタマジャクシの脳を露出させつつ、なかに水が入らないようにする方法（そして、十分に精巧に外科手術を施して、オタマジャクシを確実に目覚めさせて、カエルになるまで成長させ続ける方法も）見つけ出すにはかなりの時間がかかった。とはいえ、こうしたことをすっかり成し遂げたときには、オタマジャクシについておよそ六〇年間思い込まれていたことが誤りだとわかったのだ。[*]

実際オタマジャクシは水中ですばらしい聴力を持つのだ。ところが、オタマジャクシは成長中にほぼ水中ですごすとはいえ、魚ではないので魚と同じ方法でテストすることはできない。初期段階のオタマジャクシは、サメや単純な魚と同じ方法で多くのことを聞いている。音が頭の側面の組織を通過し、前庭窓に直接ぶつかり、振動が球形嚢とそのほかの発達中の内耳器官に伝わるのだ。後期段階のオタマジヤクシは、前脚と後脚がどちらも生えている状態で、側面と前脚から内耳につながる低周波の鰓蓋経路が働いている。鼓膜経路は、尾を体内に吸収して小さいカエルになってからおよそ二四時間経つまで現れない。問題は、私が何匹かのオタマジャクシから記録を取ろうとしていたときに、一切反応が現れなかったことだ。まったく何も。

この実験を一〇回ほどやってみて、私は誤った結果を出しているわけではないと確信したので、指導教官に相談しに行った。最初、彼女は「あの視線」を私に向けた。四〇メートル先にいる非友好的な年配の偉い教授たちをも融かすことのできるあの視線を、一介の大学院生にすぎない私に向けたのだ。ところが、すべてのデータを彼女とともによく調べ始めると、ふたりとも奇妙なことに気がついた。この「耳の聞こえない」オタマジャクシはすべて、発達中のある非常に短い期間、すなわち前脚が現れる直前の個体だった。このおよそ四八時間という短い期間で、低周波数の経路は発達する。つまり内耳を肩帯(けんたい)に付着させる軟骨と筋肉のいくつかの部分によって、初期のオタマジャクシが音の取り入れ口としていた内耳側の穴、すなわち前庭窓がふさがれるのだ。陸上からの振動を拾い、そしてついには空気中の音を聞かなければならない場所に生活を移す準備ができると、彼らは短い「耳の聞こえない期間」を経験する。その四八時間の終わりに、彼らの聴力は突然よみがえる。ローエンドにおけるより広い周波数帯域とより優れた聴覚で。次の一週間をかけて彼らは成長を続けて小さなカエルになり、空気中でのさらなる聴力を得るために発達を続けると、鼓膜が頭の側面に現れる。この時点で聴覚は、大人のカエル

[*] オタマジャクシのぐにゃぐにゃした頭を挟みつぶしてしまわないような特製の遮音用耳あても、作らなければならなかった。特許出願中。

よりも高い周波数を感知しやすくなっているが、真に水陸両生の聴覚生活を始める準備は整っている。

オタマジャクシの聴覚について、六〇年を超える誤った科学的認識を覆して愉快だったことはさておき、なぜ研究でこうしたことが起こるのだろう？　多くの人はもちろんこういうだろう。「いったい誰がオタマジャクシの聴力をほんとうに気にするのか」「いったい何が私と関係あるのか」と。実際、それはかなりあたっている。私たち人間もまた、水中の生命体として人生を始める。私たちは受精してから九か月間は、母親の子宮の狭い池のなかに漂い、すぐそばの環境以外にはほとんど何も気づかない。だが妊娠七か月初めの胎児は、発達中の脳が発達中の耳に接続するので、聞くことを始める。どんな浅い池でも同様だが、そこは騒々しいが奇妙に音が弱められている。そこでは母親の心拍と呼吸の一定のリズムに包まれ、羊水を通って届く母親の声の低周波音は減弱する。水槽のなかの魚（あるいはバスタブのなかの水にもぐっている大人のあなた自身）と同様に、腹壁と子宮壁という空気と水の接触面を通り抜ける音はほんのわずかで、届いた音でもくぐもっていて、高いほうの周波数が筋肉や体液のおかげで取り除かれている。音は胎児に、もっと広い世界での人生における初めての経験をもたらす。ところが子宮の音が弱められた世界は、誕生を境に、それまで聞こえなかった耳障りな音の世界に取って代わられる。そして発達中のオタマジャクシが耳の聞こえない期間を乗り越えるように、私たちも頭蓋骨や液体に囲まれている耳をとおして低周波音を拾うのではなく、突然、空気中で音を聞くために新たに耳を使うことになる。どうりで最初の呼吸をしたあとにまずすることは、泣くことというわけだ。この世の中は、騒々しいのだ。[*]

だが、人間の胎児期から新生児期における聴覚の変化が、研究モデルとして興味深く有用なのはさておき、オタマジャクシの聴覚の話から、思いがけない掘り出しものがもたらされる。オタマジャクシが前脚を成長させる前には、かなり魚に似た接続パターンが脳に存在する。オタマジャクシは内耳の聴覚と平衡感覚の両方からの信号を伝える聴覚神経を持ち、そして、背側延髄と呼ばれる後脳の領域に突き出ている一対の神経をとおして信号を送る側線系を持つ。ここで神経は個々の領域に分離して、平衡と振動を処理するものや、音を処理するもの、多くのものは両方を処理し、側線系のためのものに分かれる。これらはすべて、規則的なパターンで交差接続しているので、オタマジャクシは左右それぞれの側からの信号を比較できる。これはオタマジャクシが、音はどこからくるのかを見つけたり（上オリーブ核と呼ばれる脳の神経核を利用する）、水中での自分の位置を保持したり、驚かされたり危険から泳いで逃げたり（相手は自分の両親の場合もある。大人のウシガエルはかなり無節操に餌を選択するのだ）するために役立つのだ。これらの脳領域の多くは、それから半円隆起と呼ばれる聴覚中脳に向かって送られ、そこで聴覚信号が複雑な音を処理するために記録され、視覚を含む多様な感覚システムからの入力が、まとめられて、オタマジャクシの意思決定領域へ向けて送られる。

ところが、オタマジャクシが耳の聞こえない期間に入ると、変化が起きる。なぜかはまだわからないが、その時期に新しい聴覚路は、内耳が水中の音を受け取るのを妨げるとともに、脳が速やかに配線を組み替える。延髄は中脳との接続を切り、上オリーブ核は回路から外されて、側線系は完全に失われ始める。突然成長タンパク質が急増し、脳領域があちこち動いたり、再接続したり、化学物質の大きな変化の影響を受けたりし始める。およそ四八時間後、新しい聴覚経路が完成し、再び音を取り入れ始める

［＊］ちょうどいい例としては、ブルーノ・ボツェットのアニメーション『赤ちゃんの話（Baby Story）』を――特に、七分五六秒あたりの母親がダンスをしているところを――参照のこと。

とき、脳は以前とはまるで違った構造で、すなわち空気中で聞くことにはより適した構造で接続し直されている。四八時間以内に、オタマジャクシは脳のおよそ四分の一を基本的に配線し直すのだ。

これを発見したのは一九九七年で、それ以来何人かの仲間と私はこの転換の仕組みを理解しようとして、関連する一三以上のプロジェクトに取り組んできた。それには、遺伝子のスクリーニングや配列決定から、オタマジャクシがカエルに変化するときの行動をただ観察することまで、すべて行った。聴覚や脳——正常な発達の過程だけでなく、損傷を受けた場合でさえ——そのものを理解するためにカエルがきわめて重要であるのは間違いない。カエルは発達プログラムに従って脳をあちこち変えるだけではない。カエルの脳は回復するのだ。

毎年、とてもたくさんの人々が聴力を失ったり、身体のどこかが麻痺したり、失明したり、言葉が話せなくなったりする。それは手足や耳や目や口を痛めたというよりもむしろ、脳や脊髄に不可逆な損傷を負ったためだ。人間は末梢神経を再生することができるが、中枢神経系の損傷はたいてい恒久的だ。一方、カエルはそれを克服できる。ハロルド・ザコンらによる研究によって実証されたのは、ウシガエルが聴覚神経を損傷し、それが人間なら恒久的な聴覚障害になるような場合でも、ウシガエルは人間とは違って治癒するのみならず再び適切に接続して、機能を復元できるのだ。損傷によるか、ゲンタマイシンのような抗生物質に曝されるかで内耳の有毛細胞が失われると、人間なら一般的には二度と元に戻らないが、カエルなら原因が怪我でも薬物でも有毛細胞は再生するだけではなく、有毛細胞が古くなって擦り切れるにしたがい、新たに作り出し続ける。両生類と哺乳類が進化的に分岐したあとのどこかで、私たちは脳や脊髄、そして耳のほとんどを再生する能力を失った。だから、オタマジャクシがどうやって四八時間で脳を完全に配線し直し、ウシガエルが聴覚神経を再生して機能を回復することができるのかを調べることは、科学を専攻する純然たる楽しみのための単なる基礎研究、というわけではない。これらの研究は、人間が遺伝子治療や薬物治療によってこうした能力を回復できるカギをもたらすかもしれないのだ。

第4章　高周波音を聞く仲間

私は三歳のときに耳が聞こえなくなったことがある。私を妊娠中に母親が風疹にかかったわけではなく、元気すぎる幼児らしく面棒で耳穴深くを探検しすぎたわけでもなく、単に運悪く水疱瘡で鼓膜が傷ついたことによる。はっきりとは覚えていないし、聴力は元に戻り、名残といえば、鼓膜にかすかに傷跡が残っていることと鼓膜がわずかに厚くなったことぐらいだ。それどころか今では私にはコウモリの鳴き声が聞こえる。

たいていの人はできることならコウモリには近寄らないだろう。コウモリとの関わり合いといえば限られていて、おそらく暖かい夏の夜に屋外にいても、あたりをパタパタと飛び回る影を目にする程度、あとは小さいコウモリはあなたが蚊に食われるのを防いでくれたり、大きなコウモリはコガネムシからあなたの庭を守ってくれたりすることぐらいだろう。だが、私は実験室でコウモリと一対一でかなりの時間をすごして、驚嘆させられないことはなかった。なにしろ脳がピーナッツサイズの動物が、実際に自分の世界のほとんどを音で築き、反響音の微かな変化から三次元のイメージを作り出すのだ。

ほとんどの人にとってコウモリの聴覚世界は、人間の聴覚体験の範囲とはかけ離れているので、コウモリは無音の影のように見える。だがコウモリと人間は、哺乳類なのでたくさんの遺伝的遺産を共有している。そして哺乳類として、あなたは高級進化クラブ、そう高周波数クラブの会員だ。イヌ笛がよく聞こえたらいいのにとあなたがこれまでに思ったことがあるなら、人間はほかのすべての哺乳類と同様に、驚くべき広い聴覚帯域を持つのを知ることで慰めになるだろう。哺乳類以外の脊椎動物の聴覚は、一般に最高四から五キロヘルツに限られている(とはいえ、フクロウやドウクツアナツバメといった特別な鳥は、およそ一二から一五キロヘルツまで聞こえる)。狩りや交尾、縄張り決め、捕食者回避などを音に頼るあらゆる脊椎動物のなかで、私たち哺乳類の可聴周波数域は最も広く、ゾウの超低周波音からイルカが使う一五〇キロヘルツ（一五万ヘルツ）の自然超音波にまで至る。

これは私たちのほうが進歩しているわけでも、私たちが進化的に新しいからというわけでもない。哺乳類は恐竜と同じぐらい古くから存在するが、私たちの当時の祖先はハツカネズミかトガリネズミに似ていて、ほかの種の餌になってしまわないように、抜け目なく聞き耳を立てていたらしい。つまり私たちの耳が、魚やカエル、爬虫類、鳥類の耳よりももっと特殊化しているだけである。そして、基本的特徴はほかのすべての脊椎動物の聴覚システムと共通するが、私たちの聴覚システムにはほかのどの種も持たない二つの特徴がある。どちらも高周波音を聞くために重要なものだ——一つは、私たちがふだん「耳」と呼んでいる耳介［耳のうち頭部からはみ出ている軟骨と皮でできている部分］、もう一つは蝸牛である。

聴覚を研究する科学者たちのあいだでさえ、耳介は正当に評価されていない。人間にとって耳介は、眼鏡のつるをかけるもの、あるいは目立って大きく突き出た形だとからかわれるものだ。そして今日では聞くことがすさまじくたくさんあり、飛行機やスポーツジムのような騒々しい環境ではもっとはっきり聞こえるように、イヤフォンを耳のなかに入れたりヘッドフォンで耳を覆ったりするので、耳介はあまり機能することのない退化した器官として無視されがちだ（映画『レザボア・ドッグス』での印象的なシーンに描かれているのは別として）［『レザボア・ドッグス』は一九九二年のアメリカ映画。主人公の一人、ブロンドと呼ばれる男が警官の耳を削ぎ落とすシーンは有名］。だが私たちの耳介は、実に興味をそそる進化的発達があり、哺乳類が聞くときの環境についてだけでなく、私たちが聞くものについて多くのことがわかる。そして、イヤフォンを外して頭をいろいろと動かして耳を澄ましてみれば、実際に耳介がどんな働きをするかがわかるだろう[*]。

［＊］耳介は、pinna、concha、auricleとも呼ばれる。どの呼び方をするかは、バックグラウンドや年齢、気取り具合による。

耳介は基本的に、扁平な円錐型をした比較的固い部分で、耳の穴の入り口まで、つまり外耳道という綿棒を入れられる部分の入り口までを指す。耳介の機能についての説明を見るとほとんどは、低周波音を集める装置として記述されている。振動を生じている空間から「漏斗」で集めて耳の穴に入る体積を増やして、相対利得を最大で二〇デシベル増加させる。これだけで受動的な聞き取りは見事に助けられる。本来デシベルは対数表示で、六デシベル増すごとに音圧は二倍になるということを思い出してほしい。だから、二〇デシベルの利得によって、聞こえる音の量がいっそう多くなる。(一九世紀のアンティークの補助器——あるいは古い漫画——を調べると、見つかるのはたいていはラッパ型補聴器と呼ばれるものだろう。長い金属製の管楽器のような形のもので、端が小さくなっていて耳のなかにしっくりはまるようになっている。それは基本的に、大きくした人工耳介だった)。だがこの利得の変化は、およそ四から五キロヘルツよりも低い音だけに有効となる。それは、ほかのあらゆる脊椎動物にきわめてよく聞こえる帯域だ。

もう一方で、高周波音は波長が短いために空気中でひどく減衰する。きわめて大きい音でなければ、比較的短い距離で音が悪くなって熱雑音になる。よって高周波音を得るためには、頭の側面の小さな穴や、カエルのように頭の外側に出っ張った鼓膜よりも、もっと音を集めるものが必要だ。望遠鏡のレンズの音響バージョン、つまりもっと広域から音を寄せ集めるものがいる。そして音をもっと集めるもの以外にも、音が聞こえてくる方向をもとに音の微かな変化を識別する何らかの方法を持たなくてはならない。できれば、そうした高周波音がどこからきているのかを常にわかろうとするために、頭をあちこち回転する必要はないほうがいい。[*]

耳介が実際にどのように見えるかを考えてみてほしい——部屋を見渡して誰かの耳を見るなり、自分の耳をそっと触ってみるなりするといい。マンガみたいに単純な平たい円錐形はしていない。人によってまったく違う形で、かなりでこぼこしていて、たいていは、外耳道の前方にはわずかにひさしのようにかかる突起が一つだけある（これは耳珠という部分で、普通は小さい哺乳動物ほど大きい耳珠を持つ）。高周波になるほど、人間ではとりわけ六から八キロヘルツを超えると、でこぼこが小さな障害物として働き、音の一定の周波数の振幅をわずかに減じて、スペクトルのV字状に落ち込む部分を一箇所以上作り出す。音のスペクトルのV字型は、個々の耳の形や位置に固有のものだ。この「耳介のV字落ち込み」は、高周波音が出ている場所、とりわけ垂直面上での場所を突き止めるのに一役買う。頭の上のほうから、あるいは下のほうからくる音がこれらの出っ張りや耳珠にさまざまな角度でぶつかり、その結果、さまざまな周波数がわずかに遮られる。あなたは自分でこれを調べることができる。特に、夏の日中に屋外で、あたりにセミなどの大きな鳴き声の虫がいるときにわかるだろう。耳介を頭にぴったりくっつけて（外耳道の前方にある小さな突起を含めて、そしてもちろん外耳道そのものをふさがないようにして）みれば、鳴き声はどこからきているのか、上からなのか、下からなのか、頭と同じ高さからなのかを判断することが、はるかに難しくなるだろう。

「耳介のV字落ち込み」には、ほかの興味深い機能がある。長すぎるほどの年月を聴覚について考えてすごしてみれば明々白々にもかかわらず、私の知る限りいまだ誰も調べていないことだ。それにはただ、哺乳動物が興味を持った新しい音を聞こうとしているのを観察することが必要だ――イヌはこれを試してみるのにもってこいの動物だ。あなたも観察対象を見つけよう。イヌ、人間の子ども、子ネコ、あるいは部屋にいっぱいいる学生たちでもいい。相手に意味がないことを唐突にいってみよう。あたか

［＊］　それをよくしている哺乳類もいるが。

も何か意味ありげに、「ご褒美がほしいですか？」「これが最後になるでしょう」といった具合に。どんな反応が返ってくるだろうか。相手は頭をわずかに左あるいは右のどちらかにかしげるだろう（人間は左に傾けがちなことを私は発見した）。このことはどんな実験記録にも書かれていないが、聴覚科学の名のもとに友人や家族、学生、ペットなどを実験台にして苦悶させてきた過程で、一貫してそうだということに気がついた——このことは広く一般的にいえるので、マンガやアニメで哺乳類の動物が今聞こえた音が何かを理解しようとしているときには、その動物は頭を一方に傾けていることが多いだろう。そのように音の聞き手が頭を傾けることで耳介の位置を変え、音のタイミングとスペクトルの特徴のどちらも変化させれば、再び同じ音がするときにわずかに違って聞こえる。それはさしずめ3D映画用メガネの聴覚バージョンといったものだ——わずかに視覚的に変化させた光景を見るかわりに、頭を傾けることでわずかに異なる聴覚的位置から音を聞く。両方の位置から聞くことで、音がどこからきているのかについての情報が増え、聞いたものを脳に確かめさせるのだ。

哺乳類が、高周波音を集めて微調整するこの特殊機能を持っているとすれば、それによってどのように行動するのだろうか？　ほかの脊椎動物の中耳と内耳の聴覚は概して、最高値が四から五キロヘルツだが、私たちの内耳には高周波に進化的適応をした蝸牛がある。これは有毛細胞が詰まったカタツムリの殻の形をした構造物で、中耳の聴覚の骨（耳小骨）と鼓膜を経由して外の世界とつながっている。このような基本構造は、ほかのすべての脊椎動物の内耳でも同じだが、蝸牛はさらにひどく複雑だ。蝸牛のなかで、有毛細胞の先端は蓋膜（ふたまく）、つまり「天井のような」膜に埋め込まれていて、有毛細胞の基部は、基底膜と呼ばれる台形型の長くて薄い膜のなかにある。その形が重要だ——前庭窓の近くの蝸牛底は外の世界に最も近く、より狭くて固いので高周波音に最もよく反応して振動する。つきあたりの蝸牛頂は、より広くて緩いので低周波音により敏感に反応する。このように柔軟性のある構造によって、特定の周波数帯域に反応する有毛細胞を最大限に振動させられる。

この仕組みのおかげで、有毛細胞は音の位相のタイミングに正確に同期して発火する必要がない。そのかわりに、有毛細胞のチューニング（波長の調整）は基底膜上での配置によって規定される。音は液体に満ちた蝸牛の小部屋に入り、特定の周波数に対応する基底膜上の部位でふれが最大になる進行波を作り出す。これが有毛細胞を位置コーディングによって反応するようにうながす――この位置コーディングのおかげで、聴覚神経は一秒あたり数万回発火するという負荷から解放される。

蝸牛の進行波は動物の研究からではなく、人間の死体を調べることによって発見され、それによりゲオルク・フォン・ベーケーシは一九六一年のノーベル生理学・医学賞を受賞した。だが彼の理論は少なくとも部分的には誤りだったことがわかった。問題は、複雑な音が蝸牛を通りすぎるときに実際に周波数成分に分解されることが、彼の理論では説明つかなかったことだ。これは、解剖学における根本的問題を説明するよい例で、つまり死んで保存されている組織は、生きている組織と同じ方法では働かないということだ。聴覚と同じぐらい動的なものの場合はなおさらだ。死人に口なしというだけではなく、死人はあまりよく聞こえもしない。

フォン・ベーケーシの理論の誤りは、別の哺乳類の内耳の分化を見ることで明らかになった。それは死細胞では確認できないのだ。哺乳類は蝸牛の有毛細胞に加えて、外有毛細胞と呼ばれる細胞も持っている。内側の感覚有毛細胞（内有毛細胞）が一つあるごとに、外有毛細胞は三つある。内有毛細胞が特定の周波数の振動に反応して、たわんでゆがむときに、もう一方の外有毛細胞は違うことをする。外有毛細胞は先端が内有毛細胞と同様に蓋膜に埋まっており、根元は基底膜に埋まっている。ところが外有毛細胞は、筋線維のメカニズムに似た小さな分子のナノモーターを持っていて、ポンプのように往復運動する。音が入ってきて下部の基底膜を振動させると、外有毛細胞は音の振動に同期して上側の膜を押したり引いたりすることで信号を増幅する。この動作は、低いほうのエネルギーの振動を持っている基底膜部分の信号を弱めることもする。これにより哺乳類は、より広い聴覚帯域のための物理構造を進化させただけでなく、周波数固有の内部増幅器（アンプ）も進化させたので、両者が相互に作用して、私たち哺乳類がほかのあらゆる脊椎動物に比べ非常に大きな聴覚帯域を持つようになった。

　スタン・リーの書いたセリフを言い換えれば、大きな帯域は大きな多様性を伴う、ということだ［スタン・リー原作のアメリカンコミック『スパイダーマン』の有名なセリフ「大きなパワーは大きな責任を伴う」から］。たとえば、私はある研究で、コウモリとマウスの聴力を比較しようとした。私は特定のタイプのコウモリ（オオクビワコウモリ。大きな茶色いコウモリで、アメリカでは最も多く見かけるコウモリ）で実験していた。聴覚科学ではオオクビワコウモリが非常に好まれる。というのも、このコウモリは、バイオソーナーを使って反響音で周囲の三次元イメージを形作るからだ。それに、彼らの聴力がほかの小型哺乳類の聴力とそれほど変わらないこともある。普通のマウス（ハツカネズミ）とオオクビワコウモリの聴力図（さまざまな周波数音に対する感度を測定してプロットしたもの）を比較してみると、彼らにはほぼ同じ周波数帯域が聞こえることがわかる。両者で違うのは、それを使って何をするかである。マウスは毛皮で覆われた小さな怖がり者たちだ――マウスは基本的に、カマキリから飼いネコまでみんなの餌食になる――から、マウスの聴力は広い周波数帯域の音にとても敏感で、ほんのわずかな雑音を感知してそれから逃げる。コウモリにとってはそれほどかすかな音を感知するほうがはるかに難しいので、同じ周波数帯域の音を使って、自分の出した一〇〇デシベル以上の鳴き声からの反響音の違いを感知する。その感度は、真っ暗ななかで、秒速一〇メートル以上で飛びながら、コガネムシとその向こう側の葉っぱの違いがわかるほどだ。

両者を比較して疑問が湧いてきたのは、私が何かの日課で、「コウモリ」「マウス」「聴力図」という単語をパブメド（PubMed）という生物科学用の検索エンジンに入力したときのことだ。どのマウスなのか、というのが疑問になった。数百もの血統のマウスを使うことができるし、そのなかには多くの興味深い特注の突然変異（不適切な音を聞かせると発作を起こすなど）や、多くのこうした突然変異の副作用（四、五か月後に聴力を失うなど）を持つものもいる。これは聴力（やほかの多くの要素）のいろいろな側面をモデル化するための重要な鍵となるが、一方でマウスは何を聞くのかという疑問をもたらす。さらにマウスは何を聞くのかだけではなく、どのマウスに聞こえるか、ということも問わなくてはならない。もっと興味深いことは、マウスを哺乳類の共通モデルだと考えるなら、マウスほどの大きさのトガリネズミのような生物が、四億年前にどのようにして音響装備の拡張競争を始めて、反響定位をするコウモリという聴覚を最大限生かした生物にまで至ったのだろうか。

コウモリは、聴覚を究極的な形で用いている。コウモリの夜間の狩りは、真っ暗闇のなかでの高度な空中戦で、高速度の追跡や動いている獲物、バイオソーナーによる追跡システムなど盛りだくさん含まれている――ただし、コウモリは獲物を食べるだけだ。だから、人間の聴覚を調べるにはコウモリはぴったりくるモデルではないかもしれないが、もう一つのタイプのトランスレーショナルリサーチ（橋渡し研究）にとって、たとえば、自然の形態に基づく最先端のテクノロジーを生み出すバイオミメティクスを進展させるには、最適のモデルだ。一九一二年、ハイラム・マキシムがコウモリの行動を利用して「自然の第六感」として動くアクティブ・ソーナーを装備した船を提案したときに始まり、世界中の軍事組織は大量の資金を注いで、コウモリには簡単だが、人間の戦闘機乗りや無線自動操縦機にもできてほしいコウモリの通常の行動を研究している。[*] それでは、鳴き声の最低音が人間にはほとんど聞こえない動物や、人間の聴覚の最高周波数レベルよりも五倍以上高い周波数に達する動物の発声や聴覚は、どのように調べたらいいのだろうか。

ブラウン大学認知言語心理科学部の地下階には、たいていの人の気分を暗くする部屋がある。それは奥行き約一二メートル、幅約四・六メートル、天井の高さは三・七メートルほどの部屋で、壁と天井が黒い発泡吸音材で覆われ、床には厚いカーペットが敷き詰められている。ウイルス除去フィルターつきの独立した給気装置がそなえられ、壁についているコントロールスイッチで、送風機を切ることができる。この部屋のなかには銅線の網でできているもう一つの部屋があり、その内側をそれ以外の宇宙すべてから、効率よく電磁気的に隔離している。壁に約一メートルごとに小さな超音波マイクが設置され、二四チャンネルのオーディオミキサーにフィードバックする。ミキサーは、最大一〇〇キロヘルツの音のサンプリングが可能なデータサンプリングカードがそなわっているコンピューターにつながっている。ああ、それから、ふだんここは完全な暗闇なのだ。唯一の明かりは、赤外線放出体が特殊な装置のための場所を照らすために放つ光だ。その装置はのちにすばらしく詳細にすべてのものを再現する。網やロープ、床から天井までつながっているプラスチックの鎖、小さい発泡スチロールの玉がついた棒、超音波マイク、赤外線ビデオカメラ、さらに床にミールワームを少々とときどきネッコー社製ウエハース、といったものが室内を埋め尽くしている。[**] ひとたびこの部屋に入ってドアを閉めて照明を消すと、静寂と暗闇は圧倒的になる。発泡吸音材は音をすべて吸い取るので、数分後に聞こえる最も大きい音は、自分の外耳道にある空気分子がぶつかり合う音になり、やがては自分の心拍音が聞こえ、そのほかには何も聞こえなくなる。そして、私はこの暗さについて言及しただろうか？ まるでスチームパンク風のエドガー・アラン・ポーの舞台のようだが、そうではない——これは、ジェイムズ・サイモンズ監督のブラウン大学コウモリグラウンドだ。

この部屋を飛んでいるコウモリは、おもにオオクビワコウモリだ。コウモリは長いあいだ神話の生き物、たいていは自然界の闇の生き物だった。そのためほとんどの人は、コウモリが夜行性の珍しい生き物で、日のあたる普通の環境と思っている場所のはずれで生きていると考えている。ところがコウモリは、哺乳類で二番目にありふれた動物で、南極を除いた世界のあらゆる場所に一一〇〇を超える種が存在する。水辺ではない陸上のすべての場所にいるし、オーストラリアのハイガシラオオコウモリという昼行性で花粉や花蜜や果物を餌にする反響定位をしないコウモリから、中央アメリカのナミチスイコウモリという夜行性で反響定位をして血液を摂取するだけでなく、マムシのようなピット器官という温度（赤外線）も見ることができるコウモリまで、さまざまである。

とはいうものの、ほとんどのコウモリは夜行性で虫を食餌としている。サバクコウモリ（*Antrozous pallidus*）などコウモリのなかには、細かく情報を集めて餌を見つけるものもいて、波状のうねのある長く伸びた耳で、サソリやそのほかの虫が砂地を素早く走る音に耳を傾ける。とはいえ、ほとんどのコウモリは反響定位かバイオソーナーに頼っており、信号を発信して、その反響音によって獲物のいる位置

［＊］　興味を持っているのは軍だけではない——ＮＡＳＡは、タイタンの空にかかったスモッグをかいくぐって進める空飛ぶ自動ロボット探査機の開発を期待して、私のいくつかの研究に資金を出してくれている。
［＊＊］　ウエハースはコウモリの好物ではないが、このお菓子はミールワームとだいたい同じぐらい反響音を発するので、科学者たちはおよそ五〇年間、ウエハースを使って反響定位するコウモリを混乱させようとしてきた。私としては実際にそれを食べる人を一人も知らない。

やそこまでの距離、獲物の性質といった情報を得る。コウモリはたいてい、毎晩自分の体重と同じぐらいの分量の昆虫やそのほかの節足動物を食べるので、獲物を見つけて捕まえる際に、樹木とか研究者の網といった食べられないものに向かっていかないように、ものすごく効率的なシステムを必要とする。これらの夜行性のコウモリは、盲目ではない。彼らの視覚は実際、薄暗い所で活動する小さな哺乳類と同等で、渡りをする一部のコウモリは明るい星によって飛ぶことさえ可能なことも示されている。とはいえ、あまり光を必要としない哺乳類の視覚は、動きを感知するためにはまあまあだが、形をはっきり認識するには不向きなことがよく知られている。秒速一〇メートル以上で9Gの旋回をしているときはなおさらだ。

反響定位をするコウモリは、私たちと違った音の使い方をする。私たちは受動的な聞き手だ——環境の音に耳を澄まし、何が音を立てたのかを（その音の周波数に基づいて）識別しようとし、どれほど先にあるのか、どこにあるのかを（音量と位相によって）わかろうとする。それに対して、コウモリは能動的聞き手だ——彼らは周囲の状況の探索用に音を出して、反響音に耳を傾ける。たとえ彼らの脳は私たちの脳に比べてごく小さくても、それは並外れた聴覚装置なのだ。彼らは反響音を自分の鳴き声の内部表現と比較し、跳ね返ってきた反響音のさまざまな小さな違いに基づいて、向こうにあるものを把握する。反響定位をするコウモリが使う鳴き声は基本的に二種類に分けられ、それぞれ異なる反響音を作り出す。周波数定常（CF）型のコウモリは単一の決まった音色で鳴き声を出し、ときどき最後に音が下がる。CF型コウモリが、森のようなごちゃごちゃとした場所で飛び回っているとき、戻ってくる反響音の大部分はコウモリが出した音色のまま遅延したものだ。だがCF型コウモリの出した音が、飛んでいる虫にあたると、虫の翅の動きで反響音にドップラー効果が生じ、コウモリは前方で何かが動いていることを知る。もう一方の種類のコウモリは周波数変調（ＦＭ）型と呼ばれ、こちらにオオクビワコウモリも含まれる。ＦＭ型コウモリの鳴き声は、ＣＦ型とは違って、高周波数から低周波数まで勢いよく流れるように下降する「さえずり」だ。ＦＭ型コウモリはＣＦ型コウモリよりも多様な鳴き声を出す。ＦＭ型コウモリがただ飛び回っているときには一秒に一回ほどしかさえずらないが、反響音を一つ感知したとたんに鳴き声を鋭くして、どんどんさえずりを速めていき、反響音をいくつも受信し始めるまで、反響定位の信号でスポットライトをあてていくようにくまなく捜索する。ＦＭ型コウモリは獲物を見つける際、ドップラー偏移に頼るのではなく、ターゲットからの多種多様な反射音を拾って、世界の三次元の景色の聴覚バージョンにまとめあげる。

これまでの数百年間にさまざまな実験が行われて、今の私たちにはコウモリがこれをどのようにやっているのかがある程度わかっている。[*] 基本的には、目標領域に対する反響音の遅延時間を解釈することによって、目標物までの距離を測る。すると虫や枝までどのくらい離れているのかがわかる。それも驚くほど正確に。[**] 聴覚中脳は、音響測距のコンピューターとしてうまく説明される。つまり、コウモリが鳴き声を発した時間と、ニューロンがその鳴き声に反応する時間を比較して、遅延時間あるいは待ち時間を距離の描出に換算する。この換算の部分は実際に遅延する時間に基づいているが、とりわけ高周波音はほぼ一定の比率で弱まる傾向があるので、コウモリの脳も反響音の音量に基づいて距離を割りあて

［＊］　一七七〇年代に初めて、ラザロ・スパランツァーニがコウモリは音で位置を確かめて飛行していると主張した。今日の審査委員会には通用しない手法を用いたとはいえ。

［＊＊］　人間はそうではない。前述の教室での実験結果で説明したとおりだ。

る。この現象を振幅－遅延時間変換と呼ぶ。コウモリは一マイクロ秒未満、つまり百万分の一秒未満の音の変化に反応できる。これは、不可能とは言い切れないにしても、直観にそぐわないように思われる（不可能だと主張するコウモリの研究者もいくらか存在する）。神経系はすべてミリ秒（千分の一秒）スケールで働いており、これは私たちにとって十分に速いように思える。ところが、コウモリが特定の反響音の遅延時間に反応するよう——これは基本的に、人に対して少し離れた場所にあるものを読み上げるように求めるのと同等——に訓練すると（そう、コウモリは非常によく鍛えることができるのだ）、数ナノ秒の距離差がある二音の遅延時間の差がコウモリにはわかるということが、実験によって示されている。数ナノ秒とは一〇億分の数秒なので、コウモリが聴覚によって物体の特徴を感知するのは、私たちの脳が働くと思われる速さよりも、千倍ほど速い。このため長年、実験の妥当性について相当な議論がもたらされ、ようやく議論が終了したのは、装置の較正が念入りにチェックされてからだった。そうしたチェックには、特定の長さのケーブルを電子が通過する時間の確認や、一デシベル未満での絶対振幅の較正といった要素が含まれ、そうしたすべてで装置を非常に厳密に使うので、時間の遅延を確定するためにバイナリのマニュアルプログラミングが必要となる。聴覚システムの機能についての古典的神経科学の概念に従えば、ありそうにない考えに思われたので、研究結果の解釈をめぐって学会で殴り合いのような激しい議論が起きた。コウモリがそれほど精密な能力を持ちうるというなら、一種の超能力生物に違いないだろう、と。それでも、コウモリはそうした能力を持つのである。

反響音が一つ戻ってくるだけなら、コウモリにとって、好物の蛾なのか、それとも葉っぱなのか、悪くすると別のコウモリなのかさえ、区別するのは難しい。コウモリの鳴き声の構造は、およそ一〇〇キロヘルツから二〇キロヘルツまで勢いよく流れるように下降する二つの倍音帯域で、それがコウモリにさまざまな大きさの物体からの反響音を得るための基盤を与える。感知できる物体の大きさは鳴き声の周波数の波長により、直径およそ〇・三から一・七センチメートルまでである。さらに、虫のような複雑な形は、身体のさまざまな点から鳴き声を反射するので、コウモリは、個々の多彩な反響音や、ほんのわずかに異なる遅延時間によっていくつもの「瞬時の音」を得る。この「瞬時の音」は反響音の微細構造を変え、コウモリはその音を物体の形を再現するために使うことができる。とりわけ、物体が動いていたり相対的な形を変えていたりするときに役に立つ。そういう理由もあって、コウモリは発声行動のスピードをあげて、獲物に近づきながら、もっと多くの反響音やさらなる情報を得るために鳴き声を短くし、それをうなり声で終えた直後に、願わくば獲物を捕まえるのだ。[*]

コウモリの反響定位のこうした基本的な要素に関する研究はほとんど、実験室のなかで行われてきた――コウモリの研究は大部分が、人間のテクノロジーの発展のために行われてきた。ハイラム・マキシムによる潜水艦用ソーナー発明のもとになった考え（それは二〇世紀への変わり目だった当時、薄々とか理解されていなかった）は、コウモリは視覚ではない何らかの感覚を使っており、もしかすると飛膜［コウモリの翼を作っている伸縮性がある膜］に空気分子が触れることで、その微細な動きを感知するのかもしれないというものだった。コウモリが実際に超音波発信を利用していることが確認されたのは、一九四〇年にようやくロバート・ガランボスとドナルド・グリフィンが、コウモリ探知機として一般に知られている超音波マイク

［＊］　コウモリは虫を口でとらえるのではない。コウモリが口を使うということは、あなたが目隠しをしながら何かを捕まえようとすることと同様で、視界が遮られるのだ。コウモリは虫を翼か腿間膜（尾とその周りの膜）で捕まえて、口の中に放り込む。その最中にしばしば空中で「でんぐり返し」をする。

を発明したことによる。アクティブな感覚システムを使うというアイデアは、ソーナーやレーダーの開発を推し進めた。ところがコウモリ（少なくとも捕まらないぐらい十分に賢いコウモリ）は実世界に棲んでいて、そのコウモリがやっている実世界の聴覚情景分析は、数学の悪夢としかいいようのないものだ。とりわけ脳がピーナッツサイズの動物にとっては。

聴覚情景分析は聴覚実験室における純粋な聴覚環境ではなく、実際に、実世界を作り上げる複雑な音をすべて扱わなくてはならないことを意味している。それはあらゆる動物が経験することだ。カエルでさえ、近くにいるカエルの鳴き声の大きさやピッチに基づいて、いつ鳴くべきか、いつ戦うべきかといった前述の単純なルールを発達させている。ところがコウモリにとっては、もっとずっと難易度が高い。パーティであなたが誰かに話しかけられて聞き取れなかった場合、あなたは「何ですか？」といってその人の近くに寄る。一方、コウモリは、今晩の食餌を追いかけながら暗闇を高速で飛んでいて、「何ですか？」といったら木に激突してしまう。コウモリがすてきな無響室で狩りをすることはめったにない。彼らは木々の枝の張り巡らされているなか、葉や小枝それぞれが反響音を出しているところで飛び回っている。コウモリはやや縄張り意識が強いが、しばしばお互いの縄張りにぶつかるので、最低限ほかのコウモリの狩りの鳴き声を無視する方法を知らなくてはならない。さもなければ、怒ったライバルがわがものと思っている豊かな狩りの領域から、自分を追い出そうとやっきになっているのをうまくかわさなければならない。コウモリは、獲物や、射程外のほかの虫、行く手を遮る枝や木々からの反響音を区別するとともに、そのあいだはずっと、ほかのコウモリからの鳴き声に気を取られないようにしなければならない。コウモリが実世界の情景にどのように対処しているのかを調べる実験はようやく数年前から、京都府の同志社大学力丸研究室とロードアイランド州のブラウン大学サイモンズ研究室でそれぞれ始まった。そして、私たちがかつて考えていたよりもコウモリははるかに柔軟性があることがわかっている。

例によって、私たちの聴覚帯域外の鳴き声を持つ動物の行動を理解するには、二つの要因に基づく限界がある。第一に、コウモリを複雑な世界に棲む複雑な動物というよりもむしろ、ソーナー機器として扱うことの難しさだ。トランスレーショナルリサーチ（橋渡し研究）の不運な副産物であるにせよ、これはあたり前のことだ――方程式と確かなデータで示そうとして、哺乳類ほどの活動的なものの行動すべてに留意することは困難である。第二の問題は、自分の聴覚帯域外の音を聞く動物を理解するために、私たちは時代によって変化する技術的な実験ツールを利用しなくてはならないことだ。ツールが複雑になるほどデータが単にとり散らかるのではなく、願わくばよりよい結果をもたらすといいのだが。コウモリが反響音の一マイクロ秒未満の変化を測定できることは一九九〇年代初期に発見され、それについてはほんの数年前まで激しく議論されていたが、より優れたデジタル技術によって研究結果が何度も確認され、そしてコウモリの時間的ハイパーアキュイティ［対象の微細な差異がわかる感覚の能力］の原理がここ数年でようやく明らかになり始め、それには以前可能だった方法よりも進んだ分子技術が必要とされた。反響音の構造のタイミングを測るコウモリの能力は、強力な力を必要としないことがわかった――そうした能力は単なる発達上の特徴なのだ。その特徴は、おそらく進化の突然変異によって引き起こされ、ほかの小型哺乳類に比べコウモリはその突然変異を長く保ち続け、そして脳研究における大きな進歩を経た今、ようやくそれが何であるかの特定が可能になった。

哺乳類の胎児は発育中に、遺伝子発現のパターンに基づく接続を形作る。私たちのＤＮＡはおびただしい数の化学信号を作動させたり切ったりし、それによってそれぞれの細胞は、原基分布図と呼ばれるものに従って、特定の細胞へ分化し、誕生時の場所から発達中の脳内の特定の位置へ移動する。ところが、新たに生じて所定の位置に置かれたニューロンが接続を始めるときは、出生後の脳を環境条件の変化に敏感に反応させるような神経化学的複雑さはない。多くの発達中のニューロンは、修正可能な化学シナプスではなく、むしろギャップ結合でつながる。その小さなチャネルは、一つのニューロンが別のニューロンに直接結合しているので、信号がニューロン間を正確に素早く伝わる。これが脳内の接続性の初期パターンを構築するために役に立つ。だがこうしたギャップ結合のほとんどは、脳が発達するにしたがって化学シナプスに置き換えられ、大人になるまでギャップ結合を維持するのは脳内のほんのわずかの領域だけだ。そして、哺乳類の中心的聴覚システムは、二〇〇八年になるまで何ひとつ理解されていなかった。その年私は、配送のミスでコネキシン36（Cx36）というニューロンのギャップ結合を作るタンパク質に対する抗体が入った小瓶を受け取った。私が実際に注文していたのはそれではなく、神経トレーサーだった。抗体は脳内化学物質を研究する際に広く用いられる。なぜなら抗体は特定のタンパク質をつかまえるからだ。蛍光マーカーで処理すれば、そのタンパク質の脳内分布を示す非常にカラフルで正確なマップが作り出せる。

私はCx36を送り返すかわりに（もう汚してしまっただろうし）、Cx36がマウスの脳と比べてコウモリの脳内でどのように広がるのかを見てみることにした。すると、ほとんどの部分で、コウモリのCx36の分布はマウスと非常によく似ているということがわかった——大人のマウスでふつうはギャップ結合を示すわずかな部位は、すべて発光した。だが何かがおかしいようだった。（蝸牛の有毛細胞から脳に至る）聴覚神経は、まず脳の前腹側蝸牛神経核（ＡＶＣＮ）と呼ばれる部位につながっている。そこが非常に明るく見え、脳で一番明るかったが、それは入力する聴覚神経線維が最初に接触するあたりだけだったのだ。もっとじっくりと見てみると、蛍光標識されたラベルは、細胞どうしで相互接続ネットワークを形成していると思われるきわめて特定の細胞グループのなかにあることがわかった。このネットワークは、脳に入ってきた聴覚信号に最初に作用できるまさしくその場所に位置していた。さらなる実験で、細胞は表面をコネキシンで満たされているだけでなく、ガンマアミノ酪酸すなわちＧＡＢＡというほかのニューロンの抑制をうながす神経伝達物質を示すラベルをつけている細胞もあることがわかった。決め手となったのは、ニューロントレーサーでラベルづけすると、これらの細胞は実際に聴覚システムの残りの部分へは投射していなかったことだ――それらの細胞は、聴覚神経線維か、脳に投射を送る最初に処理するニューロンのどちらかに作用するために設定されているようだった。

私たちは生物学的に時間フィルターに相当するもの――正確なタイミングの信号だけを脳に入力する何か――を発見していたのだ。それはほかの動物には決して見られない。私たちの考えるそれの働き方は、蝸牛が、反応する周波数に近い部位（の有毛細胞）から神経線維を束で送り出す、というものだ。哺乳類の耳はシリコンや電線と違って「ウェットウェア」でできているので、神経線維どうしはわずか数ミクロンしか離れていないし、隣り合っている神経線維の長さもごく微々たる違いしかないとはいえ、蝸牛から脳に信号が到達するまでの時間には若干のぶれがある。そして、本書を書いている時点でまだ調べている最中だが、胎児のこの特徴をコウモリに維持させる何らかの進化的変異があり、ネットワークによるフィルターを発達させたのだろう。そうしたフィルターは、どんな周波数からの信号でも、最初のものを通り抜けられるようにするだけであり、聴覚システムの最低位の部分にある。この時間スペクトルゲートウェイは、コウモリの聴覚システムがマウスや人間よりも少しも速くないということを意味する。音からイメージを作り出すために、コウモリは、超能力生物である必要はないし、物理法則を破る必要もない。それは進化でもたらされた固有の発達の産物にすぎないということだ。

とはいえ、私たちはトランスレーショナルな(橋渡し的な)何を——人間の聴覚に直接関係することで——コウモリから学べるだろうか? コウモリは、ソーナーから超音波検査まで科学技術の進歩にインスピレーションを与えてきたが、その飛び抜けて精密な聴覚は、進化的に奇妙なものに見え、人間がどのように聞いているかにはほとんど関係ない。だが、コウモリは、私たちが年を取るにつれ悩まされる問題、すなわち老人性難聴という加齢による聴力喪失についての秘密を握っているかもしれない。私たち人間はほかの哺乳類と同様に、年を取ると聴力を失う。たとえ長いあいだ強力なスピーカーの前ですごしたり、ヘッドフォンをしていたり、騒々しい環境で仕事をしたりすることがなくてもそうだ。それは年を取っていく過程で正常なこととしていつも扱われるが、たとえば平常の音響環境で人の話を理解することができなくなるなど深刻な認知的および行動的問題の原因になったり、アルツハイマー型やそのほかの認知症を伴う被害妄想の原因になったりすることも多い。というのは、あなたの視野から外れた世界をモニターできなくなると、自分の背後で何かが起きていると考えがちだからだ。基本理論はこうだ。蝸牛の底部(最も狭い部分で、前庭窓の近く)にある有毛細胞は外部世界に最も近いので、音の入力によって——人の話し声のような「平常の」音であろうと、爆風や地下鉄の騒音に慢性的にさらされているような耳を悪くする可能性のある騒音であろうと——最も強く叩かれている。哺乳類はカエルと違って、ふつうの状況下では聴覚の有毛細胞が再生しないので、高周波を感知する有毛細胞は真っ先にすり減るだろう。

ところが、この理論には重大な問題がある。四〇年間音を聞いているとそうした構造が壊れ始めると推定するのはまあよしとしても、寿命が一、二年しかなく聴覚機能のモデルとして最もよく使われるマウスは、一年ほどで高周波の聴力を失い始め、突然変異体には数か月でその兆候が現れるものもある。よってこの問題は、製造業者が「通常の使用による摩耗」と呼ぶものよりも複雑なのは明らかであり、何百もの研究で、高周波の聴力喪失に（明らかに原因があるとはいえないにせよ）含まれるように見えるさまざまな遺伝子や遺伝子産物が調べられてきた。したがって私たちは、哺乳類全般に共通すると思われる複雑なシステムを調べているのだ。しかしそれはほんとうだろうか？　答えは、コウモリの耳と脳にあるだろう。

反響定位をするコウモリは、並外れて長生きだ。私のお気に入りだったメラニーという名のオオクビワコウモリが死んだのは、一六歳ぐらいのときだった。トビイロホオヒゲコウモリ（*Myotis lucifugus*）は、三四年生きた記録がある。高代謝の小さな哺乳類にしては途方もなく長生きだ。コウモリは毎日自分の体重と同量の虫を食べる。そして狩りをしているコウモリの心拍数は一分間に一〇〇〇回に達しうる――人間の心拍がそんなに速くなったらなら心臓が破裂してしまう。標準代謝モデルに従えば、コウモリの寿命は三、四年になるはずだ。冬眠の時間を考慮に入れても、寿命はそれより三倍長くなるのがせいぜいだ。[*] それなのに、コウモリたちは高周波聴力に頼りきっている。聴力を失ったコウモリは、ものにぶつかるだけでなく、狩りができないので飢えて死ぬ。コウモリがなんとかして進化させてきた聴覚システムは、少なくとも反響定位に必要な最も重要な周波数帯域、たとえばオオクビワコウモリなら約二〇キロヘルツから、トビイロホオヒゲコウモリなら約四〇キロヘルツから始まる帯域の聴力を失わず、

[*] 私は次の仕事で、これを解き明かすつもりだ。そして二四〇歳まで生きる。そのために毎食ミールワームと蛾を食べなければならないとしても。

ほかのどんな哺乳類が維持しうる期間より長く機能を維持する。なぜそうなのかは、わからない。

毎年何千もの論文（と科学に関するその他すべてのもの）が現れるので、もう何もかも発見されつくされたようだといって嘆き悲しむ学生がいると、私はいつもただ笑って首を振り、答えがわからない質問を学生に片っぱしから投げかけていく。コウモリは高周波の聴覚で最も高い部分を失い、低い部分だけを維持するのか、つまり、これは単に彼らの聴覚帯域に対して働くスケーリング作用ということなのか？あるいは、彼らは有毛細胞の健康を保つための何らかの微視的あるいは体系的方法を持つのだろうか？あるいは、コウモリは魚やカエルや鳥のように、ダメージを受けた有毛細胞を再生する能力があるのだろうか？　わからないことをあげていくときりがない。反響定位するコウモリは、ほかの聴覚科学者や動物行動学者の目にさえ非常に魅力的で奇妙に映る。そのコウモリたちは、人間が健康な聴力を生涯持てるようになるための秘密を握っているのかもしれない。私たちはとにかく正しい問いを立てなければならないのだ。

第5章

下側に存在するもの——時間、注意、情動

数年前、ロードアイランド州南部で暮らしていたときのこと、私は夜走りに出かけた。昼間に走るときは、車の騒音を遮断するためもあり、またペースメーカーとしてということもあって、いつもヘッドフォンをつけて適当なビートに乗りながら走る。[*]だが、夜間に走るときは音楽を止め、周囲の音だけに耳を澄ませる。日光がないところでは音が豊かに感じられるし、自分の周りで起きていることが聞こえたほうが安全でもある。私は下り坂のコースの途中、近くにいくつかの池がある道にさしかかった。池ではいつもウシガエルやブロンズガエルが幸せを求めてたくさん鳴いている。ところがその道に入って最初の池を走りすぎるとすぐに、いつもよりあたりが静かなことに気がついた。私のやかましい足音が通りすぎてしまってからも静かなままのようだった。さらに走り続けていると、とても柔かな足音のようなものが聞こえてきたので、私は前に進むのをやめて、その場で足だけ動かしながらぐるりと見回した。

数百メートル離れた採石場の近くに一つだけ街灯があることを除けば、その道は暗く、本物の田舎の真っ暗闇だった。そのころ私は、移住してきたばかりの元ニューヨーカーとして、そうした暗闇の対処の仕方をまさに学んでいるときだった。ところが、とりたてて何もなかったし、ほかに何も聞こえなかったので、次の池のほうに向かって私は移動した。カエルたちは私が三〇メートルほどのところに差しかかると決まって鳴き止んだが、私は鈍い足音のようなものがまた聞こえたような気がした。この時点で、不安がやや頭をもたげはじめたので、もう一度立ち止まってあたりをうかがってみたが、ひっそりとしているばかりだった。ブルックリンのようにイルミネーションのための街灯があったり、困ったときに入る雑貨店があったりするような気のきいた場所にいるわけではないので、スピードアップしようと私は決めた。街灯に向かって駆け出そうとしたちょうどそのとき、大きな水のはねる音がして、うなり声が聞こえた。私はその場で何十メートルも飛びあがって(いや、十数センチメートルだったかもしれないが)、池のほうに顔を向けたときには、全身が緊張し、その音源の方向以外のどこかに向かって走りだす準備ができていた。目に入ってきたのは、ずぶぬれで恥ずかしそうな顔をしたこのうえなくみじめなコヨーテだった。そいつは四〇〇メートルかそこら、アニメ『ルーニー・テューンズ・ショー』で鳥のロード・ランナーをひたすら無言で追いかけるワイリー・コヨーテよろしく私をつけてきたに違いなく、歩道の端を踏み外して、そのまま池のなかへ落ちてしまって、びしょぬれの羞恥にまみれた姿になったというわけだ。そして水から飛び出して、ぶるぶるっと身体を振って生乾きになり、文句をぶつぶついうような小さなうなり声を出しながらコソコソと立ち去った。私は思わず「ミープ、ミープ」とロード・ランナーのいつものセリフを口走り、そいつとは反対方向に飛ぶように逃げた。

この話は、暗いところにいるときは、ヘッドフォンをしないことがなぜ大切なのかを示している。なぜなら聴覚は、あなたのアイチューンのプレイリストにあるものより多くのことを、あるいは、あなたのすぐ近くの音より多くのことさえ、あなたに伝えるからだ。視線に入っていなくても、暗闇のなかでも、聴覚のおかげで自分の周りの世界を監視できるし、聴覚は人間の持つほかのどの感覚よりも速く伝わる。脳はパターンを探すマシンであり、あなたに襲いかかるあらゆる感覚と認知のあいだの関係を絶えず確認している。感覚入力は、何らかの方法——似た周波数、タイミング、音色、位置(あるいは、

[*] ジェイムズ・ゴーガンが「エンドルフィンのない男」という絶妙なエッセイに書いているのと同じように、私は走ることが好きだというほどは、たいして走りたいわけではない。まあいってみれば壁に頭をぶつけるみたいなことだ——やめたときにただいい気持ちになるということで。

非聴覚世界では形や色、味、臭いなど）で――関連づけられ、ニューロンを似たパターンで、まったく同時に、あるいはほとんど同時に発火させる。同期して発火するニューロンは、標的ニューロンの発火を誘発する可能性が高いので、「ランダムではないことが起きている」というメッセージを、脳のより深い実行処理領域に受け渡す。あなたの知覚は、時間と空間が一緒になった感覚入力の共通要素を結びつけることに基づいているので、空間的に限りがあって比較的遅い視覚のような感覚は、大きく重複する特徴や曖昧な特徴を関連づけるときに、しばしば誤った反応を示す。そのため、おもしろい視覚的錯覚をテーマにするウェブサイトは非常に多く、聴覚的錯覚についてはテーマにするどころか触れているサイトさえほとんどない――耳をだますほうが難しいのだ。聴覚は視覚よりもはるかに広い領域から、視界の外からも情報を集めるにもかかわらず、入力を適切に分離することがうまいという傾向がある。これは聴覚が視覚よりも速いことによる。

まず、聴覚が視覚よりも速いと考えることは、直観に反しているように思われる。私たちは脳と視覚がほんとうに速いものだとあたり前のように思い込んでいる――それが証拠に、英語では「思考と同じくらい速く（fast as thought）」は「直ちに」という意味を表し（ジョン・ホプキンス大学のある研究によると、思考は一〇〇〇分の七五〇秒ぐらい）、「まばたきのあいだにいなくなる（gone in the wink of an eye）」は「とても素早くいなくなる」ことを意味する（まばたきはおよそ一〇〇〇分の三〇〇秒ぐらい）。音は速い。この段落をあなたが読むのにかかる時間に比べれば、確かにそうだ。だが、すべては相対的なものだ。いくつかの場合を考えてみよう。昔の時計に入っている水晶振動子は、毎秒三万二〇〇〇回で振動する。原子時計は、一個の励起状態のセシウム133原子の振動の速さ、毎秒九〇億振動以上に合わされている。ヨウ素原子は、毎秒一ペタ回（一〇の一五乗回）振動する。クォークはたった一ヨクト秒（一〇のマイナス二四乗秒）の寿命、つまり、あなたがつけているコンタクトレンズと目のあいだにゴミが入ってから気づくまでに、クォークの二かける一〇の二一乗回の誕生と葬儀に立ち会う計算になる。幸いにも、私たちは一〇分の数秒から自分の寿命の長さまでという、はるかに限られた時間スケールで働くように調整されている。これをいうのは悲しいのだが、定期的にジムに通って健康増進に努めたところで、寿命はたかだか二・五かける一〇の九乗秒ぐらいだ。

とはいえ、私たちは視覚的な種であって、昼行性であり（私たちのほとんどは昼間に起きている）、三色型色覚を持ち（色のまあまあ全領域に近いものを見ることができる）、常に視覚的な描写を使って自分の周囲のことを表現したり、それについて考えたりする。視覚は光の知覚をもとにしており、光は私たちの宇宙では最も速い毎秒三億メートルの速度を持つ。本書のこのページから出た光は、あなたの視覚野がある後頭部まで到達するのに、一ナノ秒（一〇億分の一秒）もかからない。ところが、私たちの脳が妨げになる。それは単に頭の後部を遮ることによってだけではない。

視覚が入力から認識までにかかる時間は、数百から数千ミリ秒で、光速よりも遅い。光子は目を通って、網膜の特殊な光受容器にぶつかり、そこから進む速度が落ちて化学物質の速度になり、光受容器のなかの第2メッセンジャーシステムを活性化する。光受容器の信号は、シナプスを介して網膜神経節細胞に入る。その後、神経節細胞はほかの網膜細胞とともにダブルチェックを行って、このインプットに反応すべきか無視すべきかの判断をしなければならない。それによって、外側膝状体（がいそくしつじょうたい）のいくつかの仕向け先の一つに向けて、光学神経の長い経路の先へ、化学と電気の混合した信号を発する、あるいは発しない。そこから、またしてもシナプスでの接合を通過しなければならず、そして向かう先はおそらく第一次視覚野か、そうでなければ上丘だろう。だがどちらにせよ、「かわいそうな視覚信号さん」はこれまでで最も恐ろしい地下鉄に乗ったかのようになる。[*] そして数百ミリ秒かかってようやくどこかに到着して、あなたは「あれ、今何か見えたかな?」ということができる。私たちにとって幸運なことに、私たちの脳も、視覚に基づく「リアルタイム」に対処するよう時間的調整がなされている。実世界の時間で、一秒間におよそ一五から二五回より速く起きる変化は、別々の変化として見ることはできない。そのかわり私たちは、おびただしい数の神経系の適応や心理学的適応のおかげで、連続する変化として認知する。これはテレビや映画、コンピューター産業などにとってとても便利だ。ヨクト秒刻みで動くビデオカード対応のドライバーを発売する必要はない、ということだから。

だが客観的に見ると、聴覚は比較的速い処理システムだ。視覚は一秒あたりおよそ一五から二五の事象が限界だが、聴覚は一秒あたり数千回起きる事象に対応する。耳のなかの有毛細胞は、振動または振動の位相の特定の点を、一秒間に五〇〇〇回とらえることができる。知覚レベルでは、聴覚的事象の毎秒二〇〇回以上の変化を容易に聞くことができる(あなたがコウモリなら、一秒あたりの回数はもっとずっと多くなる)。ダニエル・プレスニツェらによる最近の研究では、音声認知機構の何らかの機能が蝸牛神経核で生じることが示されている。聴覚神経核は、音があなたの耳に届いてから一〇〇〇分の一秒以内に、聴覚神経からの入力を脳で最初に受け取る場所だ。どこで音が発生しているのかを見いだすのが上オリーブ核で、それが両耳に低周波音が到着するマイクロ秒からミリ秒の時間差をもとに(あるいは高周波音では一デシベル未満の音量差をもとに)、両耳からの入力を比較する。そしてこれをたった数ミリ秒遅れで行う。神経網の頂点としての大脳皮質は、低いレベルからの膨大なデータのやり取りをしており、比較的遅い傾向があるが、そうした大脳皮質レベルにさえ特殊化したイオンチャネルが存在し、それが高速で発火するのを可能にしており、ここに耳からこのレベルに到達するまでの聴覚入力の最も基本的な特徴がある。だから、こうした信号がだいたい一〇かそれ以上のシナプスを通って進んで、私たちが意識的行動として考えることのほとんどが起きている大脳皮質に到達してからでさえ、音を認識して発生源に注意を向けるのにおよそ五〇ミリ秒しかかからない。

ところが、これは聴覚経路の古典的な見方である。ウィキペディアに載っていたり、学部生向けの聴覚に関する生物学の授業で聞いたりするようなことだ。このレベルでは、これはかなりわかりやすいシステムに見える。耳のなかの有毛細胞から、音はコード化され、聴覚神経に沿って蝸牛神経核に伝わり、そこで、信号は周波数と位相と振幅に分離され、聞こえる音の出どころを見つけ出すために台形体を通過し左右の上オリーブ核へ向かい、そのあと外側毛帯核に送られ、そこで複雑なタイミングを処理する。そこから、信号は下丘という聴覚中脳を通り、その下丘が複雑な音のなかに個々の音の特徴のいくつかをまとめ始めて、次にそれを聴覚システムの視床領域である内側膝状体へ送る。その内側質膝状体が最初の中継局として働いて、受け取ったものを聴覚皮質へ仕向ける。

聴覚皮質は、そこに至る経路をはるか遡った耳に入った音に、意識的に気づき始める場所で、さまざまな聴覚の特性を生かすために特化した領域、たとえば、音色を認識する側頭平面のような領域や、音声言語を理解するウェルニッケ野と音声言語を作り出すブローカ野が含まれる。この領域では、音処理の側性化も生じる――右ききの人はたいてい、音声言語の情報面を左脳で処理しがちだが、感情的内容は右脳で扱う傾向にある。この側性化は、実際に興味深い現象をもたらす。電話で話をしているときの

◆

[＊] 何を隠そう、今までに作られたごく完成度の高い視覚関係図でもデイヴィット・ヴァン・エッセン教授の尽力によるものは、ジャクソン・ポロックが描いたようなパワーアップしたニューヨーク市地下鉄マップみたいに見える。

ことを考えてみてほしい。受話器は右耳につけるだろうか、それとも左耳だろうか。右ききの人の多くは右耳にあてるだろう。なぜなら聴覚入力の大部分は反対側の左半球に入って音声言語を理解するからだ。これは左ききの人でときどき逆になるが、左ききでも音声言語を左半球で、感情的内容を右半球で理解する人もいる。同様の変異は右ききの人にも起こりうる。私は自分が右ききなのに、電話を左耳で聞かないと理解するのが難しいことをいつも奇妙に思っていた。数年前、神経イメージング研究にボランティア協力したとき、内容処理と感情処理の中心が反転していて、変異した少数派であることがわかった。私の脳の残りの部分はほぼ標準だが、進化的に新しい領域は、側性化のようなことで多様性を示す傾向が大きいという研究がいくつか存在しており、音声言語の理解はそうしたごく新しいものの一つである。

ところが下位脳幹からの聴覚信号は、大脳皮質まであがってこない。まさにそれゆえに、音楽を楽しむことができるし、隣家の子どもが練習する下手なバイオリンでいらいらさせられることになる。聴覚経路の要素のどれを選んでも、それをテーマに何十もの、あるいはときに何百もの複雑な論文が書かれている。そうした論文はさまざまな種について書かれており、聴覚経路内のニューロンの個々の接続から、与えられた入力の種類に依存する前初期遺伝子の発現のばらつきに至るまで内容は幅広い。システムについてますます多くのデータが現れるにつれ、あなたはただ情報を積み上げるだけではいけない。あなたが正しいものの見方をすれば（あるいはたくさんの大学院生がいれば）、物事の働きについての古いルールがもはやあまり説得力を持たないことに気づき始める。

私が大学院生だった一九九〇年代には、「特殊神経エネルギーの法則」（耳は音だけに、目は光だけに、前庭器官は加速だけに反応する）と「ラベルドライン」（神経接続はそれのモダリティ（様相）に特有である

——音は耳に入り、耳は聴神経核につながっているので、音は「聴覚」として処理されて終わり、それに対して視覚の入力は、目のなかに入って見えるものになる）といった用語がまだ聞かれた。「モジュール式の脳」というこの概念は、広く受け入れられた——特定の領域が、受け取った入力を処理して、次にそれらのなかで交信し合い、その際に、すべての基本的な複雑なもののメタ現象として意識や心を伴う。

ところが、神経科学はこのころに始まり、興味深い「ティッピング・ポイント」を迎えた（マルコム・グラッドウェルの言葉を借りた）［マルコム・グラッドウェルは著書『ティッピング・ポイント』で、あるアイデアや流行もしくは社会的行動が、閾値を越えて一気に流れ出し、広く急速に広がる劇的な瞬間をティッピング・ポイント（転機）といっている］。解剖学的データの世紀と生理学的データの世紀が奇妙な重なりを示し始めていた。上丘は、以前は視覚的中脳核として考えられてきたが、すべての感覚システムから感覚レジスターへのマップを互いにもたらした。内側膝状体は、腹側経路を通って聴覚皮質に至るほとんどの入力をもたらすが、背側に放出されるものは注意の制御、生理学的制御、情動の制御のコントロール領域に入るものもある。公開されている数万もの研究は（科学図書館の保管書庫にしまいこまれているのではなく、インターネットで論文が読めることと相まって）、いわゆる「結びつけ問題」——どのようにして別々の感覚のすべてが多感覚統合を経て結びつき、現実の整合性のあるモデルを考え出すのか——に素材の提供を始めた。シークエンシングやタンパク質の発現、そして生物の完全な遺伝子ライブラリーが（助成金に頼ってなんとか研究している人々のために手ごろな値段で）入手できることなど、ここ一〇年の遺伝子革命により、脳の柔軟性や複雑性についてのさらなる理解が生じて、どのように遺伝的および環境的条件が、脳の反応を変えられるかという洞察が可能になった。そしてひとたびその特別な魔物を引っ張り出してみると、古いブラックボックス的心理学テクニックをとおしてのみ公式に取り組まれていたものには、神経科学の文脈で再検討できるものがあることに研究者は気づき始めた。これを端緒にして、音によって私たちには何かが聞こえるだけでなく、実際に私たちの最も重要な潜在意識と意識のプロセスをいくつか引き起こすことがわかってくる。すると、次のような矛盾する問題が生じる。なぜ私たちは、自分の周りの重要な出来事に注意を向けさせるために音を利用するにもかかわらず、普段は音に注意を払わないのだろうか。

少しのあいだ、脳の経路に戻ってみよう。内側膝状体から出る聴覚信号は必ずしも、科学者が聴覚として考える脳の部分に最終的に行き着くわけではない。その投射される部位は、従来は大脳辺縁系と呼ばれたところ（これはいまだに教科書や最近の論文でも見られる時代遅れの用語だ）にまとめられる。大脳辺縁系は皮質の最も奥の境界部分を形作り、心拍や血圧から記憶形成や注意や情動を含む認知的なものまで多岐にわたった機能を制御する。これを固有のシステムと呼ぶのが時代遅れなのは、この領域の細かい解剖学的および生化学的処理構造をしっかり調べるほど、ますます別々のモジュールのようには見えなくなるからだ。それよりむしろ正方向に情報を送りつつ、なおかつ次の入力情報を修正するために逆方向にも情報を送るという、ループで相互接続されたネットワークだ。構造上の突起に基づくこうしたシステムすべてに、音がどのように影響を与えるのかを解明する問題は、直接この領域につながる聴覚専用の突起がほとんどないことでいっそう複雑になる。脳の複雑さを理解するためには、実世界の行動や働きをときどき振り返って見なければならない。さてここで、音は注意とどんな関係があるのかを考えてみよう。

しばらく前に、マサチューセッツ州ウォータータウンのパーキンス盲学校から依頼があった。音響的な問題を私に手伝ってもらえないだろうか、とのこと。盲学校の生徒たちは州で定められた火災警報器の音に怯えてしまっていて、警報機がテストされる日は家から出なくなるほどどらしかった。学校側は、注意は引いても怖がらせたり混乱させたりしない警報機を作れないかと考えた。私は検討を始めた（そして今も検討中だ）が、問題の要点を痛感したのは、最近研究室で火災警報器が突然鳴りだしたときのことだ。廊下を通って自分のオフィスへ行こうとしていて三〇秒ほどかかった。すべてはよく見えていたが、それと同時にその騒音をやわらげようとして自分の首を回そうとしていて、しっかり進むのが難しくなっていることがわかった。それは彼らにとっては、なおさらひどい状況だろう。自分の進む方向は見えずに杖で地面を打つのを頼りに歩くだけではなく、どんな音声による案内もかき消されてしまうのだから。

警報――大音量のブザーやクラクション、けたたましい合成音声が「火事です、火事です」と叫ぶ声（うちの騒々しい煙感知器のように）――は、心理物理学的ツールだ。突然の大音響であなたの注意を引き（不器用なコヨーテが池へ派手に落ちて、私を驚かしたように）、その後もその信号が繰り返し続く。続く大音響には驚かされないが、その大きい音そのものがあなたの覚醒水準を高いままで持続させる。そしてサイレンが止むか、そこから遠ざかるかによってその覚醒水準が下がらなければ、その音により恐怖心や動揺に変わりやすい。このことは、音と注意と情動のつながりを示す。

最初、これについてあなたはさまざまな行動の側面を選べなかったという印象を持つかもしれない。注意は特定の環境の（あるいは内的な）合図をあなたに気づかせるのに対し、情動は出来事に対する前意識の反応だ。注意と情動の特徴は著しく異なるが、それらはどちらとも意識的な思考が引き受けてしまう前に、あなたの反応を環境に応じて変えさせることに基づいている。たとえば予想したものが聞こえず、周囲で何かがおかしいと気づき、長い時間をかけて徐々に覚醒が高まることや、視界の外から突然予想外の音が聞こえたときに急に恐怖感に襲われ、それに伴う身体反応が起きることは、注意と情動という二つのシステムが相互に関係していることを示す。このどちらにとっても、聴覚は十分に速く働く感覚システムだ。

注意はたいてい、世界(とあなたの脳)が終日あなたの感覚に投げかけるさまざまなもののなかから、重要な情報を選別している。最も単純なレベルでは、ある出来事に注目するが、それ以外の出来事は無視するというだけの能力だ。ところが、注意のプロセスは聴覚のように途切れずに持続しているので、自分の行動を意識したり、自分の注意を引くように注意したりしなければ、私たちはそれらにめったに気づかない。

一つ実験してみよう——手を洗ってきてほしい。あなたは腰をかけてしばらく読書している。そして数時間前にあなたの手あるいは本がどこにあったのかわかっている。立ち上がる前に、手を洗う音についてちょっと考えてほしい——あなたはシンクで飛び散る水のことを考えるかもしれないが、そのようなことだ。けれども今度は、すべての音に注意を払ってほしい。足音はどうだろう。靴、スリッパ、靴下、いずれかを履いて、シンクに向かって歩く。タイルのうえを歩いたのだろうか。キッチンでは一歩ごとに足音が響くだろうか、あるいはあなたの履物は柔らかで吸音するので足音がこもった音になるだろうか。蛇口のハンドルに手を伸ばすとき、着ている服がこすれてかすかな音をたてるだろうか。ハンドルはキーという音を少したてるだろうか。水が蛇口から出始めてシンクに落ちる前にどんな音がするだろうか。水が金属か磁器かプラスチックのシンクにあたる音にはパターンがあるだろうか。シンクに栓がなければ、水が下水管に流れるときに音が響くだろうか、あるいは、縁にたまってしぶきをあげる音がするだろうか。蛇口から出た水流に差し込んでいる手を動かすにつれ、手にあたる水の音はどうだろうか。そして水を止めるとき、それまで隠されていた排水の音や、両手からときおり滴り落ちる音に気づいただろうか。

それはおそらく三〇秒ほどの出来事だっただろう。第二章での音の散歩と同様に、含まれる音響の最小限の輪郭を描くためには数百もの言葉が必要だ。そうした出来事は、あなたがふだんは無視しているものだが、数兆もの原子を含み、数万もの有毛細胞の機械的反応であり、数十億とまではいかないものの数百万ものニューロンの活性化が起きていて、ふだん、感覚記憶から意識にわざわざ回すこともないような出来事が検知されている。だが、これには理由がある。すべてのことに等しく注意を払うと、つまり自分の必要なことに関係するものを解析して取り出す自動的な能力を使わなければ、じきに身体の内側と外側の両方のどうでもいいことに圧倒されてしまうからだ。

注意のメカニズムは、単に両耳で聞くことを意味する「両耳分離聴」というテクニックを用いた研究によってほとんど解明されている。両耳分離聴の実験では、聴覚の検査を次のように行う。あなたにAとBという二つの違う音を、異なる周波数で、異なる速さで、異なる時間で示すとしよう。AとBの音色がかけ離れて違っていて、左右の耳のあいだでランダムに示されるなら、あなたはランダムな音として認知する傾向がある。ところが、何らかの知覚的な特徴によって音の流れを二つのまとまりにする、つまりたとえば周波数の差(ピッチの差)を大きくしたり、響き(音の微細構造)をまったく違うものにしたり、音量に差を作ったり(一方はとても小さい音、他方はやや小さい音)、空間的位置を変えたり(左右の耳で別のものを聞かせる)すると、あなたの脳は、それぞれを有機的に結びつけて別々の二つの流れとして音をとらえはじめる。だから、左耳にクラリネットで二分の一秒ごとにラのシャープの音が聞こえて、右耳にフルートで四分の三秒ごとにレのフラットの音が聞こえると、あなたは左右の刺激を各々のグループにして二つの別々の聴覚事象——左側に非常に退屈なクラリネットを吹く学生がいて、右側には同じように退屈なフルートを吹く人がいるが左側の人とは区別できる――としてとらえるだろう。だが、たとえ両者の音が同じ時間に同じ速さで同時にそれぞれ聞こえ始めても、それでもあなたは違う流れとして区別できる。なぜならあなたの耳は、その事象が届く総時間だけでなく、音の微細な時間的構造と絶対的な周波数成分も識別しているからだ。この種の研究は、聴覚情景分析の最も単純な形と、注意の最も基本的な尺度を示している。それは長い年月と技術の変化に耐えて、人間と動物の初期の心理物理学とEEG（脳波検査）から、脳磁図とfMRIを用いる現代のほとんどの研究に及ぶ証拠をもたらした実験といえる。

だが、時間や周波数、響き、位置によって変化する個々の音色を示すことは、檻のなかで狩りをするようなものだ――これは実世界で出くわすような状況とは異なる。とはいえそれは「カクテルパーティー効果」と呼ばれるよく見られる確かな効果の根拠になっている。たとえ多くの話し声や背景雑音がある混雑した部屋のなかでも、個々の人の声を聞き分けることができる（もちろん限度はあるが）という考え方だ。根拠はこの場合もやはり、個別の音をかき消すほどの雑音のなかでも、複雑な音の明確な特徴には同期反応を示すということだ。それは聴覚的な注意のもう一つの側面も明らかにする。おしゃべりする人で満たされた部屋では、たくさんの音が重なり合っている。男性の声と女性の声の混ざり合いは基本周波数が一〇〇から五〇〇ヘルツまでのあいだで、すべては人間の声帯から生み出されるので、共通する何らかの響きの特徴を持ち、音量の違いは、聞き手からの距離と話し手の声の大きさ、そしてもちろん位置の違いにも依存する。そうしたもののなかで、あなたの大切な人が誰かと話していることに気づけば、その人特有の声や話し方（それらが、話しているあいだに出た音のタイミングを引き出す）は、以前に何度も活性化したことのある聴覚の神経パターンを活性化するだろう。

音声言語で生じる音響的特徴にとても大きな変動範囲があったとしても、何かを何度も聞くことは聴覚と高次中枢ニューロンの同期反応を引き起こすだけでなく、これらの特徴にますます効率よく反応するように、実際に聴覚システムのシナプスを再接続する。これはヘッブの可塑性と呼ばれるニューロンの学習における一般的形態だ。ニューロンは、初期のニューロンからの入力を合算したり、発火をうながすか抑えるかしたりするような、ただ単純に接続している構造ではない。ニューロンは途方もなく複雑な生化学的工場で、絶えず神経伝達物質や、成長ホルモン、酵素、そして若干の脳内化学物質のためのレセプターを合成したり分解しており、常に作業中に課された要求に基づいてつねに増減の調節をしている。だが、ニューロンに関して最も驚くべきことは、新たな突起を実際に育てるので、ニューロンの配線パターンが変化しうるということだ。日ごろからしばしば同期して発火するニューロンは、音声言語や音楽で通常現れる倍音にさらされているニューロンのように相互接続が増すので、もっと影響を互いに与えやすくなったり、いっしょに働きやすくなったりしうる。このため、雑音のなかにあるお馴染みの音は、刺激に「気づく」細胞の特定集団を活性化することによって、背景から飛び出してくるだろう。

「同時に発火するものは、互いに接続している」というのは一般的なニューロンの原理だが、聴覚と視覚の違いを際立たせるには、カクテルパーティー効果を視覚的に等価なもの――『ウォーリーをさがせ』（マーティン・ハンドフォード著、フレーベル館）という追跡パズル絵本――と比べることだ。鮮やかな赤白ストライプの帽子とシャツを身に付けている人物が、視覚的に複雑な場面に紛れているのを見つけ出すもので、少なくとも三〇秒かかる（ときどきもっとずっと時間がかかる。ウォーリーはアフガニスタンの洞窟に隠れている、と誓ってもいいと思ったこともあった）が、カクテルパーティーの環境で、関心のある声を聞き分けるのには、たいてい一秒よりはるかに短い時間しかかからない。

だが、カクテルパーティー効果には悪魔の双子がいて、あなたもよく出くわすだろう。たとえば電車やバスに乗っていて、読書か居眠りをする、あるいは向かいの人と目が合わないようにだけしていると き、背後で誰かが携帯電話で話し続けている。それが大声であろうと、始終ひそひそ声であろうと、常にうるさく感じる会話の一部に耳を傾けていることに気づく。ローレン・エンバーソンらによる最近の研究で、その理由が明らかにされ、注意の暗黒面に関係していることがわかった。彼女たちの発見によると、普通の会話を聞くことによって、著しく気が散ることはないが、会話の一部だけが聞こえること——彼女たちが「halversation（ハーヴァセーション）」［half conversation（ハーフ・カンヴァセーション）を縮めた造語］と呼んだもの——は、認知パフォーマンスを著しく低下させる。彼女たちの仮説によれば、背景にある予測ができない音を監視していると、ほかの作業をしている聞き手はいっそう気が散りやすくなるというものだ。会話の一部では会話の進む方向を予測できないので、予測できない刺激が増し、気が散る程度もひどくなる。

これが、常に「オン」状態の感覚システムを持っているために起きる問題の一つだ。あなたの聴覚システムは、背景の変化を絶えず監視している。感覚的環境で突然の変化が起きると、脳が作業に向けている注意が途切れて、向きを変えうる。暗い路地で背後に聞こえたのは足音だろうか、それとも単に通りの向こうの壁からの反響音だろうか？　突然聞こえた遠吠えは、コヨーテが近隣のネコを探していたのだろうか、それとも一ブロック先の盲目のビーグル犬が飼い主に家へ入れてもらおうとしていたのだろうか？　音は一日二四時間私たちの警告システムとして働いている。聴覚システムは唯一、眠っているあいだでも信頼できる感覚システムだ（おそらく私たちの祖先が、睡眠中捕食者に襲われたくないと思っていたときに、非常に役立っただろう）。突然の音は何かが起こったことを私たちに知らせる——そして、聴覚システムは（視覚とは対照的に）非常に素早く働いて、たくさんの同時発生する入力をもたらし、音源が馴染みのものかどうか、あるいはさらなる感覚と注意のプロセスを結びつける必要があるかどうかを判断して、たとえ音源が見えなくても、その正体を想像できるようにする。

このことが重要なのは、ほかの感覚――視覚、嗅覚、味覚、触覚、平衡感覚――はすべて有効範囲が限られているからだ。（首を回すとあらゆる結果を招くので）首を回さなければ、両眼視は一二〇度の範囲と、それにおよそ六〇度周辺視野を加えたものに限られる。臭いをかぐには、どんな距離にせよごく高濃度でなくては感知できないし、たとえ感知できても、においの発信源を特定する能力は非常に低い。味覚や触覚、平衡感覚は、私たちの身体の範囲に限られている。ところが気温逆転〔通常とは逆に上層の気温が地上より高くなっている現象。斜め上に向かった音波が上層の空気で反射されやすくなり、通常より音が遠くまで届きやすくなる〕が起きていたり、耳をイヤフォンでふさいでいなければ、天気のよい日にはおよそ一キロメートル以内のことを何でも聞くことができる――固い地面に立って（あるいは水面に浮かんで）、音波の伝わる半球を測ってみれば、約二億六〇〇〇立方メートルすなわちツェッペリン飛行船一三〇〇隻ほどの容積だろう。だが、外で立ったまま実験をしているときに電話が鳴ったとしたら、あなたの注意は電話に向くだろう。そのためツェッペリン飛行船はあなたの真上に降りてしまう――あなたはわずらわしいがお馴染みの着信音に注意をとられていて、飛行船が（とても静かに）降下してきて影が徐々に大きくなっていくのに気づかないのだ。

このシナリオは、耳とその他の感覚が扱わなくてはならない二種類の注意の違いを示している。その一つは目的指向性注意（携帯電話の電波状況があまりよくないエリアに入って、電話の声をしっかり聞こうとしている場合）、もう一つは、感覚指向性注意（飛行機の離陸待ちをしていて、近くで電話をしている人が一分間に三回も「爆弾」という言葉を口にしたために、自分の会話に身が入らない場合）だ。目的指向性注意は、限られた入力に感覚能力と認知能力を集中するように私たちを仕向けるもので、私たちのどの感覚によっても引き起こされうる。たいていの場合、人間はデフォルトで注意を視覚に向けるようになっている。あなたはあたりを見回し、視覚に誘導されてものに手を伸ばし（音量を上げようとするときでさえ）、明かりが突然消えると瞬時に、省エネのため動き検出赤外線センサーを導入したのはいったい誰だと考えていらいらする。ところが、どんな感覚モダリティも、このタイプの注意の役に立ちうる。鼻を頼りにひどい臭いの元はバスルームにあることを突き止められる。あなたは味蕾を使って味付けを変えていき、味を調えることができる。人前で塀の上を歩いて見せているときには、一方の足を他方の足のすぐ前に置くことに集中し、左右のどちら側にも二メートル落下する可能性があるのは無視していられる。そしてもちろん、『ギターヒーロー』で減点されている箇所を見つけ出すために、余念なく耳を傾けることができる［『ギターヒーロー』は、画面に現れる有名な曲の楽譜に合わせてギター型専用コントローラーで演奏する音楽ゲーム。正確に弾けるほど高得点になる］。こうした種類の注意はすべての場合において、あなたが最も重要だと意識的に決めた作業についての情報をもたらしている感覚モダリティ（一つ、または二つ以上のモダリティ）からの入力を強調する。

　ところが、刺激に基づく注意は、目的指向性の行動などのとき、あなたの注意を引いて方向を変えることが基本となる。これもいずれかの感覚システムによって――周辺視野で突然ちらちらと光るものが現れたり、煙の臭いがしたり、突然何かに触れて心臓が飛び出すほど驚いたりすることで――生じうる。刺激に基づいて注意が方向転換するには、新しくて突然の――言い換えると、ぎょっとするような――何かが必要だ。ぎょっとするような驚きは注意を方向転換する最も基本的な形で、あなたの脳というよりもむしろ最も単純な聴覚情景分析を必要とする。ぎょっとするようなことは、誰にでもあることだ。あなたが何かに集中していると突然音が聞こえる、あるいは誰かに肩を叩かれる、あるいは（あなたがカリフォルニアにいるなら）地面が揺れる、といったことだ。するとあなたは一〇ミリ秒（一〇〇分の一秒）よりも短い時間で、コヨーテが派手にたてた水音を聞いたときの私と同じことをする。飛び上がって、心拍と血圧が急上昇して、肩をすぼめて、音の発生源を見つけようとして、注意の向きがあちこちに変わる。物音がしたり、何かに触れたり、あるいは身体がぐらついたりすることによってぎょっとするのであって、それは視覚や味覚や嗅覚によるのではない[*]。なぜなら、前者の三つの感覚システムは、素早く機械的に神経伝達物質チャネルが開くことによる機械感覚システムだからだ。神経伝達物質チャネルは、非常に速く進化的にとても古い神経回路を発火させて、脳内の脊髄運動ニューロンと覚醒回路を活性化する。

すべての脊椎動物は、（さまざまな表れ方をする）驚愕回路を持つ。それは生物が新しいことに用心するための非常に適応的な方法だ。マイケル・デーヴィスらがラットで行った（そして続いて霊長類の動物と人間でも確かめた）独創的な研究によると、哺乳類の聴覚性驚愕回路は、蝸牛から腹側蝸牛神経核、外側毛帯核、橋網様核を経由して、脊髄介在ニューロンと最後に運動ニューロンまで、五つのニューロン回路を通る。五つのシナプスは一〇〇分の一秒のあいだに、突然の音から、突然飛び上がることまで進ませ、あなたは筋肉を緊張させ逃走準備を整えて防御姿勢を取り、ときには大声を出す（私の妻の場合は特にこれがあてはまる）。聴覚性驚愕は、見えない出来事に対しての進化的適応として非常にうまくいっているので、脊椎動物によく見られる。それによって、自分のすべきことを知り、そこから急いで

[*] 周辺視野で動くものによって恐怖を感じることもありうるが、それは形よりも動きに対してのほうがよく反応する。だが、恐怖によって、自分をぎょっとさせたものへ視線を向け直すのは、実際の驚愕反応よりもはるかに遅い。

逃げるか、少なくとも注意を広げてその音が何かを把握できるからだ。

ところが、ぎょっとすることは必ずしも怖くなることではない。驚かされると覚醒感――各感覚から感情反応までのすべてを高める生理学的および心理学的状態――が確かに増す。あなたが恐怖映画を一心に見ているときに、誰かが後ろからこっそり近づき「ワッ！」と叫んで、あなたが振り返った際、自分の友人だとわかれば恐怖心は消え去り、振り返りざま思わず腕を上げたためにその友人はあなたの飲みものを顔に浴びてしまうという報いをしっかり受けるので、あなたは満足感も得る。だが、あなたが振り返ったときに、「ワッ！」というべきものがまったく見えなかったらどうだろう――変なユーモアのセンスで悪ふざけする友人はそこにいなくて、天井にスピーカーもなかったとしたら？　その場合は覚醒が続いてすべての緊張が増し、感情が高まる。

感情は、神経科学用語では分析しにくく扱いにくいテーマだ。感情は、あなたがどのように感じるかということ――複雑な内的行動であり、次の周囲の出来事に対する反応に影響を与え、それは感情の高まりが変化するまで、あるいは消えるまで続く。科学者（と哲学者、音楽家、映画製作者、教育者、政治家、子の親、広告主などの人々も）は、何世紀ものあいだ感情情報を研究し、利用してきた。感情とは何か、どのように働くか、なぜ私たちは感情を持つのか、感情（たいていは他人の）を操ることによってどのように利用できるのか、ということについて、何百もの研究、書籍、あらゆる見解が存在する。それらはそれぞれ互いに相容れない――基本的感情の一覧さえ、ほとんど一致しないことが多い。具体的には、一九八〇年代にロバート・プルチックによって提案された四組の「基本的」感情とその反対の感情（喜びと悲しみ、信頼と嫌悪、恐れと怒り、驚きと予期）に分類するものから、ＨＵＭＡＩＮＥ［ＥＵの研究活動プログラムの一つ］のプロジェクトグループによる「感情注釈と表現言語」で示された一〇のカテゴリーで四八種の感情といったものまで、さまざまなものがある。感情とは何であり、何が感情を引き起こすのかという基本的なことについてさえ意見が一致していないことを考えれば（ジェームズ＝ランゲ説が示すように生理的状態なのか、リチャード・ラザルスが提案したように認知的状態なのかのどちらにせよ）、神経生物学的基盤を特定することが論争になるのは当然だ。とはいえ、一九世紀の心理学から二一世紀の神経イメージングまで幅広いテクニックを利用する感情の研究で、一貫していることが一つある。それは、最も速く感情を誘発する最も重要なものは、音であるということだ。音は内側膝状体からの周波数特有の経路とそうではない経路の両方によって、聴覚皮質全体に広がる。それでは、どのようにして音がきっかけになって特定の感情状態を引き起こすのだろうか？

恐怖感はきわめてよく研究された感情状態の一つだ。原始的感情のようなものだからかもしれない――カエルでさえ恐怖を感じることができる（彼らと非常に長い時間付き合って高度な非言語的ボディランゲージを学べばわかる）。恐怖感は、特徴的な解剖学的および生理学的基礎をそなえた数少ない感情の一つでもあり、たいていの研究は、古典的条件づけ、あるいはパブロフ型条件づけと呼ばれる非常に古い技術が使われている。古典的条件づけの基礎は、次のように比較的単純だ。あなたは無条件刺激を受ける。その刺激によってあなたは反射的反応をするだろう。それは、腹をすかせたイヌ（あるいは大学院生）がステーキでよだれを垂らすような光景だ。ステーキが無条件刺激で、よだれを垂らすことが無条件反応である。イワン・パブロフが考え出した巧みな方法は、刺激を置き換えることだ。パブロフは、腹をすかせたイヌにステーキを見せる直前にベルを鳴らした（条件刺激）。ベルを鳴らして〇・五秒以内にステーキをイヌに見せ、それを数回繰り返すと、その後イヌの脳はベルが鳴ることとおいしいステーキが現れることを関連づけるようになり、実際に反射反応を配線し直して、ベルに反応して、たとえステーキがなくてもよだれを垂らすようになった[*]。

恐怖心を研究する科学者は、古典的条件づけとともに音を利用したそれ以外の技術に頼る。その理由はおもに、耳からたどって、恐怖と恐怖のような反応を調節する脳領域の扁桃体に至る神経経路があることだ。扁桃体は脳の珍しい神経核の一つで、マスコミに盛んに取り上げられる——一般メディアの情報はほとんどが誤りとはいえ。ニュースサイトから科学知識を得ようとすると、感情の制御やその失敗に関するもの——犯罪、政治的志向、完璧なダイエット、究極のデート、チョコレートがセックスと同等である理由など——は何でも、とにかく扁桃体と関係があるといったエキサイティングな新発見をしばしば目にするだろう。大衆紙の見方によれば、扁桃体は脳の「感情中枢」で、社会的に受け入れられないことをするのは、その人の扁桃体の調子が狂っているからだという。

扁桃体のほんとうの働きは、それよりはるかに興味深いものだ。速い（視床の）経路と遅い（皮質の）経路の両方から入力を得て、皮質の至るところに出力する。速い経路は、即座の反応をもたらし、危険な入力とそうでない入力の違いを学習するための基礎も与える。もう一方の皮質経路は、脳の記憶とそれに関連する領域を通る経路を進むので、スピードは遅いが、音に対する感情反応が有効な場合にはるかに正確な判断をする。叫び声が聞こえたのは、あなたが見ている映画のなかのものか、今誰かがあなたの背後で殺されたのか？（ほんとうによい映画では、音響編集がよくできているためにそうした境界が不鮮明になる。これについてはあとのほうで詳しく述べる）。ところが現実の複雑な恐怖反応は、急に引き起こされ、その後は維持され、強化される。それは脳内の接続ネットワークのおかげであって、扁桃体だけによるわけではない。恐ろしい出来事に結びつく音は、扁桃体と聴覚皮質、海馬までの順方向と逆方向に、ループした回路を作る。そのうちの最後の海馬は、長期記憶保存への入り口だ。このループの初期に、情報が皮質の深い領域と視床下部へ伝えられる。視床下部は、血圧や心拍のような自動システムの制御に関連し、アドレナリンを迅速に出して、心拍を速め、瞳孔を収縮させ、口の中を乾くようにさせる。ライオンの咆哮のように恐怖を感じさせる音は、全身の生理学的反応を引き起こして脳にフィードバックし、初期の感情反応に基づきながら、同時に過去の怖かった出来事の記憶と新たな入力を比較し、それでも自分を怖がらせたものがほんとうに恐ろしい出来事かどうかを確かめる。その咆え声が弱まればライオンから逃れたということなので、交感神経の反応は小さくなり、あなたは落ち着き、まだ覚醒は高まっていて警戒はしているが、このころにはあたりを見回してもう危なくないということを確認する。

音のいくつかの要素は、たとえそれまでに未経験のものでも、基本的な引き金として働く。突然の大きな音はあなたを驚かせる原因となりうるが、非常に低い音が含まれる場合、あなたの脳は潜在意識に結びつける。つがい相手を選んでいるカエルと同様、大きく低い音を出しているものは、サイズが大きいことを意味する。あなたがオスを探し求めているメスだとしたら、大きい音源は望ましい相手かもしれないが、普通の人間生活では、大きいことはしばしば恐ろしいことだ。進化についてのある主張によれば、人間の可聴域の最低音と、もっと低い可聴下音領域（人間には聞こえない周波数領域）での大きい音は、「捕食者」を知らせるものとして、私たちに生物学的に組み込まれているという。ライオンやトラのようなネコ科大型動物の咆え声の分析では、高振幅の超低周波要素が存在することが明示されてい

[＊]　少なくともしばらくのあいだはそうだった。ある条件反応に対して最大限の条件づけを得る戦略に関しては、心理学の全分野と何千もの書籍や論文が存在する。

る。脳の引き起こす行動が進化をとおして変化してきたようすを研究する進化神経行動学者は、そうした音を聞いたときに自動的に逃げなかった動物たちは捕食されてしまったので遺伝子が残らなかったのだと主張する。ところが別の仮説は、非聴覚の生理音響学を自律神経の刺激感応性への関連と結びつけて、大きな超低周波音が聞こえるだけでなく身体中で感じられ、臓器の詰まった腹部や空気で満たされている肺や骨そのものでさえ振動させており、カエルの非鼓膜経路に似ていると指摘する。聴覚以外の身体の部分を低周波で振動させると、腸神経系を介してむかつきや吐き気を引き起こしうる。このシステムは、自律神経系のあまり知られていない下位区分で、臓器からの感覚フィードバックをもたらす。この低周波の非聴覚経路によって、削岩機やそのほか建設に起因する振動に過度に曝される作業員が罹患しやすい振動音響疾患などが生じる。したがって、突然の大きな低周波音は単に基本的な聴覚接続をもたらすだけでなく、入力を全身から受け取り、あなたに走れと命じる。記憶と注意の領域の相互作用は、あとから（よりゆっくりと）くるが、その音が危険と関連するのをその後も思い出すようにし、次回それを聞くときにはいっそう速く反応するようにうながし、ヘップの可塑性のおかげで脳は配線替えをして、以前に遭遇した出来事に対する反応を速めることができる。恐ろしい音は、生き延びるための道具になってきた——次回同じ環境で咆え声が聞こえたら、おそらく前よりも早くスタートを切って走るだろう。「いったい何なんだ?」と叫んで時間を無駄にすることもなく。

突然聞こえた音が、特に低周波というわけではなく、よって生命を脅かすようなものではなければどうだろうか。そのとき、記憶と以前の関係によってもたらされた文脈が、いっそう重要になる。たとえば、インターネットを漫然と見て回っていてヒットしたページで、突然「おめでとうございます。今あなたにアイパッドがあたりました」という甲高い声が出たり、バンドの新曲がサンプリングレートの低い（質の悪い）音で三〇秒ほど流れたりしたとする。ぎょっとしてすぐに腹立たしくなり、ほとんどその瞬間にそのページを閉じる（あるいは、もっと思い切った対策として、ウェブを閲覧するときには音を消しておくようにする）。うっとうしいが危険に直接関係ない音は、「ネガティブな感情価」と呼ばれるもの――不快感や怒りのような感情――を誘発する。それは誤報に対する反応だ。突然の音であなたは覚醒が高まったが、それは単なるありふれた腹立たしいものだった。これは、テクノロジーに複合音［複数の周波数成分を含む音］を利用することに問題が多い理由の一つだ。一九八〇年代のしゃべる車による警告の音声を覚えているだろうか。突然、誰もいないところから「ドアガスコシヒライテイマス」「アナタノシートベルトガシマッテイマセン」と質の悪い合成音声で話しかけられるので、ぎょっとして、すぐに不快なものと見なすようになった。それが他人より早く導入したステレオ音声ならなおさらだっただろう[*]。最近では、ほとんどの（少なくともさえたデザイナーによる）ウェブページでは、開いた途端に複合音が使われることはない――突然音がすると人を不快にするし、ページを開いて視覚的に何かが面白いとか好ましいとか感じるのにかかる数秒間よりもその音楽が長引けば、人はそのページを閉じてしまう。

　ネガティブな感情価を誘発する音できわめてよく知られているものの一つは、昔、あなたが小学校でクラスメートにしたいやがらせかもしれない。一九八六年、リン・ハルパーン、ラドルフ・ブレイク、ジェームズ・ヒレンブランドはすばらしい論文を書いた。「ぞっとする音の音響心理学」と呼ばれるもので、およそ科学的論文に書かれていることとはかけ離れた内容だった。彼らが取り組んだのはほんと

［＊］実際に私の友人の一人は、こうした車のなかの音声合成装置を止めるもぐりの車修理をして繁盛した。クライスラー・レバロンで最も普及し、最も人をいらつかせたのは明らかだ。

うに基本的な疑問だった。私たちはなぜ黒板に爪を立てた音が嫌いなのだろうか？（金属はいうまでもなく、熊手のようなものを石板の上で引きずると、さらにひどい音だった）。彼らの立てた仮説は、音のスペクトルが、マカクザルの警告の鳴き声のスペクトルと非常によく一致するので、黒板に爪を立てることは神経感覚的には霊長類の警戒声と等価である、というものだ。これはすばらしい考えで、広く引き合いに出されたが、たいていの非主流の科学的研究と同じように、次に示す一つの論文より大きく先へ進む実験は行われなかった。その論文とは、二〇〇四年にジョシュ・マクダーモットとマーク・ハウザーが示したワタボウシタマリン（とても小さくてかわいらしいサル）が、同じ反応をしなかったことを示したもので、おそらくワタボウシタマリンが黒板や金属の熊手と関わることがめったにないためだろう。だから、「ぞっとするような音」の研究結果はまだ確かめられていない。とはいえこの音が心理に及ぼす影響は人類全般にほぼ共通する——黒板に爪をたてたりコンクリートを金属で引っかいたりしたときに出る音が聞こえると、人は耳をふさぎたくなるし、そんな音を出した人には刃物でも投げたくなるだろう。それはその人の年齢や、性別、職業、育ちによらないだろう。

私の周りには音響機器がたくさんあるし、大学で教えていることから、黒板と爪や、金属の熊手、コンクリート製の私道はもともと身近にあった。そこで、これらの音をどちらもインイヤー・マイクでサンプリングすると、何かとても興味深いことに気づいた。両者の微細な時間的構成が実際に「疑似ランダム」と呼ばれているもの——すなわち基礎になる波形はほぼ周期的で、時間の経過とともに微細構成を繰り返すが、十分にランダムな変動なので、一時的にきたない音を生じる。それに似ているのは、フォトショップ［写真編集のソフトウェア。画像の加工や作成、印刷の業界などで広く使われている］で下手な加工をした画像で、エッジがぎざぎざしていたり、色の位置がずれていたり、画素が明らかに何かおかしくなっているのを見ることだ。ほかに似たことといえば、人々が限界まで張り上げた金切り声を録音で聞いたときだけだ。すると私の頭のなかでそれがパチッと一つにかみ合った。つまり、私たちのこうした音への反応は、先祖から伝わる何らかの警告音の周波数成分ではなく、微細時間構造の疑似ランダムな変動に基づくのだろう。それはあたかも誰かが苦痛で、あるいはパニックになって、こらえきれずに悲鳴を上げるときや、通常は倍音構造の声が乱れて制御できなくなるときに現れるもののようだ。反応を引き起こすのは音の全体ではなく一部分にすぎないが、そうした基本の部分なので、それが深遠で不愉快な反応を生じさせる。

ではこれが意味するものは何だろう。私たちが疑似ランダムな音を嫌うなら、規則的で周期的な音は好きなのだろうか？　まあ、ときどきはそうだろう。前述したように、生き物は周波数帯域と周期的なタイミングそのもののあいだの規則的な数学的関係によって、倍音を作る傾向がある。だがときどき微細な音響構造が音の感情価を変化させ、私たちとポジティブあるいはネガティブの感情価とのいずれとの関係も変えうる。私のお気に入りのデモ実験の一つは、音声編集プログラムで遊んでいるときに自分で偶然発見したものだ。私は学生にさまざまな要素で二つの音を評価するよう求めた。基本的に、気分が安らぐ音から、警戒心を抱かせる音までの範囲の音だ。私が始めに聞かせたのは、ほぼ例外なく人を震えあがらせる、怒ったハチの羽音だ。たとえ低い音や、あるいは必ずしもとても大きな音ではなくても、この音は間違いなく恐怖を引き起こす。人間に対してだけではない——ある研究によれば、この音が聞こえるとゾウが実際に遠くのほうへ移動し、特定の警告音を発する。私の学生は全員、これを警戒音だと評価した。次に、ほとんどの人々が心を落ち着かせるような音を聞かせた。ネコが喉をゴロゴロと鳴らす音だ。これはたいてい気持ちよい音として評価される。だが、次に私はひねりを入れた。ネコが喉を鳴らす音のサンプルを取り出し、振幅変調速度を毎秒数回から数百回まで上げると、警戒するハチのような音になり始める。落ち着かせる呼吸のような音を取り出し、繰り返しの速度を上げ（そして少しランダムな要素を加え）ると、音の感情価が根本的に変わる。おそらく以前の経験や、二つの音の関係におもに基づいている。[*] それまでの関係がどれほど強力でありうるかを示す別のデモ実験では、私はラチェット音［自転車の後輪を空転させたときの音］のようなジージーと連続する音を出す。スライド黒板の半分に、この音は「歩道に落ちる雨」と書く。私は学生に音を評価するように求める。それはすてきな音だろうか、楽しい音だろうか、愉快な、あるいは不愉快な音だろうか？ ほとんどの学生は心地よく感じるといい、雨が降っているがあまり長くは続かない午後のことを思い出す。そして次に、黒板をスライドさせて、「ミールワーム［飼育動物の生餌としてよく飼育されるゴミムシダマシの幼虫］が実際にコウモリの死骸を貪り食っていたところ」という一行を見えるようにする。平静の様子の学生たちが〇・三秒ほどで「うえええええ」となるさまは、彼らの脳のなかでニューロンが融けていくのを目の当たりにするかのようだろう。

それに対して、音がないことについてはどうなのか。とりわけ通常は騒々しい状況においては、静寂は並外れて強力な感情的音響事象でありうる。私たちは常に背景雑音を潜在意識で監視しているので、外の音が突然消えると、注意と覚醒が制御する周波数帯域が実に広く使えるようになる。その完璧な例として、古い映画に次のようなお決まりの描写がある。ふたりの探検家がジャングルをさまよい歩いている。一方が立ち止まって「あれが聞こえるか？」という。もう一方が「何も聞こえない」と答えると、それに対して最初のほうが「確かにそうだ。静かすぎる」というのだ。音を感知することよりもゆっくりとだが、音がないことを感知すると注意と覚醒が増すという一連の反応が誘発され、それによって、耳の利得、すなわち感度をあげるという内部メカニズムに至りうる。このように静寂による覚醒の高まりは、驚きや恐ろしい音による覚醒の高まりと同じ効果がある——感情的なそなえを高める。デニス・

パレとドーン・コリンズによる研究では、一連の音色のあとの静寂時間に対する条件反応を調べ、静寂時間に血圧が上昇し、同期する細胞が着実に増加することを示した。これは不快なことが起きる前の静寂の予測は、不快な刺激や恐ろしい刺激の学習にとって重要だということを示唆する。その場にふさわしくない静寂は、それ自体はそれほど恐ろしくないが、何かが足りない、間違っているという信号を脳の至るところに送り、よくないことに対してあなたがそなえるようにさせる。それは夜中に森でコオロギの鳴き声が聞こえないのと同じぐらい基本的なことで、あたりを自分の足音以外の何かが歩きまわる音が聞こえないだろうか、と後脳に考えさせることなのかもしれない。あるいは、カリフォルニア大学デーヴィス校のキャンパスで非暴力により抗議する学生たちに向かって警察官がペッパースプレーをかけたという事件のあと、学長が通りかかったときに学生が完全な無言を貫いたこと——不服従の無音による社会的警告——と同じぐらい複雑なことかもしれない。

音はネガティブな反応を生み出すには非常に効果的だが、世界はほかの感情を呼び起こす音に満ち溢れている。ロングアイランド鉄道の待合所が近い、ニューヨークのペンステーションを訪れたことがあるなら、とりわけ美しい場所というわけではないことを知っているだろう。ところが冬の真っ只中のある日、いつも遅れる列車を私が待っていたとき、突然鳥がさえずっているのが聞こえた。まず考えたのは、ここらのコマツグミが駅に入ってきて、楽しげに鳴いているのだろうということだった。彼らは死

[＊] とはいえ、なかには「どこにでもある」感情的関係によって起こる問題もある。ネコが喉を鳴らす音を聞くと無条件に身震いする女子学生がいた。授業のあと本人に、不快な様子だった理由を尋ねると、彼女はネコも、ネコに関係するものも苦手にしているとのこと。ほかのほとんどの学生が快く感じる音に対し、彼女は自分の個人史によって反応パターンを変化させていた。

ぬまでセントラルパークで凍えているわけではないので。ところが、あたりを見回すと鳥の姿はなく、スピーカーがうまく隠されているのに気がついた。スピーカーから長くてエンドレスな繰り返しで、自然な鳥のコーラスに（まあまあだが）聞こえるような録音が流れていた。それは感情工学の成果の一端だ――田舎や春の朝に関係する音を流せば、そのあいだ小便にまみれた柱に囲まれ、とんでもなく遅れている列車を待って、ストレスでいらいらしている何百もの通勤客の緊張を和らげてくれるだろう。

ポジティブな感情の基本は、それを引き起こしたのが音でもそのほかの何であろうとも、ネガティブなものよりも理解しにくいことだ。ポジティブな、あるいは複雑な感情の根拠をなす単純な解剖学的領域は存在しない。その理由はおそらく、恐怖心やそのほかのネガティブな感情は、逃げ出すか戦うかといった生き残るための行動を引き起こすが、もっと複雑な感情は、発達や行動や文化の問題に絡むからだ。私にとって性欲をかき立てるもの、好奇心をそそるもの、くつろがせてくれるものは、あなたにとっては、退屈だったり恐ろしかったりするかもしれない。愛のような複雑な感情を動物を使ってモデル化しようとして多くの試みがなされてきた――結局、「私たちは電極を人間の脳に差し込んで愛の領域を特定して神経トレーサーを注入し、次にその脳を薄切りにして愛がどこにあるかを確かめる」ということでは、まともな実験にはならないのだ。科学者の研究は、ネズミからアシカまですべての動物で、母親が子の世話をすることや、プレーリーハタネズミ（彼らは、人間がポジティブな社会的交流をしているときと同じ神経伝達物質のオキシトシンを放出しているらしい）のつがいの絆や、ゾウや霊長類が死者を弔う行動にさえ及んでいる。

ところがこれらの比較研究のいずれにおいても、種の垣根を越えて、恐れや怒り、あるいはそのほかの反応をもたらす感情よりも複雑なものを研究するのは困難だ――私たちは、ほかの種がもっと微妙な感情を経験するかどうかはまったくわからない。マウスはもうすぐごちそうをもらえることを意味するベルの音を聞くとうれしいのだろうか？　あるいは、間もなくもらえる報酬との関係だけだろうか？最近の神経科学では、報酬経路とシステムの識別で、複雑でポジティブな感情の源として、たとえば中隔核と側坐核のようなものを特定するようになってきている。両者の構造は、快楽を求める行動に大いに関与する。かつて一九五四年にジェームズ・オールズとピーター・ミルナーは、刺激を与える電極を中隔核に差し込むと、ラットが興奮し続けて餌や水さえ無視するというのを実際にやってみせた。側坐核はコカインやヘロインといったドラッグによく反応するので、嗜癖行動を満足させる際の報酬を生み出すために重要な部位と考えられる。どちらの部位も、潜在意識の基礎をなす皮質深層部の構造全体に、込み入った接続をしている。側坐核も、腹側被蓋野からのドーパミン作動性入力を非常に多く受け取る。腹側被蓋野とは、蝸牛神経核につながる深い脳幹にあるものを含め、脳全域に双方向的に接続する領域である。基本的な聴神経核からの比較的速くて深い接続経路には、皮質のほかの全領域からの大量入力が結合している。そうした接続経路の存在は、扁桃体で見つかる配列に似ており、二〇〇五年の研究で側坐核は音楽によって生じた感情状態の変化に関与することが示された。

ところがそこには問題がある。神経イメージングは生きている人間の脳内を、ジュネーヴ条約のもとに訴えられるようなことをせずに詳しく調べることができる。ポジティブな感情を対象とする現在の神経科学研究のほとんどは、ｆＭＲＩを利用した神経イメージングによるものだ。ｆＭＲＩは、刺激による特定の脳領域の血流増加の場所を示すのだ。非常に多くの研究が、愛情や愛着といったものの基盤を調べたと主張しているが、そうした主張を突然やめてしまうことがあまりにも多い理由は、簡単にいうと、複雑な刺激は複雑な反応を引き起こすが、それを測定するツールとしてｆＭＲＩは粗すぎるからだ。

かなり話題になった例の一つには、科学論文で報告されたものではないが、ニューヨーク・タイムズ紙にマーティン・リンストロームが書いた論説がある。彼は有名なコンサルタントで、私たちがどのように判断して何を買うかということを研究する神経経済学の分野で、いくつかの興味深い仕事をした。彼がレポートした研究には、アイフォンを鳴らしたり振動させたりする音や画像に対する若い男女の反応を調べたものが含まれていた。レポートの主張によれば、被験者は、アイフォンの音を聞いただけでも、あるいはアイフォンを見ただけでも、視覚皮質と聴覚皮質の両方が活性化されたという。論説ではこれを、彼らが多感覚統合を経験している証拠であるとしていた。さらに、ほとんどの脳活動は島皮質(とう)で見られ、その領域はいくつかの研究がポジティブな感情に関連することを示しているので、被験者たちはアイフォンを愛しているのだ、と主張した。

このタイプの主張は、神経イメージングの研究に疑問を抱かせるはずだ。商業的利益にあてはまる場合はなおさらだ。そして実際に、それに触発されて四〇人以上の科学者が、論説に対する反響を寄せ、その研究についての重要な問題を浮かびあがらせた。第一に、島皮質を「愛と思いやりの感情と関連」すると見なすことは意味がない。というのもこの脳領域は、すべての神経イメージング研究のうち、およそ三分の一で活性化するからだ。第二に、島皮質は――ほかのほとんどの脳領域と同様に――脳が指令を出す多くの活動に関与していることだ。それは、心拍や血圧の制御から、胃袋や膀胱が満タンだと知らせることまで多岐にわたる。実際に働いているほとんどすべての内向きのプロセスが、島皮質に関わっている。よって、島皮質をあなたがアイフォンを愛するようにさせる場所と見なすことは、大きな宣伝効果はあったが、科学的主張としては非常にお粗末だった。

私たち神経科学者は、神経トレーシング法や、ＥＥＧ、ｆＭＲＩ、ＰＥＴ(ポジトロン断層法)のスキャンを大いに気に入って使っているのだが、複雑な心の大部分はまだブラックボックスだ。被験者が感じることを測りたいときに、私たちはときどき懐かしのテクニックに頼らなければならない。被験者に質問するのだ。質問票で被験者の反応を集めることは、誰かをfMRI装置にかけることよりもさらにいっそう広くカバーをするアプローチだが、あなたが脳のかなりの部分を正しく特定しているなら、それによって懸念よりむしろ、実際の認知や感情反応での理解を得られる。それでもやはり、質問票には限界が伴う。質問事項は、被験者にバイアスをかけないように注意深く作らなくてはならない。被験者は、実際に自分がどう感じるかというよりも、自分の答えとして期待されていると思うことの認識に基づいて答えるかもしれない。実験室や教室といった実験を受ける環境は、被験者にとって自分の感情と関連するだろうから、被験者の答えは環境によって変わる。ときには、実際に感じることを「気持ちいい」から「不快だ」まで、「興奮させる」から「落ち着かせる」までの直線的な目盛では表現できないこともある。その一方、このテクニックの長所は、fMRIスキャンを稼働するとしたらかかるはずのお金が浮くのでたくさんの協力者たちに支払えることだ。人数が多いと、心についての複雑な質問に答えを出そうとするときに、統計的検出力が高くなる。(その上、こうした統計データは、次にもっとお金のかかる試験を行うための基礎になる)。

驚くほどのことではないが、音は、最も日常的に強く感情を刺激する。多くの標準化された心理学データベースは、感情価をさまざまな非言語音に割りあてている。[*] このデータベースは数十年間使われて

---

[*] とはいえ、人間に関するほとんどの研究が、二千円ほどの臨時収入か追加の単位取得をほんとうに必要としているアメリカの大学生から引き出されたということには、留意しておくべきだろう。

いて、たくさんのデータが蓄積されたので、ほかにＥＥＧからｆＭＲＩまで、よりテクノロジー指向性の高い技術を利用する研究の基盤として用いられている。だが、こうした基盤を伴う技術を利用してさえ、潜在意識の反応に操作的定義［科学的研究のために特定の概念をきちんと定義すること］をあてはめるための問題にぶつかる。あなたが、一五世紀の理髪師あるいは錬金術師、魔術師で、音への感情反応を分類するのにほんとうに興味を持ったと想像してみよう。デジタル録音装置はないので、あなたはカーテンを引いた暗い部屋に被験者を座らせて、彼らの見えないところで音をたてる。彼らはそれがジョスト［ヨーロッパ中世で行われた騎士による馬上の一騎打ち競技］の鎧（よろい）がぶつかる音だと、非常にわくわくして楽しいと思うが、その一方でイノシシの低いうめき声は恐ろしいと感じる。次に同じ音を二一世紀の誰かに聞かせる（ただし『ゲーム・オブ・スローンズ』といった中世冒険ファンタジードラマは見慣れていない人に限る）。鎧が激しくぶつかる音にはおそらくわくわくするがうるさいと感じられ、それに対してイノシシの鳴き声は、村人の半分を殺したやつというより、何らかの動物の単なる鳴き声と感じる。たとえば、あるデータベースで、最も楽しい音として評価されたのは、ジョーン・ジェットの「アイ・ラブ・ロックンロール」のイントロで、一〇秒のサンプルだった。これが最も楽しい音として選ばれるのは奇妙に思われる——ただし、このデータベースが現れたのは一九九〇年代で、この曲が大ヒットしたのは一九八一年だったということを考慮に入れれば、奇妙とはいえない。データソースになった被験者たちの大部分は、ＭＴＶを見た感化されやすい一二歳以下の子どもたちだった。この特定の音響効果の人気は、長く続くとは思われない。ところが、きわめて不愉快と評価されるものの一つ——子どもがひっぱたかれて泣き出している音声——は、今後も不愉快と評価され続けるだろう。

馴染みのある音はより速く処理され、そして人間一般に重要なことを含むもの、たとえば小さな子がかわいそうな目にあったようなことを耳にすると、強い感情反応が起きるだろう。たとえ、幼児が六時間泣きっぱなしだった飛行機に乗り合わせて、その子どもをひっぱたきたいと思った経験があったとしても。ところが、二〇〇八年のほかの研究でメラニー・アシュリマンらは、いろいろな音量と長さの多岐にわたる音を使うと、人為的な処理を過剰に取り込みうると指摘した。人は一〇〇分の一秒以下で音に反応できるので、長さ一〇秒のサンプル音は聞き手に、最後の数秒だけに対する反応や、内在する重要度に基づいたメカニズムによる反応を引き起こしうる。「最も不愉快」との評価は、子どもが虐待される音を聞くことではなく、近くで長時間子どもが泣き続けたという以前の経験に基づいているのだろう。この研究では、若干異なる評価測定基準を用いて、二秒間の音サンプルに基づくまったく異なるデータベースが提案された。そのサンプルは複雑な音や会話ではなく、人間の非言語的音声（叫び声、笑い声、性的な音声）、あるいは目覚まし時計のような人間以外の音だった。こうした非常に短いサンプルを使った研究者たちが発見したのは、長いサンプルの評価と多くの共通性があり、感情価は非常に素早く作動することであった。とはいえ、いくつかの興味深い事実も現れた。第一に、ネガティブな感情価が含まれる音は、同じ振幅（音量）でも、より大きい音として知覚されがちだということ。第二に、最も強い評価は、感情的にポジティブなものに分類された音と関連があること。そして最後に、どの分類においても最も強い感情反応を引き起こした音は、人間の発した声ということだ。

最も強い感情反応は、生き物からの音、特にほかの人の声によって生じる反応だという傾向がある。機械音や環境音は、あなたの注意を引きやすいが、感情反応をどのくらい強く引き起こすかという点ではおおむねたいしたことはない。ただし、目で確かめたいような明確な危険を知らせる音（落石のような音）であったり、あるいは、その音が何かを強く連想するもの（たとえば海辺での波の音）であったりする場合は別だ。生き物によって故意にたてられた音は、ほとんど必ずコミュニケーションに関するもの——イヌのうなり声、カエルの鳴き声、赤ちゃんの泣き声——で、たいていいつも調和的だ（誰かが悲鳴を上げると身がすくむといった、自分の感情反応をもたらす調和性とは異なる）。

人間の音声（音声言語を含むが、それに限らない）と、私たちと大きさが同レベルの動物の音声は、私たちの最も感度の高い周波数帯域にあるので、私たちには最も聞き取りやすい——背景から飛び出して聞こえるだろう。さらに、以前に聞いたことのある音のほうが特定しやすく、より素早く反応できる。その上、音声言語のような複雑な入力よりも、音色や音量の変化のような低レベルの感覚情報のほうを速く処理するという事実を加味してみよう。すると、私たちが音の感情的な要素に素早く反応できる理由がわかり始める。低いうなり声が威嚇しているのを知るのにイヌに咬まれる必要はないし、激しい吠え声が縄張りに近づきすぎているためだということを知るのにリスに襲われる必要もない。全般的に見れば、どんなコミュニケーションでも、だいたいまずは聞き手側の感情反応を呼び起こしている。人間はその上に意味内容をぴたりとくっつけるだけで、地球で最も知的な生物という肩書をかろうじて与えられている。

私は人間の音声言語の複雑さを掘り下げる（そのためには本書を三倍の厚さにする）つもりはないが、コミュニケーションの感情的基盤は、何がいわれるか、ではなく、何かをどのようにいうかという音響特性に依存し、話されている言葉のフォルマントには無関係で、ある程度は何語で話されているかにもよらない。この音色の流れを韻律という。チャールズ・ダーウィンが、人間の音声言語に先行するものとして初めて韻律について考察し、その考えは今でもある程度通用する。神経イメージングとＥＥＧの研究はどちらも、韻律が脳のウェルニッケ野（他人の話す言葉を理解する働きをする）ではなく、右脳で処理されることを明らかにしている。たいていの人々の言語処理中枢がある左脳とは反対側だが、右脳の領域のほうが、文脈上の処理や空間的処理、感情処理にとっては重要である。

簡単なデモ実験をしてみよう。ただ一言「はい」といってほしい。それでは、あなたは今、宝くじに当選したのを知ったということにして、そういってみてほしい。今度は、あなたが誰にも知られていないと思っていた自分の過去のことについて、誰かに尋ねられたということにして、同じことをいってみてほしい。次に、とても退屈な人事面談で自分の仕事をどれほど気に入っているかについて、四〇回目の「はい」と答える場面だとして、それをいってみてほしい。最後に、あなたは仕事を失いたくなくて、ひどく恐ろしい契約に応じざるを得なくなったところということにして、いってみてほしい。言語的にはどれも肯定を示したが、感情的な意味はそれぞれで違っていた。あなたはその言葉をど͘の͘よ͘う͘に͘いうか、つまり全体的な音の高さ、音量、タイミングを変えたのだ。そして、あなたと同様にその言語を母語とする聞き手が汲み取るのは、言外の意味だろう。場合によってはこちらのほうが、口に出した言葉の表面上の意味よりもいっそう重要なことさえあるだろう。たとえば合成音声では、特に古いものほど理解するのが難しくなることを考えてみよう。一九八〇年代から一九九〇年代後半までの合成音声は、ほとんどが録音された音素の再生で、韻律の流れを頼りにしないものだった——言い換えると、そうした音声は、ロボットが話しているようだった。今日でさえ、合成音声をもっと「人間らしく」するために何億円も注ぎ込んでも、なお、人間の声とは違いが聞き分けられる。たとえば、アイフォンの「オペレーター」のシリ（Siri）でもそうだ。

ロボットの声に通常の感情的潜在要素が欠けていると、親しみを感じにくくなるだけでなく、それによりロボットに応対したときにほとんどの人が感じる苛立たしさも感じさせられる。たとえそのロボットが、人間が提供する情報と同じ情報を提供する場合でも。その一方で、『スター・ウォーズ』の人気キャラクター、R2D2が発する非言語音はすぐに理解できることについて考えてほしい。R2D2の「声」は、伝説的なサウンドデザイナーのベン・バートがフィルターをかけた赤ちゃんの声を利用して作った部分や、電話をかけるときのピッポッパという音と分散和音を完全に合成して作った部分がある。このフィクションのロボットが興奮したり、あるいは動揺したり、喜んだり、悲しんだりすると、どの場合でも観客はR2D2のCPUで何が起きているのかを確信した。その音には言語的内容がまったく含まれず、もっぱら韻律的な音色の構造や内容でできていたにもかかわらず。とはいえ感情の韻律的な理解は、人間の言語とコミュニケーションの一部分であって、少なくともある程度は言語に依存する（R2D2の「声」は、実際に英語話者によって生み出されたものだ。ネイティブとしてロシア語を話す何人かの私の友人は、R2D2のいっていることを理解するのに何も問題ないといっているが）。

これが、韻律はユニバーサルな言語ではない理由だ――鳥のさえずりは、春の朝を思い起こさせるので私たちは落ち着いた気持ちになれるが、実際にその声を発しているコマツグミは、たくさんのコウチョウが自分の巣に侵入していたことに怒り狂っているのかもしれない。だが、それは人間のコミュニケーションに関する進化の興味深い疑問をいくつか引き起こす。韻律は、人間の最初の言語よりも先に生じたのだろうか？　音響的にコミュニケーションをとるすべての種には、強調するには音量を上げるとか、サイズが大きいことや優勢であることはより低い音で示唆するとか、緊急のときはより速いテンポにするといったような、何らかのユニバーサルな要素が存在するのだろうか。そして、言語学者が声調言語（標準中国語など）か非声調言語（英語など）のカテゴリーに言語を分ける習慣があるにもかかわらず、言葉の基礎構造である音素でさえ、私たちの音の出し方の基礎にある生物学に基づいた言語どうしで共通する音響要素を持っている。デボラ・ロスらによる最近の研究で、標準中国語と英語で男性と女性の発話による音素の周波数分布を調べると、同じようなパターンが現れることがわかった。声調言語と非声調言語のどちらでも音声言語は、通常およそ一二声調か、半音階的音程の割合で構成されている——音楽の一二音階はごく普通に知られている。人間の非声調言語でさえ、基本は、音の数学的理解に根差している。では、これらの数学的関係はどのように感覚や情動、コミュニケーションと結びつくのだろうか、という疑問が湧いてくる。そういうわけで、私たちは科学がかつて直面した問題で、最も難しいものに向き合うことになる。音楽である。

第6章

誰か、「音楽」を定義してください（そして、その定義について音楽家と心理学者、作曲家、神経科学者、それからアイポッドを聴いている人の同意をもらってください……）

本書を書き始めたころ、フォックスファイア・インタラクティヴ社のブラッド・ライルから、3Dアイマックス映画［アイマックスは、通常の映画よりもサイズが大きい動画フィルム規格と映写システム］の音についての映画『ジャスト・リッスン（ただ、耳を傾けて）』の科学顧問を引き受けてくれないかという誘いを受けた。私はそのアイデアそのものに感銘を受けた――どのようにして3Dアイマックス映画のような没入型の視覚的媒体を用いて、音のような非視覚的なものをテーマにするのだろうか？ ところがブラッドには、教育と相互作用についての驚くべきアイデアがあった。彼は人々の注目をあらためて集める媒体を提供することで、人々に自分たちがどっぷりと浸かっている音の世界について知ってもらいたいと考えている。彼が私に関して興味を抱いたのは、私がいくつかの研究で、コウモリは世界をどのように認知しているのかを視覚化したためだ。私は、水晶のようなガラス素材でできた仮想物体でアニメーション世界を作って、通常の光のパラメーターを音のパラメーターに置き換えれば、音響の瞬間的な輝きの世界を作り出すことができて、そのなかで見ている人と物体が動くにつれ、目で見える三次元の形を作り出すと考えた。これによって、コウモリはどのように耳を使って世界を認識するかを理解し、人間にとってはより普通の視覚的モチーフに変換できる。

けれども、私がコウモリをとても愛していることや、コウモリが私たちに身近で珍しくないこととは裏腹に、たいていの人々がコウモリについて思い込んでいることは、実体とかけ離れている。そして、音について勉強したほとんどの人は、非常に数学的な物理学ベースの、あるいは心理物理学のアプローチをとりがちだ。科学に基づくアイマックス映画を見にいく人のほとんどは、近接場効果や周波数に依存する音響空間について学ぶために映画館にいくわけではなく、経験するためにそこにいくのだ。ブラッドと私は動物のコミュニケーションから人間の空間の音に至るまで映画のあらゆる要素を話し合い、そこには、映画が始まるとすぐにすべてを結びつけるものが必要になった。そしてもちろん、すべてを結びつけうるものとは、誰もが手に入れる数学の一種であり、私たちすべてが楽しみ味わう複雑な神経現象であるもの、それは、音楽だ。とはいえその映画は、ただの普通の音楽を用いることはありえなかった——その音楽とミュージシャンのどちらも見事なばかりでなく、音楽と精神のまさに本質について教えられなければならなかった。そういうわけで、二〇一一年八月に妻と私はバンクーバーへ出向き、『ジャスト・リッスン』チームとともに、驚くべきミュージシャン、デイム・エヴェリン・グレニーのレコーディングの仕事に加わった［「デイム」は、大英帝国勲章のデイム・コマンダーを受章した女性に許される敬称］。

あなたがグレニーの仕事をよく知らないとしたら、実に驚くべき美しいものをこれまで見逃していたといえる。グレニーは世界的に有名なパーカッショニストであり、二〇世紀にソロ活動していたパーカッショニストは彼女だけだった。ほとんどの人はパーカッションといえば、実際の音楽で単にビート（拍）を与えるだけのものと考えるか、あるいは、たいていのロックコンサートでお定まりの一〇分間のドラムソロを身動きとれずに聴かされた結果として（ドラマーの母親以外には）生じた苛立ちと頭痛に関連するものと考えるか、のどちらかになりがちだ。ところが、グレニーは、マリンバやシロフォンから、ウォーターフォンのような一度聴いたら忘れられない特注の奇妙なものまで二〇〇〇種類近くの楽器を所有しており、それらを演奏する。私は彼女が自作の短い曲を演奏するのを見て、彼女が楽器を奏でるというよりも、部屋そのものをたっぷりと奏でていることに魅了された。彼女は素足で約一・八メートル幅のコンサートマリンバに歩み寄り、慎重に自分の身体と楽器の位置を定め、つま先立ちになり、頭を後ろへそらし、四本のマレットで鍵盤をたたいて最初の音を出し、部屋全体を鳴り響かせたのだ。

私は近くの楽器をひっくり返さぬようステージの端で背を丸めて座っていると、ステージが震え、音の壁が空間を満たし、跳ね返って高波のように音源に押し寄せるのを感じた。彼女が次の音を出す数秒前に、彼女の背後にある誰も弾いていないグランドピアノの弦の音が聞こえた。彼女の打鍵音によって生じた近接場の力と共鳴していたのだ。それはあたかも、彼女が音波の彫刻を作り出して最初の数秒間の進路を変えたかのようだった。それで思い出したのは、何年も前に同じバンドの仲間にいわれたことだ。「音楽は録音できない。せいぜいその音楽の「攻略本」をとっておけるぐらいだ。君は音楽の存在する部屋のなかにいなくてはならない。さもなければ、音楽を利用して君の両耳の間の空っぽな空間を満たしているにすぎない」と。デイム・グレニーは曲の続きを始めて、身体中を使って楽器を弾いていたが、そのあいだはずっと素足を床にぴったりとくっつけて、頭を後方へ傾けたまま、マリンバからの振動に首と身体をさらしていたので、私は自分の目の前にいる人物が、科学的に音楽を扱う際の複雑さを体現する人物だということに気がついた。エヴェリン・グレニーは、音楽で空間を満たしていた。

ああ、そしてちなみに、グレニーはほとんど耳が聞こえない。

文字どおり数千年にわたる音と音楽の研究は、ピュタゴラスによる音程の数学的な研究に始まり、ごく最近のｆＭＲＩ神経イメージング研究まで、聴覚現象として音楽を扱っている。神経科学と心理学の研究では、音楽が耳によってどのように感知され、脳によってどのように認知されて処理され、ついに心による反応に至るのかが調べられる。よって、それらがすべて正しければ、デイム・グレニーが音楽を作り出すだけでなく、それ聴くというのは、どういうことなのだろうか？　彼女の定義する音楽と音響は、科学論文で読むこともある定義のいずれとも異なっている。私は彼女に簡単な質問をしたが、科学会議では激しい議論が起こりそうな質問だ――「音楽とは、何ですか？」。これに対する彼女の答えは、音楽とは身体の全部を使って作り出し聴くもので、ただ耳を通り抜けるものではない、ということだった。

このような状況に置かれた科学コンサルタントには、若干のゆとりがある。私以外の誰もが、3Dカメラを設置したり、マイクを吊るしたり、電源を調整したり、たいていは次のレコーディングがうまくいくよう確かめているあいだに、私は自分の機材を設置する。グレニーは耳が完全に聞こえないわけではないが、高周波音の情報はほとんど入らないということを私は知っていたので、ある実験を設定した。私はいつも使用する二つのバウンダリーマイクをステージ上のカメラに入らない位置で、彼女が踏まないような場所に設置した。このタイプのマイクは、ライブ録音中にステージ全体の音を拾うために用いられることが多く、人の可聴域よりわずかに高い約二万二〇〇〇ヘルツまで拾うことができる。ほとんどの楽器は周波数帯域の上限がおよそ四〇〇〇ヘルツなので（これは興味深いことに、人間の聴覚有毛細胞が位相固定する上限周波数と同程度）、このマイクの性能は過剰に思われるかもしれないが、割れた音のする安物のスピーカーで音楽を聴いたことがある誰もが知っているように、そうした高周波要素がなければ、音楽は死んだような響きになる。バウンダリーマイクの隣に置いた二つの受信機は、低周波音と振動だけを拾う地震マイクで、人間の聴覚帯域をはるかに下回る超低周波帯域の音も拾うのだが、一秒あたり数百周期に達する最高感度を持つ――これはデイム・グレニーの持つ聴覚感度の帯域とだいたい等しい。これらすべてを携帯用デジタルレコーダーに取り込むことで、正常な聴力を持つ人々に聞こえる帯域の音と、それと同時に低周波の衝撃と振動に限定したバージョン、つまりグレニーに聞こえるのに似ているものと、どちらも記録することができた。

ここに示した二つのグラフは、一方が、人間の耳と同じように音響を拾うマイクを使って録音したもの（図A）で、もう一方が、数百ヘルツ以上で干渉する振動からの歪みだけを示す地震マイク（ジオフ

図A

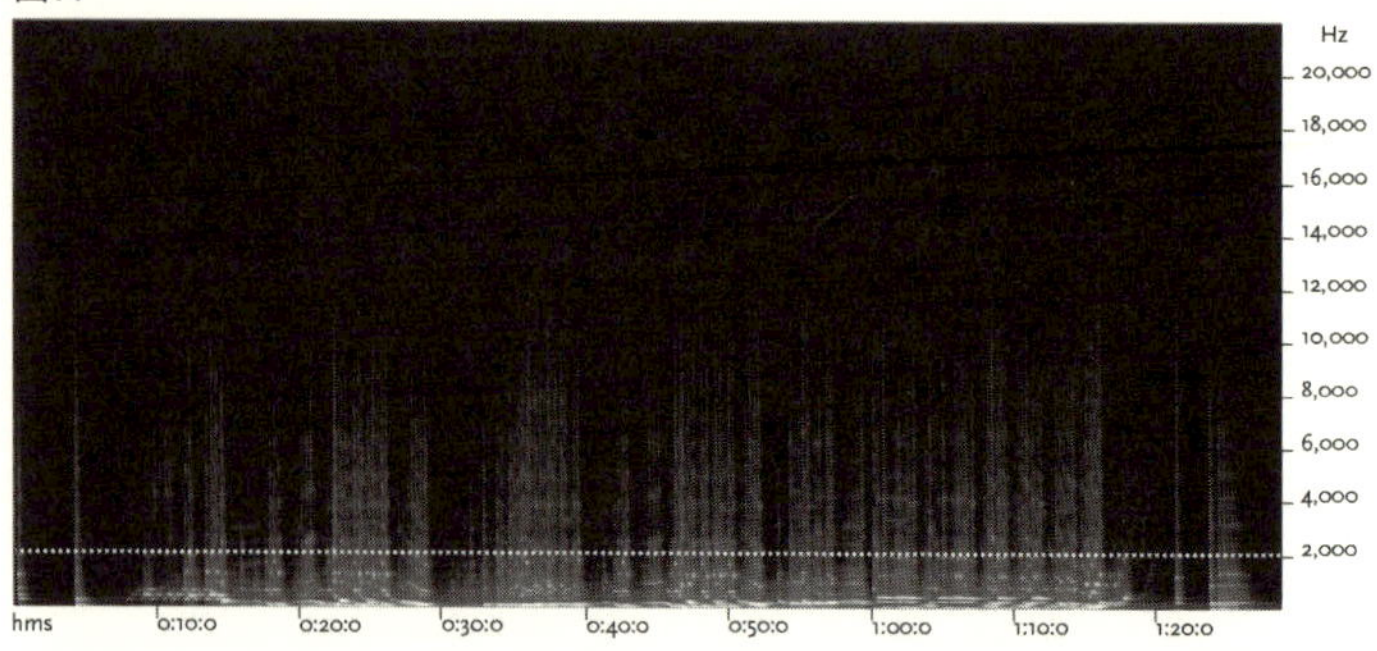

図B

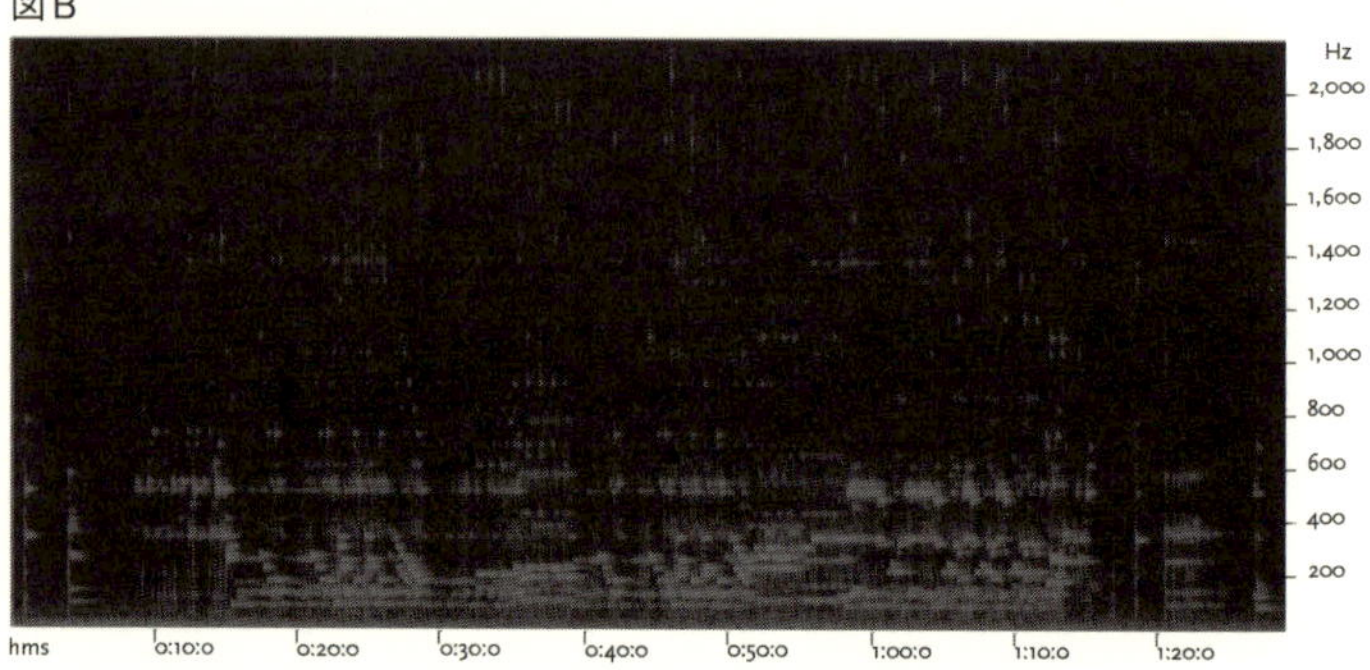

（図A）マリンバによる短い曲の録音。スペクトルは、時間（横軸）の経過に対する、バウンダリーマイクで反応した周波数（縦軸）を示す。バウンダリーマイクはゼロから22キロヘルツまでの帯域。横に引いた点線は、ジオフォンの記録の２キロヘルツのカットオフ周波数を示す。
（図B）マリンバによる同じ曲をジオフォンで記録したもの。スペクトルは、時間の経過に対するジオフォンで反応した周波数を示す。２キロヘルツでカットオフしている

ォン）を使って記録したもの（図B）で、両者は同時に記録したものなので、グラフで両者の違いが比べられる。図Aでは、縦に伸びる規則的な濃淡の縞のなかで曲の和音構造がわかり、マレットの打鍵による明るい領域を追っていくと曲のテンポが判読できると同時に、鳴らされた各音の周りに反響音の「雲」が見てとれる。雲を形作る反響音は、部屋を満たし、跳ね返り、変化する各々の音からできている。これこそが、ラ

イブ音楽や見事に後処理された録音で聴く複雑さのレベルなのだ。ところが、ジオフォンによる録音のスペクトログラム（図B）を見ると、マレットが打鍵する一回ごとの時点に幾何学的な形が表れていて、それが何もないスペースにはさまれていて、その形は高さが音響の録音の一〇分の一までにしかならない。そのパーカッションの打鍵で、楽譜がほとんど読み取れる。[*] これら二種の録音を比べると、前者のほうが音響的に豊かなのは明らかで、私たちの脳はそうしたものを知覚し、解読し、感情反応につながるように進化してきたのだし、「音楽的」とみなすのもこちらだ。ところが、後者の低周波数のほうが、発信源、すなわちミュージシャンのデイム・グレニーが実際に知覚するものに近いのだ。私たちは、ほとんどがおそらく（私と同様に）目を閉じたまま、そこに座って彼女の演奏を耳で聴いているが、それに対して彼女は、素足をとおしてステージからの振動を拾い、共鳴パイプからの音波が彼女の下半身や首を振動させるのを感知し、打鍵の衝撃の反作用が両手両腕から身体中へ伝わるのを感じている。そうした振動のなかには頭蓋骨を共鳴させるものさえあり、そうした振動は骨伝導によって低周波音を直接もたらしている。グレニーは身体をまるごと使って、振動を感知し、このことを彼女は――的確に――音楽と名づけている。まさにこの点に、科学と音楽のあいだで常に対立する問題の核心が存在する。「音楽とは何だろうか？」

音楽を研究する科学者が直面しているきわめて大きな問題の一つは、科学そのもののまさに核心部分にある。科学の本質は、現象を観測して、現象に疑問を持って、仮説を作って検証して、うまくいって

[＊]　楽譜に馴染みのない人のために説明すると、実際に楽譜は、時空のパターンで音を表す縦軸に一連の黒丸や白丸が置かれているので、むしろ地震マイクによるスペクトログラムのほうに似ている。

いるものをさらに先に進めて、うまくいかないものを（私たちが正直かつ、政治的資金が提供されすぎていなければ）棄てることだ。ところが、どんな仮説でも始めの時点では、操作的定義を行うことが必要だ。何を検証しているのか？　何を研究しているのか？　研究しているものを代えずに何のパラメーターを変えられるか？　だが、よく知られているように音楽はこの方法ではとらえにくい。実際本章のタイトルは、私が音楽と脳についての講義をそのように始めることに由来している。たとえ私がうぬぼれ屋のように見えても、そうではない。私はこれまで、ミュージシャン、作曲家、サウンドデザイナー、プロデューサー、そして科学者という役をこなしてきたが、そのうち二つか三つの役の自分で、満足できる定義を出すのがせいぜいだ。

科学は、何世紀ものあいだ音楽に取り組もうとしてきた。この三〇年間で私は、科学と音楽の関係について本を四〇冊ほどと論文を数百編読んだ。耳や脳幹、皮質における音楽の生物学的基盤、音楽の認識の心理学的基礎、音楽の認知や、それと知性や精神との関係、といったものだ。それは、一九世紀初期にクリスチャン・シューバルトによる各コード（和音）に感情を結びつけたナンセンスな話がたっぷり書かれたものから、音色の認知についてのヘルムホルツの古典的な研究まで多岐にわたる[*]。これまでには、特定の周波数で鳴るガラスの器のような単純な楽器を使うものから、現代の理論家にはお気に入りの神経イメージングのような最近のテクノロジーを使うものまで、さまざまな研究が行われている。考古学者までもが、三万五〇〇〇年前の鳥の骨製フルートを発見してこの研究分野に参入し、人間と音楽の関係をクロマニョン人の時代までさかのぼって考えている。

ところが、音楽に科学的に取り組むためには、それが何であるかという優れた操作的定義が必要だ。私がこれまでに見てきた定義づけは、辞書のような「正確な時間的構造のなかに配列した一連の音」（これはすべての環境音楽、ハードコアジャズ、および西洋音楽ではない膨大な量の音楽をおそらく除外することになる）から、鳥の鳴き声やゴリラが胸を叩くようなものまで含むことになる認知的な「音響感情のコミュニケーションの形」まで、数十にも上る。

音楽は科学的分析がしやすそうに見える。音楽は秩序をもって（あるいは、意図的に秩序を乱すのでランダムではなく）時間的配置された音でできている。音楽は私たちが何世紀にもわたって分析ツールを投入してきた周波数、振幅、時間という三つの要素をコントロールする。ところがひとたび実際に楽器を手に取って十分にコントロールして演奏し、聴衆から反応を引き出すと、たとえ聴衆が自分だけだとしても、音楽とは、音符やタイミングや、それらの要素間の心理的緊張の高まりと緩和ではないし、聴く前や聴いているあいだや聴いたあとに演奏者や聴き手がどう感じるかですらないことがわかる。

それでもなお、音楽にはこうしたものがすべて欠かせないので、私たちはお手上げ状態だ。音楽はグローバルで主観的なテーマである。ご両親に、あなたが好んで聴いている「騒音」についてどう感じるか聞いてみよう。あるいはあなたのお子さんたちに、なんで「くだらないもの」を聴いているのかと尋ねてみよう。しかも科学は、主観性を持て余す。正確さとテスト可能な定義がなくては、結局「Dマイ

◆

[＊] シューバルトの『音楽美学の理念（Ideen zu einer Ästhetik der Tonkunst）』（一八〇六年）は、http://www.gradfree.com/kevin/some_theory_on_musical_keys.htm のほかインターネットのいくつかのサイトで見つけられる。それはナイジェル・タフネルの「Dマイナーは一番悲しいコードだ」という主張に、合っていなくもない。シューバルトがDマイナーを「物思いに沈む女性らしさ、不機嫌、ふさいだ気分」と書いていることは少しいいすぎだが。［訳注：ナイジェル・タフネルは一九八四年のアメリカ映画『スパイナル・タップ』の主人公の一人で、架空のロックバンドのリード・ギター］

[＊＊] ナイジェル・タフネルの『Lick My Love Pump（俺のナニを舐めろ）』を演奏している場合は特に。

ナーは一番悲しいコードだ[**]」といっておしまいになり、たくさんのクラシックのミュージシャンが、バッハの『トッカータとフーガ』やベートーヴェンの『第九』について考えながら同意を示し、同じぐらいたくさんの神経科学者と心理学者が、なぜｆＭＲＩデータで見られないのだろうかと首をかしげることになる。私が音楽と心の関係を見いだそうとしていて興味をそそられるのは、まさにこれなのだ。両者のお互いの複雑さは、互いに鏡に映った像のようなものなので、一方を理解するときに他方の基礎を発見するかもしれない。とはいえ、何百冊もの本や、実施された何千もの研究のうち、両者のつながりをほんとうに理解したものは一つもない。おそらく私たちにできる最善のことは、これを複雑なジグソーパズルのように扱うことで、小さなピースの端の形をよく見て、基本の枠組みを作り出すためにどうすれば合うかを考え、あるいは最終的にはどうなるかを検討して、一方が他方にどのように影響するかを広くおおまかに観察することだ。

端のピースから始めよう。音楽と科学が衝突した一例で私のお気に入りは、音楽のごく基礎的で重要な部分に取り組んだもので、Ｃ・Ｆ・マルンベルグが一九一八年に実施した古典的心理学実験だ。彼は協和音と不協和音の考えを心理物理学的現象として定量化し、明確化することに興味を持った。協和音と不協和音は心理学的なもので、西洋の一二音のシステムにおいて、「よい」あるいは「快い」ものとして聞こえる音の組み合わせに対して、「緊張感をはらんだ」「耳障りな」ものとして聞こえる音の組み合わせという対比が基礎になっている。音楽の主要なレベルで、二つの音を組み合わせることよりも簡単にするのは難しいが、それでもそれの音波の音楽的結果は、私たちが比較的しっかり把握している音響心理学のきわめて複雑な側面だ。西洋の調音で演奏される音階は、各音が機械的に線形的に間隔をあけて並び、一オクターヴが半音ずつの一二段階に分かれている。一オクターヴ上の音は同じピッチだが、周波数は二倍になる。そして音域は、パイプオルガンの超低周波音のC1（八ヘルツ）から、ピッコロの上限音C8（約四四〇〇ヘルツ）まで広がっている。こうした音階の音は、等間隔で並ぶように思われるかもしれないが、そうではない。音程は対数スケールで定義され、音の組み合わせから生じるメジャー（長調）やマイナー（短調）、協和音や不協和音といった音の心理学的性質は、それらの基準音の周波数に対する数学的な比率から現れる。ある一定の音程で鳴る和音は昔からずっと協和音といわれてきた、快く緊張感のない響きで、たとえば、ユニゾン（ある音と同じ音がいっしょに鳴ること。基準周波数との比はもちろん一対一）、オクターヴ（同じピッチの二音だが、周波数は一方が他方の二倍、つまり比が二対一）、あるいは完全5度（比が三対二）［たとえばドとソの二音］といった和音だ。減2度のような音程（同時に奏される二音が半音より狭い音程）［たとえばドのシャープの音と、レのフラットの音で、ピアノの場合は通常平均律なので同じ音になる］、あるいは、音楽的にもっと普通の減3度（比が六五五三六対五九〇四九）［たとえばドの音と、ミのダブルフラットの音で、これはピアノではドの音とレの音になる］でさえ、不協和であるとか緊張感があるといわれる。

協和音と不協和音は、科学的に特徴づけて示そうとすると、比較的単純な音楽的特性のように見える。私たちはみな音程については経験があり（音楽的にも、またそのほか鳥の声から自分たち自身の声まで日常的な音の体験でも）、音楽的音程に対して、少なくとも自分の経験の範囲であっても、たいてい標準化された反応を示す。問題は、この比較的単純な音楽的特性は不変のものではないということだ。歴史的には、いくつかの音程が協和音と定義された。ピュタゴラスは協和音程を最小の音程比で定義したので、ペンタトニック音階（ユニゾン、長3度、完全4度、完全5度、オクターヴ）からの音程だけをそれに含めた。ルネサンス時代に長3度と短3度、および長6度と短6度が協和音に含められるようになった。とはいえ短3度はそのあとすぐに長和音へ動いて「解決する」のだが。一九世紀に、きわめて偉大な音響心理学者のヘルマン・フォン・ヘルムホルツが、倍音を共有するすべての音程は協和音だといい、2度と7度（オクターヴのすぐ隣の音との音程）だけが不協和音であると決めた。事態はさらに複雑になり、二〇世紀初頭までに、音楽家たちははるかに多様な組み合わせの和音を試していて、ロマン派の作曲家だったら耳が聞こえなくなったほうがましだと思いそうな音程を繰り返し使い続けていた。

これがマルンベルグの実験の背景だった。その有名な論文には、ミュージシャンと心理学者が協和音と不協和音の標準化された音階に合意していった基本的側面が書かれていたが、もう一方で、私より年長の同僚数人から聞いたり、一九三八年のカール・シーショアによる古典的著書『音楽の心理学(Psychology of Music)』で読んだりした背景の話のほうが、もう少し興味深かった（あるいは疑わしい話なのにもかかわらず）。マルンベルグは意図的に審査員を、科学教育を受けた経験のない音楽家と、音楽教育を受けた経験のない心理学者から選び、厳密な環境条件（私の古い資料には「実験中はものを食べることやトイレに行くことは禁止」が要求されているものがある）のもとで、音叉とパイプオルガンとピアノで音を出して音程を聞かせた。この実験はまる一年、あるいは、各音程の協和音と不協和音の判定でグループ全員の意見が一致するまで続けられた。[*] こうして彼は、音楽の性質に関する初期の集団心理学的な評価を手に入れて、その研究が今日でも引用される。

そうした社会的複雑性では、知覚の心理学を音に内在する数学に関係づける決定的な唯一のチャートを得ることが求められたにもかかわらず、その研究では基礎となる神経基盤まで深くは追求されなかった。蝸牛が生物学的にさらに理解されて初めて、音程と神経科学のとりわけ興味深い関係がいくつか現れた。一九六五年に、R・プロンプとW・J・M・レヴェルトが協和音と不協和音を再検討し、同じような心理物理学的テクニック（つまり、簡単な音程を鳴らして被験者に評価させる実験）を、異なる状況で用いた。音楽教育を受けた経験のある人のグループとない人のグループで、協和音か不協和音かという心理学的認知が一致することを期待するのではなく、耳の臨界帯域の幅に対する相対的な協和音と不協和音をグラフにした。

臨界帯域（一九四〇年代にハーヴェイ・フレッチャーにより作られた言葉）という心理物理学的要素のおかげで、私は大学院をサボって、イルカのトレーナーに戻ることになった。いつもその用語が心理物理学者によって説明されたから、というのが理由のほとんどだ。とはいえ、この専門用語については一度考えてみれば、とても簡単に理解できる。私が何かの楽器で四四〇ヘルツの音を出してあなたに聞かせるとき、あなたが音楽についてある程度の経験があるか、絶対音感の持ち主なら、音楽用語で「コンサートA」というただ一つの音として識別できるだろう。四四二ヘルツの音を出せば、四四〇ヘルツの音と区別がつかないかもしれない。四五二ヘルツや四七五ヘルツでも同様だろう。実際にだいたい八八ヘルツ以上変えないと、違いはたぶんわからないだろう。この見積もりは、蝸牛に沿って配置されている有毛細胞のフィルター機能に基づいている。この有毛細胞は、基底端近く（つまり内耳への入り口近く）では高周波音に反応し、尖端部は低周波音に反応する。健康な人間の蝸牛には、約三三ミリメートルにわたっておよそ二万の有毛細胞があるとはいえ、お互い約一ミリメートル範囲内の有毛細胞が共通してほぼ同じ周波数に対する感度が最も高い傾向にある。同じ周波数について聞くこの領域が、臨界帯域と呼ばれるのだ。これらが帯域と称されるのは、蝸牛に沿っておよそ線形的に分布しているからだが、

［＊］ 異なる著者による同じテーマの二つの心理学論文を読んでみれば、そのグループでは何についての意見でも一致させるのは困難という感覚がわかるだろう。

臨界帯域にはさまざまな周波数の範囲、すなわち帯域幅がある。より低い周波数の音、とりわけ声や音楽の範囲では、臨界帯域が非常に小さい傾向があって周波数分解能がよい。これに対して、およそ四キロヘルツより高い音では、はるかに広い臨界帯域を持つ。つまり、同じ周波数範囲での音の変化をそれぞれのピッチに分解することは、より難しいということだ。

これによって、プロンプとレヴェルトが協和音と不協和音の比較をするための生物学的根拠がもたらされた。以前の実験と同様に、彼らは五種類の基準音の周波数に対し、さまざまな音程の和音を作り、被験者に協和音か不協和音かの評価をするように求めたが、今度はこれらの評価を各周波数の臨界帯域の幅に対してプロットしたグラフを作った。彼らが発見したのは、評価と臨界帯域内での位置に明確な関係性が存在したことだ。二音の周波数に非常に小さな違いがあって、二音の差が臨界帯域の全幅よりも小さい場合に、最大の不協和音の評価が生じた。それに対して、二音の差が臨界帯域の全幅のおよそ一〇〇パーセントになる場合は、より協和的な音と判断された。言い換えると、聞き手は蝸牛の有毛細胞を構成する組織に基づいてさまざまな音程に反応した。

協和音と不協和音という直感の由来は、脳の奥の至るところで明らかになってきた。聴覚ニューロンは、不協和音よりも協和音のほうに強く反応し、両者の関係は、いくつかのもっと古い行動実験で見られたものに、実際に合致することが実験で示された。そして多数の研究により、感情を処理する領域の活性化は、和音が長調か短調かによって異なることが示されて、(聴覚だけでなく)音と感情の両方を処理する脳のもっと高次の領域でも同じことがいえるのが明らかになっている。このことは、聴くことだけから私たちが体験すること――長調の和音の響きが、協和的なだけでなく「喜び」を表すと思う一方、短調から「悲しみ」を感じること――を裏づける。

トム・フリッツらは最近の研究で、これについてもう一歩踏み込んだ。「音楽における三つの基礎的感情の普遍的認識」というタイトルの論文で、文化を超えて音楽の感情的側面を認識する能力について調べている。彼らは西洋人（ドイツ人）と非西洋人（カメルーン北部のマファ族の人々）を被験者として、それ以外の文化の音楽で協和音と不協和音が含まれるものを聞かせて、「喜び」「悲しみ」「恐れ」に分類させた。二人の被験者は、親近感や経験効果を除外するために、他の文化の音楽には詳しくないことが求められた。その結果、ドイツ人とマファ族のどちらの被験者グループも、西洋音楽の感情的内容を認識し、どちらのグループも音楽の「好み」は同じような方向性を持っていることがわかった。これはあたかも私たちが、音楽には生物学的基礎があるという考えを、比較的確実に長期的に文化をまたいでしっかり押さえたかのように見えるだろう。

あるいは、実際そうなのだろうか？

こうした大きなことに正確に取り組もうとするときにありがちなように、問題はたくさん存在する。たとえば、プロンプとレヴェルトの研究では、非常に正確な音程の和音が使われていたが、用いられた基準音の周波数は、音符に基づくものではなく、特定の周波数、具体的には一二五、二五〇、五〇〇、二〇〇〇ヘルツで簡単に作り出した純音に基づいていた。だが、音楽において純音に出会うことは決してない。あらゆる楽器は、倍音の周波数を含む複雑な響き（しばしば「サウンドカラー」と呼ばれる）を生み出す。最も単純なフルートでさえ、純粋な正弦波を出すわけではないのだが、プロンプとレヴェルトが実際に実験に使っていたのは正弦波だった。世界レベルでの名器のフルートを優れた奏者が吹いても、正弦波ではなく三角波が生じる。これを科学用語で説明すれば、多くのさまざまな正弦波が個々に合算されると、高周波端ですぐに減衰する奇数の倍音が作り出されて、純音はほんのわずかだけしか作られない。こうした倍音は楽器の構造や人が演奏することで生じるが、ただ無視できるものというわけではない。ぶつかり合い重なり合う倍音は、不協和音や協和音の知覚を生じる際のもう一つの重要因子だ。

次に、協和音の考えそのものは、西洋文化のなかで時代によって変化しているだけでなく、ほかの文化に持ち込むには非常に多くの問題がある。たとえば、マファ族を被験者にして実験する際に、喜びや悲しみや恐れに分類されたマファ族の歌を示すことができなかった。なぜなら、マファ族は自分たちの音楽に、特定の感情的な内容をあてはめないからだ。ドイツ人の被験者は、元の曲の調を「不協和な」調へ相対的に変換したものに基づいて、音楽の感情的音色を決めなくてはならなかった。だがあなたが実験に使用したマファ族の伝統的なフルート曲をいくつか実際に聴けば、フルートの響きはいくらか粗野だ（ゆえに音楽的にきわめて興味深い）が、実際に演奏される音は一オクターヴが一二音で構成される西洋の音階となる。非西洋文化からの音楽を使ってみようとして、調音や音程が異なっていたら何が起こるだろうか？　人間の音楽で知られているものはすべて、協和音に分類される基礎的な音程（和音）を含むが、多くの部分はそれにとどまらないものだ。インドのラーガは西洋の半音より狭い音程をしばしば用い、あるアラビア音楽は四分音［半音階で隣り合う音符のあいだの高さの音］を使う。（西洋音楽を聴く人のほとんどにとって）さらに極端な例には、インドネシアのガムラン音楽がある。一オクターヴを等しく五分割した音と、不均等に七分割した音のどちらかの調律を用いる。ガムラン音楽はときどき、一つの歌に両方の調律のテクニックを使うだけでなく、調律の音程を微妙にずらした（デチューンした）二つの楽器で同じ音を演奏するテクニックもある。このデチューニングによってうなりや、倍音間の粗さ（ラフネス）を生じる。これは複雑な響きを持つ不協和音の定義の一つとなる。

ガムラン音楽はたいへん美しいが、そのよさを理解するには慣れるまで少し時間がかかる。複雑な和音と部分的に重なる倍音の微細構造は、特に打楽器が演奏されるときにはたいていの未経験の聞き手に、ピアノの調律師を殺したのは誰だ、と思わせる。数年前に、私が共同で教えていた音楽の認知についての授業で、ガムランを愛好する学生が、一オクターヴ一二音の西洋音階は生まれつきそなわっているという考えそのものに疑問を呈した。彼女はこの疑問を検証するために、楽器を演奏しないしガムラン音楽を聞いたこともない学生を集めて、従来の「協和音・不協和音評価」を実施して、西洋音楽とガムランの断片を比べさせた。予想どおり学生たちは、西洋音楽の和音と曲に関して期待通りの協和性の評価をしたが、ガムラン音楽のほとんどを不協和か不快と評価した。

彼女は次に別の二グループを作り、まずガムラン音楽を三〇分間聴かせてから、評価をさせた。それでわかったのは、ガムラン音楽をあらかじめ聴いた学生たちは、西洋音楽については前の実験と同じ評価になったが、ガムラン音楽については、より協和的で快いと評価した割合がかなり増えたことだ。そういうわけで、別の調音システムの音楽に短時間触れさせるだけで、生まれつきそなわっているといわれているシステムの配線し直しが始まり、聴いたものの心理的影響が変化した。このことから、私はほとんど自分に馴染みのない音楽は使わずに、自分自身の経験に基づく実験を行うことにした。私はいつも授業中に通常二、三〇人のブラウン大学の学生たちと協和音・不協和音のデモ実験を行うが、音楽経験のある学生とない学生をまったく区別しなかった。最終的に区別したとき、音楽教育を受けたことのある学生は、たいてい、全体的に協和音に向けて音階を移動させることがわかった。そしてジャズを学ぶ学生は、不協和音という評価をすることがほとんどできなかった。経験というものは、文化レベルと個人レベルのどちらであろうとも、耳のなかの有毛細胞から発火する分布を変化させることはないが、より高レベルで和音の評価を確実に変える。そのことは、私たちが認識する音楽的和音とそれへの反応の仕方に、生物的基礎が存在しないことを示しているわけでは決してないが、脳と音楽について大雑把な意見をいうことに対して警告を発しているのはまず間違いない。尺度として用いられている私たち自身の感情反応が、非常に複雑な脳内基盤から生じているということは、重要なので覚えておくべきだ。

認知の複雑な側面が、音楽というものに取り組むための「ボトムアップ」の方法を見つける妨げになるなら、音楽と脳の相互関係を理解する別な方法は、もっと形態的（ゲシュタルト）な「トップダウン」のアプローチを試みること（ジグソーパズルのたとえに戻っていえば、箱の絵を見てそれに合わせるように試みること）で、特定の和音のような音響の一部分ではなく、実際の音楽が、脳にどんな種類の影響を与えるかを見つけることだ。

たとえば、西洋世界ではほとんどの人が、その季節になると否応なしにひっきりなしのクリスマス音楽にさらされる。クリスマスソングは、とりわけポピュラー音楽であれば、耳に入るのはたいていが純粋な協和音だろう。その和音はつねにオクターヴと長三度［たとえばドとミの和音］、完全五度［たとえばドとソの和音］、長六度［たとえばドとラの和音］で、一時的に短調の和音になるものも多少は伴うけれど、総じてクリスマス音楽は、楽しくて、和やかで、幸せな気持ちにしてくれる。こうした歌はすべて、サンタの帽子をかぶりながらｆＭＲＩ実験の統計データを計算しているような人が名づけた「ポジティブな感情価」というものを持っているだろう。クリスマスキャロルは、収穫期の終わりの聖なる日を祝うためにア・カペラ（教会音楽）を歌う少人数のグループの取り組みから生まれた。（最近の研究で、アマチュアの歌い手はストレスマーカーのコルチゾールが減少し、プロの歌い手は逆に増える傾向があることが示された。またどちらのグループも、覚醒に関する神経伝達物質のオキシトシンの増加が示されている。これは、キャロルの歌い手のなかに、非常に熱心でありながら街を悩ます調子外れの人を多く見かけ、プロの音楽家はしばしば慎重でシニカルに響くクリスマスシングルを出す理由かもしれない)。

クリスマスソングは六〇〇年を超えて存在している。協和音と単純なテンポの基本的な伝統的音楽が、繰り返し年一度、季節ごとに奏でられ、記憶痕跡を作ったり、感情と聴覚を休暇のイベントと関連づける長年の慣習を生み出している。しかし、この私たちの感情に影響する無邪気に見える音楽の利用にも注意事項がある。子どものころは『サンタが街にやってくる』が聞こえると、休暇やプレゼントをもらうこと、家族のいろいろなごちそうを連想した。もう少し大きくなると、過去の楽しい思い出となる。だが、もうしばらくすると、それの最初の音がいくつか聞こえた時点で、脳が「またあの音だ」と気づく。あなたはその歌を無視する。そしてまもなくそれは環境騒音になる。感情の調子を整えるものというよりもむしろ、実際にストレス要因だ。

「慣れすぎは侮り(あなど)のもと」ということわざには、確かな神経基盤があるのだ。『クリスマスの一二日間(The Twelve Days of Christmas)』を聞くよう強いられているときにほぼ反射的に(あきれて)目をぐるりと回す人はみんな同意すると思うが、何であれ刺激が過剰だと、たいてい無視することになる。協和音の音楽という考えはある集団レベルでおおむね機能する一方、絶えず続く繰り返しは「慣れ」を引き起こし始める[*]。これが理由で、大きい音のすぐあとに同じ音が聞こえたときでも通常驚かないのだ。刺激がもっと素早く(神経学的にいえばもっと短い刺激間時間間隔[ISI]で)繰り返されるなら、もっと速く効力が生じて、もっと長く持続する。だから、クリスマス休暇を何とかやりすごして九か月かそこら

[*] ニューロンレベルでの慣れは、連想によらない学習のきわめて単純な形の一つで、脳を持たない生物にさえ見られる。

たって「フロスティー・ザ・スノーマン」や「赤鼻のトナカイ」、そのほかの協和音を浴びるように聞いたことから立ち直り、季節が再び巡ってきたとき、こうした曲が聞こえ始めて最初の数回は、休日気分が湧いてくる。ところが、クリスマス曲が一斉にあふれ始めるやいなや、「慣れ」も始まる。そして、すべての新人歌手と新しいバンドは自分のクリスマス曲演奏は、ほかの誰とも違う名演奏になることを願っているが、まったくそうはならない。特定のジャンルの歌は作曲上のルールに従っているので、クリスマスらしい歌でほかと見分けのつく歌を作ろうとしているなら、最終的な「慣れ」や、絶えず繰り返される協和音によるストレスを避けるために、音響的にかけ離れたものにしなければならない。

とはいえ、音楽への「慣れ」は、単なる季節的病ではない。待合室やエレベーター、ショッピングモール、ガソリンスタンドなどにいるときにやむなく聴かされる音楽は、心理学者や神経科学者、マーケティング関係の仕事をする人なら間違いなく「ポジティブな感情価」を持つ、と表現する音楽だろう。「イージーリスニング」「ライト・ジャズ」あるいはいかにもの「エレベーター音楽」としてレッテルを貼られがちなタイプの音楽は、おもに長調の協和音でできていて、ときおり風味づけや効果音としてごく短時間短調に移行するだけで、指でリズムをとれるような規則的で比較的緩いテンポで進行するが、それを聴いて立ち上がって踊りだしたくなる（エレベーターを揺らしてしまう）ようなものではない。エレベーター内で聴覚ストレス要因がほとんどない音楽を流すのは、個人だけでなく集団の緊張を緩めるためのテクニックとして広くいきわたっている。一九三六年にこれを初めて試したのがワイヤレイディオ社で、同社は最終的にミューザック社に改名された。このタイプの音楽は大成功をおさめて広まったので、ミューザックの名は一般名詞のようになった。ミューザックは独特の調やテンポや和音を一切使わないことで意図的に注意を引かない音楽で知られるようになったにもかかわらず、音楽を利用した消費者操作に初期に進出した企業の一つとして、華々しく成功した。神経科学が盛りを迎えるよりもはるかに昔の一九三七年、ミューザック社はワーナー・ブラザーズ社に買収され、テンポや音の調子に特定の制限を設けることで集団行動を変えるアルゴリズムを初めて考案した。それをさらに進めるために、「刺激進行」と呼ばれるものを導入した――平日の仕事場に、さまざまな時点で異なるテンポの音楽を流し、また計画的に音楽のない時間を設けて音楽への慣れを抑えた。一九八〇年代末になってようやく、もっと広範な音楽に広げ始めて、顧客のためにカスタマイズしたプレイリストを初めて作り出した。ところが、そこで自分の好きな音楽を入れられる携帯プレイヤーやデジタルレコーダー、インターネットでの音楽とラジオが始まり、ミューザック社は二〇〇九年に破産を申し立てた。今もなお遺産は、特に極度のストレスが問題になりうる場所と、できれば「慣れ」が働くほど長引かないでほしいところでは生き続けている。「お客様サービスコーナー」や、救急救命室、診療所、歯科の待合室で聞こえるのはどんな音楽だろうか――さまざまな形の「イージーリスニング」であるに違いない。ストレスがたっぷり予想できる環境では、協和性の高い音楽を用いることで、そこで自分が体験することが何であれ、よいことと思えるようにはならないかもしれないが、モニターでニュースを見せられるよりもストレスが軽くなる可能性は高い。軽音楽が精神的ストレスを軽減する可能性を立証した研究は数百にのぼる。これらのほとんどは、わりあいにその場限りの調査により研究されているが、それによりわかったことからいくらかの実益が生じている。ある研究がイギリスの病院の救急救命室で行われた。そこでは予算の都合で珍しい選択に直面していた。資金が限られていたので、イージーリスニングの音楽システムを入れるか、もしくは新しいガードマンを雇うかの選択に迫られたのだ。彼らが音楽を選択すると、治療を待つ患者や心配する家族を含めてぎすぎすした出来事は目に見えて減り、ガードマンの数を増やす必要がなくなった。また、次のような興味深い臨床研究もあった。羊水穿刺（羊水サンプルを採取し、胎児が正常に発達しているかどうかを確認する一般的だがストレスの大きい検査）を待っているあいだの妊娠女性に音楽を聞かせると、雑誌を読んでいた女性やただ座っていた女性とは対照的に、血清コルチゾールというストレスの代謝指標のレベルが有意に低減することが示された。

とはいえ、神経に基づいた複雑な行動と音楽を結びつけようとするどんな分野にもいえることだが、研究の「楽隊車」にはときどきたくさんの「ヒッチハイカー」が乗り込んでくる。パブメド（PubMed）で「音楽」と「行動」を検索すると三〇〇〇ほどの論文がヒットして、それらの多くは互いに矛盾したり、明らかに統計的に問題があったりする。ある研究グループの主張によれば、精神科病棟の患者にハードロックかラップを聴かせると、イージーリスニングやカントリーミュージックを聞かせた患者たちよりも感情を表に出しやすいという（それには、何の歌か、どんな音量か、あるいはなぜ非常に刺激的な種類の音楽を入院患者に聴かせたのか、ということに関して何も示されていない）。ほぼ一九〇〇の論文には、若者が習慣的に音楽を聴くことによる影響が書かれていた（用いられた統計データで実際に証明になっているのかどうかなど気にしすぎることなく、子どもたちがヘビーメタルを聴くと、成績は悪くなり、問題行動を起こし、性的に乱れて、ドラッグやアルコールにふけり、そしてもちろん補導されるだろう、と主張するものがほとんどだ）。

こうした研究は、集団レベルで人間の精神に音楽がどれほど影響するかという質問に混乱を与えるだけで、ほとんど何ももたらさない。というのは、それらは音楽を単なるツールとして狭く扱っているだけだからだ。音量、繰り返し率、文脈効果といった基本要素を正しくコントロールしている研究はめったに見つからない。そして、グループを扱う際の問題は、個人の歴史や経験を考慮に入れなくてはいけないということだが、年齢やジェンダー、きき手、聴力状態といった基本的なものは別として、たいていはプロトコールの範囲を超えてしまう。[*] ほとんどの人が長調の協和音の音楽を聴くと安らいだり楽しい気持ちになったりするというのは、統計的には正しいかもしれない。ところが個人レベルで、ある人が幸せな子ども時代にパブリック・エナミーやトレント・レズナーを大音量でよく流す家庭ですごしたら、おそらくイージーリスニングの曲にはそれほどポジティブな感情価を持たないだろう。したがって、一般的な人々の統計的な知見が論文に報告され、それがひとたび大衆に向けて広がると、それらはさらにおかしな話になってしまう。この最適な例として、音楽と空間推論に関するかなり興味深い研究として始まり、マスコミを通じて情報が増加して爆発的に広まって、大衆の圧倒的人気を得ているものがある。

「モーツァルト効果」は一九九三年に一般に知られるようになったが、それよりはるか以前のアルフレッド・トマティスというフランスの耳鼻咽喉学者の世界を起源とする。トマティスは、臨床的に難聴とするには軽微すぎる聴覚の低下は、非常に広範な心理的および神経学的障害が原因だと申し立てた。彼の基本的見解は、耳に初期の発達上の問題があると、音声言語や音楽のようなパターン化している入力の神経学的処理に広範な欠損が生じるというものだった。トマティスは「電子工学の耳」と呼ばれるシステムを考案して、フィルターとアンプを組み合わせて使い、患者の聴力が低下していると思われた聴覚帯域に音を再構築しようとした。彼の初期の患者はオペラ歌手たちだった。オペラを歌うとき声の

[*] 被験者が正常な聴力を持っているかどうかのチェックさえしていない研究が、どれほど多く発表されているかを知れば、私がかつてそうだったように、あなたもショックを受けるだろう。

出しすぎで、音の量と圧力が中耳の筋肉を傷めたため、自分でいつも出す大きすぎる音に対して、この筋肉がもたらす防御力が弱まったというのが彼の見解だった。

トマティスの仮説に対しては次のような実際の根拠がある。哺乳類（とそのほかいくつかの脊椎動物）は反射弓を持つ。反射弓は鼓膜と耳小骨を抑制し、聴力を損ないそうな大きい音を抑える。ところがこのシステムには限界があって、反射弓が作動するのには時間がかかりすぎて、爆発のような非常に急速に生じる大きな音を防げない。その上、ほとんどの反射と同様に慢性的にさらされていると慣れが起きて、大きな音への慢性的な曝露による聴力損失防止を妨げるようになる。トマティスは「耳に聞こえないことを声は再生できない」と考えたので、彼の初期の電気的システムでは、患者の耳がすでによく反応していなかった聴覚帯域の音を示そうとした。このテクニックの成功を主張して、トマティスは研究をほかの臨床領域へ拡張し、うつ病から自閉症まで幅広く扱った。彼は患者に非常にかっちりしたテンポで特定の音域の音楽を聴かせた。音楽にはモーツァルトの交響曲とグレゴリオ聖歌が含まれた。両者はピッチとテンポの特徴がまったく異なる二種類の音楽だが、非常によく似た和音の内容と時間的構造を持っている。彼はこうした心理学的および精神医学的な疾患を扱うことに多大な成功を収めたと主張し、引き続き『モーツァルトを科学する――心とからだをいやす偉大な音楽の秘密に迫る』（窪川英水訳、日本実業出版社）という本で、耳が適切に聞こえるように鍛え直すことによる精神疾患の治療に、とりわけモーツァルトがかなりの役に立つ理由を説明しようとした。

トマティスは非常に多作で音楽の力についてよく伝え、多彩な疾患を扱った（一四冊の本と数千の論文を書いている）一方、彼の研究は統計的な厳密さに欠けるという弱点も大いにある。彼の論文のほとんどは、患者数のごく限られた臨床ケース研究で、治療がどのように効くか（あるいは効かないか）の基本原理を打ち立てようとするよりも、むしろ個々の成功に注目している。実際彼は、適切に不足を補う研究をしたり詳細なデータを取ったりするのに失敗したのがおもな理由で、医学界からの決別を始めた。

科学の標準的テクニックを使って彼の結果を再現しようとした大部分の試みは、効果がほとんどないか、まったくないことを示しただけだった。その理由の一つは、科学が進歩したことだ。蝸牛にある有毛細胞の機能を鍛え直すことに関する彼の理論は、頓挫した。というのはより最近の研究で、人間を含む哺乳類が有毛細胞を再生できないことが実証されたからだ。ひとたび聴覚のある帯域が失われたら、ずっと失われたままだ。ところがいくつかの研究では、脳がダメージを受けた領域にほかの周波数帯域を振り向けて補充することが示されている。このため、人によっては正常な老化現象で高周波音の聴覚をかなり損失しても自覚せずにいて、周りの人がもごもごとした話し方をすると本人は思い込んでいることがある。あるいは、私の研究仲間のランス・マッセー（録音スタジオの高性能なモニター用ヘッドフォンで耳をふさいで数え切れない多くの夜をすごしてきたベテラン）は、もっと簡潔に表現した。「実際に自分のために音を出してもらうまでは、自分は高周波数の音が聞こえると思っていた」と。その上、トマティスは聴覚心理音声論（ＡＰＰ）が、統合失調症、うつ病、失読症注意欠陥症、自閉症を含む驚くべき広範囲の疾患などを治せると主張した。これらはすべて聴力の不具合を基盤とするという彼の理論は、その後の研究でまだ裏づけられていない。そうした不具合は何らかの精神疾患の基盤にあるかもしれないが、聴力の損失は常にそれが根本原因とは限らない、あるいはたいていは違うだろう。とはいえ何千という人々が、ＡＰＰとそこから生まれた感覚統合治療テクニックを利用している。それらは、驚異的な効果を主張する多数の支持者に基づくが、統計的水準での結論は一致していない。

トマティスの治療が、追跡調査に失敗し、科学理論を正常に進展させられなかったことから、モーツァルトの音楽が何か特別だという考えは消え去ったと思われるかもしれない。ところがその後、一九九三年にフランシス・ラウシャーとゴードン・ショーとキャサリン・カイが、『ネイチャー』誌に「音楽と空間的課題遂行能力（Music and Spatial Task Performance）」という論文を発表した。その研究では三六人の大学生を対象として三つのグループに分け、一つにはモーツァルトの「二台のピアノのためのソナタ、ニ長調、Ｋ４４８」を一〇分間聴かせ、それに対する対照群の一方にはリラクゼーション用テープを一〇分間聴かせ、もう一方は一〇分間無言で座らせた。そのあと、スタンフォード・ビネー知能尺度検査の抽象的空間推論の部分を実施し、各グループの成績を比較して相対的効果を調べた。実験の結果、モーツァルトの音楽を聴いたグループはほかの二つのグループよりも、成績上昇が（空間的ＩＱで）八から九ポイント大きいことが示された。この論文は、比較的小規模な研究による結果を反映しているが、その効果は一時的であること、一人の作曲家の一つの作品を聴かせたことを示すにすぎないこと、被験者の音楽教育経験の有無を調整していないということを、しっかりと強調している。論文の第一の主張は、特定の種類の高度に構造化された、つまり比較的複雑な音楽を聴かせたあとには、標準テストの空間的聞き取りの得点に差が生じることとだった。

この論文が、ほかの、影響力のもっと小さい論文誌に掲載されたなら、空間推論と音楽知覚の文脈でときどき引用される文献になっていた可能性が高いだろう。実際、空間推論と音楽知覚の分野にはかなりの研究者がいて、そうした分野は音楽と心の相互作用の考えに興味深い寄与をしてきている。ところが掲載されたのが『ネイチャー』誌だったために、掲載の直後に問題が発生した。次の号では研究に対する反応が現れ、統計に関する問題がすぐさま指摘され、研究結果に疑問が投じられた。続く数年間は、元の研究を支持する研究と非難する研究がどちらも現れ、異なる知能テストを使えば効果はなくなることを示す研究もあれば、ベートーヴェンを聴かせても空間推論で同じような上昇は見られなかったことからモーツァルトの特殊性を強調するものもあった。いくつかの研究では、ラットがモーツァルト効果を示すだろうということまで主張され、モーツァルトの音楽を聴かされたあとのラットは迷路走行が上達したことが示された。

そして、ここで、科学と大衆文化の対立が問題を引き起こし始めた。「モーツァルトを聴くと賢くなる」という研究の基本的なアイデアが、大衆紙に取り上げられた。『ニューヨーク・タイムズ』紙の記事によれば、モーツァルトを聴いたら賢くなったので、モーツァルトは世界で最も偉大な作曲家になったのだという。『ボストン・グローブ』紙の記事では、子どもにクラシック音楽を聞かせると知能検査で成績が上がるという研究を引用していた（私はこの研究を見つけられなかった）。記事は新たに出現したインターネットとブログを通して拡散し、元の地味な発見からどんどんかけ離れていき、モーツァルト効果は大衆文化のなかへ押し出され、人々はセレブの新たなダイエットさながら熱烈に迎え入れた。文化への取り込みのハイライトは、一九九八年に起きたように思われる。当時のジョージア州知事のゼル・ミラーが、州予算に一条項を導入して、子どもをより賢くするために、ジョージア州で生まれた子どもすべてにクラシック音楽の録音を与えることにした。フロリダ州もそれにならい、州立の保育施設がクラシック音楽をかけることを義務づける法律を可決し、テキサス州の『ヒューストン・クロニクル』紙

［＊］その後テキサス州で脱獄が増加したという報告は見つからなかった。ということは、脱獄の空間的側面の計画にはモーツァルト効果が影響を与えないことを示している。

では、四人にモーツァルトを聴かせる業務命令についてのレポートが掲載された[*]。

モーツァルト効果は、何十億ドルもの規模のビジネスになっている。アマゾンをちょっと調べてみれば、モーツァルト効果に基づく（ほとんどが赤ちゃん向けの）音源が二五〇ほど存在する。それらは知能を高め、成績をアップし、集中力を養い、「心を癒す」ことを約束している。それらとともに、同テーマの書籍が九〇〇冊ほど売られている。ところが、それに続くほとんどすべての研究によれば、そんな効果は存在しないということが示され、一〇分間沈黙しているのでも（最初の実験での対照群の一つ）、スティーヴン・キングの小説の一部を朗読してもらうのでも、何であれあなたが楽しいと感じることをすると、同じく無意味という結果が得られることがわかった。この種の対立は、編集者と音楽配給会社の仕事を作るようなものだ。研究からマーケティングの道具になるまでの道のりに関してさえ、「モーツァルト効果――科学的伝説の進化をたどる」というタイトルで『ブリティッシュジャーナル・オブ・ソーシャルサイコロジー（社会心理学）』誌に掲載された。

だが、これはどんな分野の科学者であろうと、喜ぶような事態ではない。ついには元の論文の筆頭著者が、自分たちはモーツァルトを聴くことで知能を高めるようなことは主張していないし、そうした効果は一定の時空間での作業にごく限られている、という声明を出さざるをえなくなり、最終的に一九九九年に『ニューヨーク・タイムズ』紙の記事で、ジョージア州知事が赤ちゃんのための録音に費やすと提案した資金は、音楽教育に振り向けたほうが賢く使えるだろうとコメントした。けれども、私が個人的経験から知っているように、説明に「時空間の」というような専門用語を使いだすとたんに、聴衆の九割を失うことになる。聴衆は席を立って、カバーが笑顔の赤ん坊の写真で「もっと賢く」「もっと幸せに」「もっと創造的に」というコピーのついたCDを買いに行くだろう。

とはいえ、音楽を聴かせると作業能力にポジティブな効果がありうるというアイデアの基盤となるものは何だろうか。科学研究の方法のために、ほとんどの研究では元の研究で使われた特定のモーツァルトの曲を使い続けている。いくつかの興味深い研究によると、知能への効果が実際に測定できるものはないが、この特定のソナタとピアノ協奏曲第二三番を聴くことは、てんかん患者の脳における発作のようなものを弱めるらしい（実際の症状を軽減するという点からは、有益な効果は示されていないが）。

これまでにいくつかの研究で、視覚的作業を行うあいだにBGMでモーツァルトの音楽を聴くと、ガンマ帯域と呼ばれるところで神経活動の同期が増加するということが示されている。ガンマ帯域は、集合的なニューロン反応であり、EEG（脳波検査）により二五から一〇〇ヘルツまで（普通は四〇ヘルツ付近）で観測され、音楽を認知しているあいだだけでなく、注意のプロセスのあいだでも目立っている。それは、意識にすべての脳活動を統合する基盤だがあまり解明されていない「結びつけ問題」と呼ばれるものに関与する。脳内で文字どおり何十もの場所が、音楽（モーツァルトやそのほかの音楽）や、音楽的刺激の個々の要素にさえ反応し、作業に関連する行動にも関わっている。基本レベルでは、ピッチと音楽的処理は右脳で起こる傾向が大きい（右ききの場合）。右半球皮質は、ごく普通に空間と感情の処理をしている。具体的にいうと、一次聴覚皮質からの腹側（下側）への放出が、ピッチや絶対的な長さといった音の固有の特徴の認識に含まれるように思われるが、ここから背側（上側）への放出は、時間経過での周波数変化についての情報を伝えるもので、運動システムへのつながりがあるかもしれず、認知だけでなく、時間に正確な運動行動が要求される作業にとっても、重要なのかもしれない。たとえば歌を歌ったり楽器を演奏したり、ダンスを踊ったり、一般的な運動をすることが含まれるだろう。これは音楽セラピーが、パーキンソン病など運動に関係する障害に有効らしいといういくつかの観測の根拠になるかもしれない。そして、ピッチの認知をリズムの認知から分離できることを示している臨床研究もあるが、脳の側頭葉の聴覚野を調べる神経イメージング研究によると、音楽のテンポの識別の根拠になる特定の位置がまったく識別できない場合もある。多くの研究で明らかになってきたのは、音楽的時間の認知のために働く領域が、運動行動にも深く結びついているということだ。たとえば、その領域に含まれる小脳は、細かい動きの調整に関与しているし、大脳基底核は自発的学習と手続き学習のどちらの行動においても重要で、補足運動野は運動行動の計画に関係する。

こうした発見はどれ一つとして、モーツァルトが何らかの神経科学的秘密を知っていて自分の音楽に織り込んだことなど示していない。多くの研究でモーツァルトの音楽の利用が優勢なのは次の二つのことに基づくという。第一に、科学者は以前の実験で効果が示された刺激に群がりがちということだ（それによって以前の自分の研究の引用もするようになる）。第二に、モーツァルトの音楽は（クラシック音楽の初期作曲家から、バッハやそのほかの後期バロックの作曲家までの音楽も同様だが）、（現代音楽に比べて）比較的単純な音程構造で、テンポの重なりがなく（いわゆる「長期的同期性」）、繰り返される単純な二つのフレーズあるいは三つのパートの形に基づいていることが多い。その上、それらの音楽はアナログ楽器の演奏用に書かれている――言い換えると、人間の演奏者が弾けるテンポで演奏されるべく作られている。だから、モーツァルト（および、同じような形式のほかの作曲家）の音楽は、空間や注意、運動その他のプロセスを助け、広く重なり合っている神経構造を活性化するのかもしれない。

要するに、特定の作曲者やジャンル、調、協和音、リズムの音楽が、人に何らかの効果を与えるのではないということだ。音楽が聞こえたにせよ演奏されたにせよ、その音楽に埋め込まれている事実は、日常の行動で脳を駆動する基本的なリズムとプロセスである。音楽と脳の神経科学研究で指導的立場にいるロバート・ザトーレは、「音楽家と科学者が常に交流することが重要になるだろう。音楽と神経科学の研究は互いを明らかにするものだから」と指摘した。私たちがテクノロジーをますます発展させ、さらなるアイデアをもたらし、音楽の理解と精神の理解という双子のプロセスに影響を与え、明らかにできる生物学的側面に光をあて、わからないことについて仮説を立てると、聴覚的意識の「ティッピング・ポイント」的なこと——どのように精神は形作られ、音によってときどき操作されるのか——に近づくことができるだろう。

第7章

耳にこびりつく音
――サウンドトラック、「スタジオ視聴者」の笑い声、頭から離れないＣＭソング

科学者としてスタートを切るときには、自分が取り組む研究を基礎と応用のどちらにしていくかをまず考えなくてはならない。基礎研究をやりたい人はパズルの好きな人だ――特定の問題を取り上げてそれを解決したいと考える。応用研究に興味を持つ人は、自分の研究が実世界の何らかの問題解決に役立ってほしいと考えがちだ。ところが、音の認知のようなユニバーサルな分野がすてきなのは、最もよくわからない側面でさえ、実世界への応用にたどりつきうるということだ。聴力図と臨界帯域の心理物理学を利用してMP3圧縮のアルゴリズムを開発することであろうと、誰かの頭の周りの環境をきめ細かく録音して、サラウンドサウンドシステムを作り出すことであろうと、いずれにしても世界のどの部分を進歩させているのか、という問いにすぎない。ところが、聴覚科学の最強の研究ツールは、fMRIやEEGではない――私たちの耳と脳なのだ。そして、聞き手から何らかの方向を持った感情や注意の反応を引き出すために、聴覚の原理を日常生活の物事に応用してきた長い歴史がある。

感情反応をコントロールするためのよく知られた大がかりな形態には、映画がある。学校で強制的に見せられる退屈な教育映画などは別にして、ほぼすべての映画やテレビ、ゲーム、そのほかのマルチメディアは、注意を向けさせ、見る人の感情反応を引き起こすことを目的としている。動物と人間の運動分析の先駆的研究で最もよく知られている実験的写真家のエドワード・マイブリッジが、一八八〇年ごろに最初の映画を開発したが、一般の観衆向けに最初の映画が上映されたのは、一八九三年だ。当時の映画は完全に無音だった。こうしたごく初期の映画を上映しているフィルム・ライブラリーに行く機会があれば、当時の映画を見て、なぜ平面的な印象を受けるのかを考えてみてほしい[*]。音が一切ないと、何らかの必要不可欠な躍動感を欠くので、ほどなく劇場は、狭い会場でのピアノから大きい会場でのパイプオルガンに至るまで、ライブでの音楽を伴奏として導入していった。ひとたび映画が本格的な産業になると、映画のリアルタイムのサウンドトラックとして、オリジナル音楽が作曲されてフルオーケストラによって演奏されることが多くなった。一九一五年のD・W・グリフィス監督による『國民の創生』のために、ジョセフ・カール・ブレイルが作曲したことから始まり、一九二六年のフリッツ・ラング監督『メトロポリタン』の初日に、ゴットフリート・フッペルツの曲が演奏されたのがクライマックスだったと思われる。[**]

映画を応用神経科学や応用心理学として考えるのは奇妙に思われるかもしれないが、映画に対する脳の反応を調べるためのツールとして、今日「神経映画」が大流行している。マインド・サイン・ニューロマーケティングという名前のサンディエゴの研究グループが行ったある方法には、人々に映画の短い一節を見せてからfMRIで脳血流を調べたものがあり、その多くではホラー映画を見たあとの扁桃体に注目している。非常に魅力的な方法だが、いくつかの重要な制約がある。一つは、非常にお金がかかることだ。もう一つは、実験者が映画の途中で何度もデータを集めるために、被験者は細切れで見なければならず、映画の流れが中断されるので、採ったデータ内容の有用性は低くなる。さらに、たった一回のfMRIスキャンは少なくとも二秒かかるが、そのあいだに人は数百もの知覚事象を経験する。よってデータは神経的には曖昧で、映画を見ているときの映画ファンの顔や動作を観察して得られるもの

---

[*] 一八九一年から一八九八年までのエジソンの映画コレクションをインターネットアーカイブで調べてほしい。
http://www.archive.org/details/EdisonMotionPicturesCollectionPartOne1891-1898
[**] この映画では一〇種類の異なる曲が演奏されており、各々の曲はそれに異なる感情的基盤と物語をもたらし、たいてい、それらが作られた各時代にごく特有のものになっている。

のほうが、よほど正確だろう。

映画やビデオのサウンドトラックは、背景音楽（作品の感情的時間軸をもたらす基調的音楽）と人々を映画の物語と環境に没頭させるせりふと環境音でできている。あなたの注意を引き、覚醒をコントロールし、映画とその映画を見ている最中の感情を記憶に焼きつけるために、映画音楽とすべてのサウンドトラックがともに大きな力を発揮できるよう映画製作者は望んでいる。だがその音楽とサウンドトラックが、これらの目的を達成する方法はさまざまだ。

よい映画では、音楽がきわめて効果的に使われる——動きや環境についての具体的な情報を与えることなく、潜在する心理の流れを物語にもたらす。最も基本的なテクニックの一つは、テーマソングやテーマ曲を使って、映画やその要素への一体感や「ブランディング」をもたらすことだ。テーマ曲には、映画の視覚面と物語面に感情的な強いつながりを持たせるように作曲された音楽が用いられる。たとえば、（『スターウォーズ』で）ダース・ヴェイダーが現れるときにはいつも流れてきた『帝国のマーチ』の低音のドラムと威嚇するようなホルンについて考えてほしい。この曲が聞こえると、あなたは何かまずいことが起きているのを察しただろう。

音楽は、操作レバーや明かりや電気ショック装置を使わずに利用できる、きわめて強力な連想ツールである。たとえタイトルはあまりはっきり覚えていなくても、自分が小さいころに見たテレビ番組であなたがまず思い出すものは何だろうか？　それはたいてい、テーマソングだ。よくできたテーマ曲はあなたの注意を引きつけ、短時間であなたを映画やテレビ番組の経験全体へ引き込む。そうした曲はたいてい、限られた短期記憶の容量を最大限に活用させる七音未満でできている。たとえば、あなたが一九五五年から一九七五年のあいだの生まれなら、私が一九六〇年代のテレビアニメシリーズの『バットマン』について話すだけで、きっとあなたは頭のなかで、適当な調で「なななな、なななな、なななな、バットマン！」と歌い始めるに違いない。あなたが音楽家だったり本格的クラシック愛好家だったりしなければ、類人猿が奇妙な黒いオベリスクを崇拝している映像とともに緩いテンポで五つの音が聞こえると、シュトラウスの交響詩『ツァラトゥストラはこう語った』というよりも、『２００１年宇宙の旅』のほうを考えるだろう。さらに最小限の例としては、マカロニウエスタンの最高傑作『続・夕陽のガンマン』の基本テーマ曲は、交互に奏される二音でできている。エンリオ・モリコーネがこの映画のために作った音楽がすばらしいのは、たった三秒間のフレーズがこの映画を思い出させることだけではない。つねに異なる楽器（フルート、オカリナ、人間の声）で同じフレーズが流れてからそれに対応する登場人物が現れるので、あなたは音響と感情を登場人物と結びつけ、しかも、実際のピッチには関係なく、音色、つまり音の微細構造だけに基づいてストーリーの文脈に沿って考えるようになる。おそらく、テーマ曲のような音楽利用は、ジョン・ウィリアムズが作曲した『スターウォーズ』シリーズが究極だっただろう。彼はシリーズ最初の作品（エピソードⅣ――新たなる希望）だけで少なくとも八曲以上、シリーズ全六作品では二六曲の別々のテーマ曲を用いた。

　これらの映画すべてに共通する、テーマ曲の基本的強みは、音の数が限られていること、和音のアレンジが比較的単純なこと、一貫性をもって提示していること、適切に繰り返し使用していることである。（たとえば、『２００１年宇宙の旅』では冒頭と末尾で音響的に一まとまりの音楽、あるいは『続・夕陽のガンマン』『スター・ウォーズ』では各登場人物が現れる際の音楽、あるいは毎週同じ時間（セイム・バット・タイム）、同じチャンネル（セイム・バット・チャンネル）で、ネルソン・リドル作曲の『バットマン』のテーマとして流れた音楽などがあてはまる）。

　このほか、映画でよく知られている効果的なテーマ曲には、映画『ジョーズ』で一九七五年に使われたものがある。きっとタイトルを目にしただけで、あのオスティナート・バスが聞こえるだろう。低音の心拍のような音が聞こえ始め、音量を上げながら繰り返されると、チョウやユニコーンのようなものとは程遠い何かが現れそうだということが、脳の奥深く脳幹に至るまであなたにはわかる。ジョン・ウィリアムズが作曲した『ジョーズ』のテーマは、映画音楽の偉大な記念碑的作品の一つで、よりにもよってチューバで演奏される。それを思うと私はやや認知的不協和に陥る。チューバを投げつけたというならともかく、チューバでどうやって怖がらせたのだろう？　私のある友人はプロのチューバ奏者だった。彼女はとても元気だったが、五メートル以上の真鍮管とバルブにつながるマウスピースに息を吹き入れたとき、彼女の顔が紫色に変わるのを見て、私は車のラジエーターが詰まり気味になったときの不吉な予感と同じようなものを感じた（結局、彼女はエレクトリックギターに転向して、熱狂的にロック演奏するようになった）。ところがチューバは、少なくともマーチングバンドで間の抜けたような緩い音ばかり出すようなセクションをやらされていないときは、感情をかき立てることに邁進するのだ。チューバは非常に低い音の楽器で、一部のモデルでは最低音が超低周波音に達するものもある。[*]知覚的に、より低い音はより大きい音を意味する。これは非常に基本的な生体力学的進化原則で、ほぼすべての脊椎動物で働いている。より大きな動物は、より大きな発声器官とより大きな肺を持ち、より大きなより低い音を出す。メスがつがい相手を選択する世界では（前のほうで触れたウシガエルと同様に）、より大きい相手は、より健康な遺伝子を持っていて子孫に伝えられるだろうし、あるいは社会的動物なら資源を得るためのより優れたサバイバルスキルを持つだろう。[**]ところが、つがい相手の選択という文脈以外では、ほかの動物よりも音量が大きくて低音の声を持つ動物は、あなたより大きい何ものかであり、自分の身体を隠そうとする心配はしない。実際に、大きな動物がなぜ吠えるのかについてのある説によれば、音によって意図的に獲物を驚かせると、獲物が動いてくれるので追いかけることができ、大きな動物は外で座って獲物が出てくるのをひたすら待つ必要はないという。

よって、『ジョーズ』のオープニングテーマでのチューバ使用は、映画にはどのように音を使うべきかの完璧なサンプルとなる。それは心理物理学の基本原理と高次の関連性を利用している。基本構造は、ゆっくりとした心拍のようなパターンで、それが速さを増していき、心臓がバクバクするぐらいにまでになる。生物の重要なパターンに似た聴覚信号を受け取ると、「聴覚促進作用」と呼ばれるものが引き起こされうる。一例として、数年前に画廊のような小さなスペースで私が行った実験がある。隠したスピーカーから非常に静かにピンクノイズのパルスを出して（長い立ち上がりと立ち下がりの時間を設けて呼吸音のようにした）、部屋に入った人全員の呼吸数を測定した。[***] 常にこの簡単な環境変化を受けた人々の八〇パーセントは、聞いた音と呼吸数が一致した。したがって、もし呼吸のパターン、あるいは心拍のパターンの音を流して、始めはゆっくりと、その後次第に速くしていくと、聞き手の呼吸、あるいは心拍も速く動き出す。だから、チューバが徐々にスピードアップする三〇秒間は、いったい何が起きる

［＊］チューバを吹く友人は、チューバは長調や短調のスケール（音階）は演奏しない、リヒタースケールを演奏するのだと主張する［訳注：リヒタースケールは、地震のマグニチュードのこと。アメリカの地震学者チャールズ・リヒターが考案したことから］。

［＊＊］研究室では「バリー・ホワイト効果」と呼ばれている［訳注：歌手で音楽プロデューサーのバリー・ホワイトは、甘い歌詞とメロディーの歌を低音の甘い声で歌って、特に一九七〇年代に多くのヒット曲を生んだ］。

［＊＊＊］ピンクノイズは、エネルギー量が各オクターヴで等しいもので、周波数が高くなると出力するノイズの量が少なくなる。全周波数でフラットなパワースペクトルを持つホワイトノイズよりも、自然な生物学的な音である。

のだろうと観客みんなが固唾をのんで、水に浮いている女性を見守るようにさせるための完璧な方法となる。要するに、いいテーマ曲とは、聴覚的連想と学習の心理物理学的ルールに従うものだ。

とはいえ、あなたのスケジュールがびっしりで、たくさんの時間をかけて特定のプレイリストを作っている、というのでもなければ、実生活にはめったに音楽のサウンドトラックは存在しない。外に存在するものが環境であり、そこでは音が日常生活に背景をもたらし、空間の大きさについて反響によって手がかりを与えてくれて、強まる風といった出来事に基づく音が天気の急変を伝え、車の往来する音は次の目的地として避けるべき場所を警告してくれる。環境には、アイスクリームを落としてしまったときに山の向こうから誰かが飛び出してきて奏でる「悲しいトロンボーン」［トロンボーンの奏でる「ポワ、ポワ、ポワ、ポワーン」という下降する四音でできた古典的なフレーズで、ドラマやアニメなどで誰かが失敗したときによく使われる］は、おおよそ存在しない。何億ドルも使って人々をもっと夢中にさせるような映画を作ろうとして、サラウンドサウンドや大音量のサブウーファーから3Dテクノロジーまですべてを使っても、映画やテレビ番組を見ることは、なおも限られた感覚的経験だ。[*] 映画やテレビでは、五感のうちの二つの感覚だけを利用して世界全体を作り出そうとしている。それに利用できるトリックは数え切れないほどあり、たとえば、スクリーンの端で動きを歪ませることで、周辺視野が前庭系を騙して急降下中の戦闘機のなかにいるような気分にさせるのもその一つだ。とはいえそれでもなお、砂漠の埃の臭いを感じることはできないし、主人公がちびりちびりと飲んでいるマティーニを味わうことや、スクリーンのイヌの毛に触れることもできない。『スタートレック』に出てきた「ホロデッキ」ができるまで、映画はあなたの遠隔感覚システムに制限されるので、うまく作られ巧みな設計で上手に混合された背景音は、観客の空間的および感情的反応を広げることによって「不信の一時停止」［サミュエル・テイラー・コールリッジが一九一七年に作った言葉。芸術作品などでありえない空想的なものでも、それを疑うことはとりあえずやめて、作品を受け入れ鑑賞する態度］を可能にするという点で重要だ。

ここで中心になるのは、音響効果の使用だ。音響効果について考える人は、たいていジャック・フォーリーの仕事について考えるだろう。彼は一九三九年に、スクリーン上の動きに同期させた機械的なアナログ音響効果を開発した。とはいえ、音響効果に関する最初の決定的な大仕事は、フォーリーが舞台に登場する数年前、BBCの「レイディオタイムズ」誌の一九三一年イヤー・ブックに掲載されていた。この記事は、ラジオドラマで音響効果を正しく使う方法を説明し、現実の出来事に関する音から感情をかき立てる音までさまざまな部類の音響効果を驚くべき科学的方法で定義づけるものだった。そのパラメーターは、イギリスとアメリカにおいていろいろな形で広く採用され、今日でもなお用いられる。

ところが、こうしたガイドラインは、単純にラジオ番組の背後にある創造的精神から生まれた、というわけではなかった。音響心理学での科学的発見に大きな波があったのは、ラジオドラマが広く導入される直前の期間だった。一九五〇年代のテレビが現れる以前では、家庭で利用できるメディアのうち、ラジオドラマは商業上最も重要な形態だった。一九二〇および三〇年代は、音声の科学と工学技術における大変動の期間で、個人の家へのラジオ中継を可能にするインフラ基盤がもたらされただけではなく、音声認知の心理物理学的基礎が十分に理解されるようになり、人々は狭い帯域幅の小さなモノラルスピーカーを通して聞こえる音であっても、ストーリーをもとにした全体的環境を想像できるようになった。こうした時期にゲオルク・フォン・ベーケーシは、空間内の音の伝播についての研究と、環境と耳の両

[＊] ただし、ジョン・ウォーターズ監督の「オドラマ」方式の映画はあえて除外する。これはみなさんにも経験することをお薦めする〔訳注：一九六〇年以降にいくつかの映画で、場面に合わせてにおいが放たれる「スメロビジョン」「アロマラマ」「オドラマ」といった方式が採用されている。ジョン・ウォーターズ監督の映画『ポリエステル』（一九八一年、アメリカ）もその一つ〕。

方による音の変形に関する研究で、重要な発表をした。ステレオ録音の父、ハーヴェイ・フレッチャーは、音声言語の通じやすさについての基礎実験を多く実施し、音量とノイズ除去の知覚的基盤を調べ、臨界帯域の理論を導いた。ベル研究所の三人の研究者——ヴァーン・クヌーセン、フロイド・ウォトスン、ウォレス・ウォーターフォール——は、ほかの四〇人の物理学者と音響心理学者を集めて、アメリカ音響学会を設立した。一九二〇年代から一九四〇年代にかけては、音響世界の認知方法の理解が進んだ最盛期で、そのおかげでもたらされた最大の恩恵は、科学論文が豊富に生み出されたことではなく、実際に音を使って大衆メディアを通して世界を作り出せるようになったことだろう。

映画には私をとらえて離さなかった瞬間がある——何かが私の注意を引きつけ、私に何かを感じさせ、あるいはときとして私をイスから飛び上がらせることもあった。そうなったのは、すごいことや奇妙なことが音を伴って起きたから、というのがたいてい二度映画を見ることでわかった。[*]適切に設計されているサウンドトラックは、映画音楽と会話と音響効果が一体化し、空間認知の心理物理学とともに作られているはずだ。そして、多感覚収束をするために視覚事象と聴覚事象の適切な時間的配列がなされ、物語に沿って進む会話を提供し、聴衆の感情を高めるために音楽と刺激音を利用しているに違いない。失敗の代償は、失敗したほぼその瞬間に観客の心理学的問題を引き起こすことだ。たとえば、だしぬけにテーマ曲が鳴り響いたために、観客はそれに注意を引かれ、物語の外へ引っ張り出され、「あれは何だったのか?」ということになる。映画音楽を作っている私の友人は、それをはっきりと言葉にした。「最善のサウンドトラックは、それが存在していることに気づかれさえしないものだ」。すべては観客に何を感じてほしいかにかかっている。

簡単な方法としては、感情的に原始的な反応を得ることだ。現代のあらゆるアクション映画、つまり、かなりの部分が、爆発や車の激突、銃撃、ロボットがトラックに変身することなどに費やされているように見える映画なら、ほぼどれでもいいので考えてみてほしい。こうした映画のサウンドトラックは、突然の爆音と急速なテンポからなり、楽譜には大きな音と強力なベースライン、不協和音が示され、ほとんど、あるいはまったく休符がない。要するに、音があなたの覚醒を高めて、高めたままで時間を驚きと恐れと興奮に分割するように設計されている。心理レベルでは、これは手っ取り早く実現できる聴覚的反応だ。重要なのは、恐怖および覚醒システムの要素と脳幹とのあいだでデータの往復をさせること、闘争か逃走かセックスに対して交感神経系を準備させることである。問題はこの反応を二時間以上伸ばす唯一の方法は、サウンドトラックの音量を上げ続け、より不協和にし続けることだが、イスにくくりつけられて最後まで映画を見せられたときには、少なからず有毛細胞を失っていることだろう。[**]

その対極が、静寂の利用である。驚くべき魅力でずっと私を夢中にさせている映画に、スタンリー・キューブリック監督の『2001年宇宙の旅』がある。動きを強調するクラシック音楽の使い方から、環境音楽としてほとんどテンポがないリゲティ作曲『レクイエム』が何度も緊張や黙想の場面で流れることまで、この映画での音の使い方は、映画史上に残るものだと私には思われた。ところが、この映画で最も興味深く感じたのは、音の欠如の使い方だった。映画の冒頭と末尾で会話がないだけでなく、ど

[*] 特にすばらしい音響効果があると、私はそこでビデオを止めて、サウンドキャプチャープログラムにその効果を記録して、それをスペクトル解析時間的分析と位相分析にかけるということをよくやるので、友人たちは私といっしょにビデオを見たがらない。ただし私と同じことをする人はこの限りではない。

[**] 上映中の映画館で行われたいくつかの研究によると、おもな映画館はほとんどすべて、次に見る映画の音声も聞くことができるように推奨されるレベルよりも、はるかに音量が大きい。

の場面でも音楽と会話の重ならないことだけでもなく、宇宙空間の場面で静寂を正しく使っていることだった。ＨＡＬコンピューターが錯乱して、リモートコントロールで小型ポッド（船外活動カプセル）を操作してフランク・プールを攻撃し、続いて彼が宇宙空間へ投げ出されたときは、何もなかった。無音である。音楽すらなかった。

宇宙が大好きな子どもだった私は、葛藤に陥った。[*] 宇宙飛行士になりたいと思っていた幼いころからずっと、宇宙に音がないことは知っていたが、一九六〇年代から七〇年代の土曜の午後にはＳＦ映画がたくさん放送されていて、いつも宇宙船は風を切る音をたてて飛び、どんな宇宙兵器でも「地球征服を企む金星人」をやっつけるときに爆発音をたてたのだ（が、正直なところ私は、『スターウォーズ』のタイファイター〔宇宙戦闘機〕がたてる鋭い音は、ゾウがパオーンと甲高く鳴いたり車の急ブレーキがキーッといったりするのに似ていて、苦手だ）。おそらく、この矛盾で最もよく知られている例は、スタートレックの生みの親、ジーン・ロッデンベリーのインタビューで説明されている。ロッデンベリーは技術に詳しかったので、「エンタープライズ号」がオープニングシーンで視聴者の脇を高速で通りすぎるときに、音が立たないはずだと知っていたにもかかわらず、音響担当チームにシューッという音を加えるようにさせたのは、音を入れないと単調すぎると考えたからだ。心理レベルでは、彼は正しかった――私たちは動的な事象が音に結びつくと予期するように進化している。高速ですぐそばを動く大きな物体（音をたてる足や、路面で騒音をたてるタイヤがついていない場合）は、その大きな体積分の空気を通り道からどかして進むので、ノイズのような帯域の音を生じ、ドップラー効果によって近づくときにはその中心周波数を高いほうへ、遠ざかるときには低いほうへ変化させる。音がないと私たちは奇妙に感じ、神経レベルでさえ、静寂がきっかけになって聴覚と注意の感受性が先行して高まりだす。まさにこのことによって、私にとって『2001年宇宙の旅』でのあの瞬間がかけがえのないものになった——実際に宇宙空間にいれば観測者が経験するだろう無音の状態を用いて、キューブリックは観測者の私たちを通常の環境から引っ張り出して、音のない真空に置き、静寂がもたらすあらゆる緊張と注意を引き起こした。

ところが、莫大な製作費のかかる映画は、普通は優れたサウンドシステムを備えた映画館で見ることになるが、人々の家庭にあるようなシステムや環境に頼るとしたらどうなるだろうか。小さいスクリーンのためのサウンドデザインは別物だ。映画で緊張を高めたいと思えば、ムード音楽を流すか、本格的な四〇ヘルツの低雑音を伴うエンジン音を流して、劇場を震わせ、聞き手の「闘争か逃走かシステム」を引き起こすことができる。ところが、ほんとうにすばらしいホームシアター設備（一九九〇年代にようやく消費者に手ごろな価格で手に入るようになった）を持っている人でなければ、こうした音響効果は失われる。小さなスクリーンのサウンドデザインは、ほとんどの一般家庭のホームシステムが持っているそこそこのテクノロジーでほどほどの音質を利用しなければならないので、あれこれの仕掛けが必要だ。

幸いにもたとえ高価ではないシステムでも、今日ではステレオ音声が取り入れられていて、人間の最良の聴覚帯域をはるかに超えた優れた音質を持つので、いくらかの心理学的技巧を用いることで、家庭用テレビセットでも非常に強力な効果が得られる。私のお気に入りの例は、一九九〇年代のテレビドラマ『Xファイル』のある一話で起こったことだ。その番組は大成功してシーズン九まで続き、二つの映

[＊] 私はユーリイ・ガガーリンによる最初の宇宙飛行の一一か月前に生まれたのだが、「ベビーブーマー」という言葉は嫌いである。

画化作品が生まれた。私はそのドラマが好きだったが、俳優たちの演技やストーリーの独創性のためではなかった――話の多くは、一九六〇年代の『トワイライト・ゾーン』や一九七〇年代の『事件記者コルチャック』といった以前のミステリーや謎解きの番組へのまじめなオマージュだった。私（と、私と話し合ったたくさんの人々）が『Xファイル』を好んだのは、ドラマの雰囲気がほんとうに気味が悪くて、感情を強く揺さぶられたからだ。それは、作曲者家のマーク・スノウ、サウンド編集者のティエリー・クチュリエ、サウンドデザイナーのデイヴィッド・J・ウェストによるところが大きい。

番組では典型的な聴覚的技巧――低音の弦楽器、突然の静寂、騒々しい環境での登場人物たちの会話――を多く使ったが、私が際立っていると思った特定の場面がある。登場人物のフォックス・モルダーが研究室で、妊娠中と思われていた相棒と話していて、なぜかものすごく緊迫していた。私はその場面をじっくりと見て、繰り返して見てみて、ヘッドフォンに変えて、しまいにはそこだけ取り出して背景音を録音し、会話を取り除いて、このどう見てもありふれた場面が、なぜ驚くほどひどく恐ろしく感じるのかを見いだそうとした。背景音の一部として出続けている音を解析したときに、私はついに発見した。エアコンのノイズだろうと思っていたものは、実際には意図的に挿入されたノイズで、怒っているスズメバチで一杯の巣の音が畳み込み処理、つまり混合されていた。スズメバチの巣は、説明の要らない音の一つだ。それは脳幹までたちまち達して、痛い思いをしたくなければここには留まっていてはいけないということをごく基礎的なレベルで悟らせる。サウンドデザイナーは、ハチの羽音という恐怖を誘発する原始的な音をサンプリングし、小さい音にして背景音のなかに混じらせつつも認知できるぐらいにしておくことでその場面を操作して、視覚や状況で引き起こすよりも、はるかに大きな緊張感と恐怖感を作り出すことができたのだ。

視聴者を操作する別の方法に、ラジオや小さい画面に限定される「ラフトラック（録音笑い）」がある。しかけはかなり単純だ――「スタジオの観客」が、愉快だと思われる瞬間に笑い声を立てると（しばしば、あらかじめ録音されたテープ）、あなたもつられて笑うように作られている。ラフトラックは一九八四年に『フィルコ・ラジオタイム』という番組で生まれたといわれている。その番組は、あるコメディアンのとびきり好評だった夜公演の録音だったが、いくつか際どいユーモアがあったので、そこでのジョークは実際に放送では使えなかった。しかしその観客の笑いをテープに保存したので、ほかの番組に再利用した。テレビでは、一九五〇年代のCBSの音響エンジニア、チャールズ・ダグラスが、事前に録音された笑い声を使ってライブの観客からの笑い声を微調整し、観客から十分笑いが起きなかったら録音された笑いを混ぜ合わせ、観客の笑いが長すぎた場合には全体の音量を下げるということをした。一九六〇年代がきてほとんどの番組がライブの観客なしであらかじめ録音されるようになり、録音笑いの声はかなりうっとうしい標準設定になって長らくすたれることはなかったが、一九九〇年ごろからはやや珍しくなってきた。

しばしば逆効果になることがあるとはいえ、この強力な音作りのツールは心理作戦によるものだった。ラフトラックは、聴覚による社会的促進を頼みとする。笑いは社会的シグナルでストレスを軽減する方法としてしばしば発せられる（ほとんどのコメディの基本的場面では、別の誰かに不愉快なことが起きている）。笑いの聴覚的に複雑な信号のなかでは、四つの基本状態――覚醒、支配、発話者の感情状態、相手が感じているべきだと発話者が思うもの（「聞き手に向けられた感情価」と呼ばれるもの）がやり取りされることが、研究で示されている。笑いには、話されている言葉に含まれる韻律の感情的手がかりに似た側面があり、それによって笑いは強力な非言語ベースのコミュニケーションチャネルになる。

笑いの認知は、聴覚中枢と辺縁系の中心部の大半を通って処理される。その際、別のタイプの笑いは、別の領域で処理される。たとえば、くすぐられて引き起こされたタイプの笑いを処理するのは、右の上側頭回（STG）で、しばしば社会的「遊び」に関わる領域だ。感情反応からの笑いがより多く処理されるのは、前部吻内側前頭皮質（arMFC）という、感情的および社会的シグナルの伝達に関与する領域だ。ところが、神経イメージング研究によれば、笑いの認知と笑うという行為そのものはどちらも、前頭前野腹内側部に、エンドルフィンという脳がもともと持っていて痛みの軽減によく効く物質を放出させうるという。実際、多くの研究では、笑いが痛覚閾値を現に高めることが示されている。ほかの興味深い可能性には、同期したエンドルフィン放出が社会的絆の役割を果たすかもしれないということがある。そのため、一人のコメディアンが大好評を博した夜公演でのきわどいジョークからラフトラックは生まれ、その音を通して社会的絆を誘発する能力によって、ラフトラックは聴衆の感情反応を操作する業界標準になった。

ところが、ほかにも聴衆を熱中させて操作するメディアの形態がある。最近になってようやくそれにラジオとテレビ、映画が注意を払うようになってきた。この形態の多くの例では、きわめて短いシンプルな音を使って、聴いた人のほぼ全員に素早く感情反応を引き起こすが、いまだ研究も利用もされずにいる。たぶんそれがゲームだからだろう。あなたも、単純なゲーム、とりわけホームコンピューター時代幕開けのころのゲームで遊んでみてほしい。サウンドは8ビットのピッポッパといった音と、非常に単純化されたフレーズでできたゲーム——たとえば『パックマン』［アメリカでは一九八〇年末に発売］だ。三音でできた上昇する和音は、勝ちを意味する。下降するアルペジオは、自分が死んだこと、そして悲しむべきことを意味する。耳障りな濁った音（『Qバート』［同じく一九八二年に発売］のような）は、不満を意味する。こうした音は、当時のテクノロジーの制約を受けて出来る限り単純化しなければならなかったが、感情に素早く応じて刺激的だったので、人々はゲームに夢中になった[*]［コモドール社の「コモドール64」は一九八二年から一九九四年まで販売され、欧米で最もよく売れた8ビットパソコンで、SID音源はそれに搭載されていた音源チップ。任天堂のファミコンとNECの8800シリーズのパソコンが売れていた時代と重なり、コモドール64は日本では売れなかった］。

ところが、コンピューターのパワーが驚異的に増して、部品のコストが下がったことから、今ではゲームサウンドの設計が真の先導役となり、感覚的に没入できるものが探し求められている。今日のゲームは、感情操作に関しての非常に強力なよりどころとなっており、非常に強力なテクノロジーとサウンドプログラミングの基盤に合わせた非常に巧妙なテクニックが使われている。私は一九九〇年代末に『クエイクⅡ』に夢中になっていて、そのサウンド――死体に群がるハエの羽音、拷問され感情が麻痺したと思われる兵士の声など――に強烈に引かれて、何度も繰り返しプレイしたことを覚えている。最もひどい困惑を起こしたある単純な音響効果は、ストログ（邪悪なエイリアン）の一匹がたてるシンプルな足音だった――それは静かなパタパタパタパタパタパタという単純な音で、近づくと何度でも静かに聞こえてきた。その音だけが、ストログがあたりにいることを示す警告なのだ。私は論文に取り組むべきだったときに、八日間連続で夜はゲームにとことん没頭してすごし、その翌日、車で出かけなくてはならなかった。車を運転していると、突然あのパタパタパタパタパタという音が聞こえて、急ブレーキをかけたときには、タイヤが一八ついているディーゼル車に危うく突っ込みそうになっていた。ディーゼル車のエキゾーストフラップ（排気調整用弁）が、ゲームのエイリアンとまったく同じパターンでパタパタ

◆

［*］どうかコモドール64のSID音源が、どんなに感動的だったかについてのメールを私にくれませんように。私は自分の年齢を思い出したくないのです。

と音をたてていたのだ。そのときアドレナリンがほとばしり出たのは、ロードアイランド州ピースデールの真ん中で、激突死を免れたからなのか、あるいはストログに殺されかけてはいないと気づいたからなのか、今でもわからない[*]。

これらのタイプのメディア——ラジオ、映画、テレビ、ゲーム——はすべて、世界を作り出すのに音を利用するという考えに基づいていて、画面の枠を超えて環境を作り出すために、聴覚を利用して人々に不信の一時停止をさせる。作り手たちの望みは、その経験が非常に魅力的でお金を払ってでもしたいと人に思わせることだ。けれども音響は、感情的な小さな世界、つまり持ち歩けるようなものを作り出すのにも向いている——作り手たちは、人がそれの経験のためにもお金を払ってくれるように仕向けている。小さな世界というのは、ジングルと呼ばれる短いCMソングだ。

友人のランスは『マクシム』誌によって、世界で最も迷惑な人物に選ばれた。彼の知り合いなら、これには驚くだろう——彼はとても優しくて、働き者で、ユーモアがあり、そして暇さえあれば、音で人の注意を引く新しい普通でない方法を考え出している。とはいえ、順位は嘘をつかない。そう、ランスはTモバイル社〔欧米でサービスを展開しているドイツの携帯電話会社〕の着信音の作者だ。五つの音でできているこの着信音は、合衆国内だけでも三〇〇〇万人を超える人々のデフォルトの着信音になっており、ディナーの中断の合図か、仕事の期日に遅れているという合図か、あるいはもっと煩わしいが避けられない電話の呼び出しの合図である。五つの音はどういうわけか頭から完全には離れてくれない。どんな着信音でもダウンロードできるようになった今でさえ、どこを歩いていてもこの五音が聞こえる。『マクシム』誌はそれを「人類が被っている耳の災難」と表現した。ランスは「ただのジングルだよ」という[**]。

両者にたいした違いはないかもしれない。そして全部がランスの責任というわけではない。責任の一部は人間の脳にある。

神経科学者として、私はジングルいつもに引きつけられてきた。それは、私がヒルという動物に興味をかきたてられたのと同様だ。ジングルは、音楽の応用された小宇宙のようなもので、ヒルの神経系が人間の脳の機能的ミニチュアであるのと同じようなことだ。ジングルは単に世の中の音楽の最も簡単な形式であり、歌やコンチェルトなどさまざまなものとまったく同じような顕著な特徴を持っている――特定のテンポと音の高さでできていて、何とかして人の記憶にこっそり入り込み、感情反応を引き起こす。それらすべてを数秒以内にするはず、というだけのことだ。

あなたはジングルが何かを知っているだろう――恐ろしく覚えやすい音楽の短いフレーズで、製品や名前に結びついていて、何日もずっと頭から離れないもの、そして製品が終了してしまってから、あるいは少なくとももう宣伝が変わってしまってから、何年もたったあとにふいに思い出しうるものだ。[***]とはいえ、定義を少しだけ広げれば、ジングルは非常に長いあいだ私たちとともにあるといえる。ジングルの歴史をいくらか調べようとして手をつけると、障害物のようなものにぶつかる。インターネット上で私が見つけた情報はすべて、一九二六年のウィーティーズ社のジングルが、放送（もちろんラジオ放送）

[＊]『ポータル』の「タレット」については私に一切話をさせないで。［訳注：「タレット」は『ポータル』（二〇〇七年発売のゲーム）に登場するロボット。かわいらしい声と形で人気］
[＊＊] 現在の業界用語では、この五音でできたものはオーディオロゴ（またはサウンドロゴ）である。今ではジングルは言葉も含むものとして定義される。
[＊＊＊] 私は今でも一九六〇年代以降のタバコ広告を覚えている。それらのすべてが、タバコの広告予算に何百万ドルもつぎ込まれたことを示している。これは、少なくともブランド認知の観点から、タバコに大金が費やされたということだ。

に利用されたというものだった。すべては、ウィキペディアのジングルについての記事を書き変えたものか、もしくは多くの場合そのままコピーしたものだった。ネットで触れられているほかの種類のジングルは、ラジオ放送局のＩＤジングル［番組の節目に放送局名や番組名とともに流されるジングル］だけのようだった。どれにもまったく同じように、宣伝で用いられる短いメロディー、つまりサウンドブランディングの一つの形としてジングルが記述されていた。けれども実際にジングルは、単なるものを売る方法ではない――ある物体を感情と結びつけ、注意を払う必要なく長期記憶に変えるのだ。

成功したジングルは、基礎的な心理学と神経学の原理の利用に基づいた広告宣伝ツールだ。実をいうと、宣伝はそれらのどちらの分野よりもはるかに早い時期に現れたのだ。[*] ポンペイの古代壁画には、売るためのものが描かれている。中世の専門家は、大きなロゴマークのような彫刻を打ち立て、馬に蹄鉄をつけたり、餌をやったり、あるいは馬を馬肉ハンバーガーにできたりする場所だということを示した。印刷広告は一七〇〇年代の最初の新聞に掲載され、さまざまなフォントの大きな文字を使って注意を引いた。二〇世紀でも、オスカー・メイヤー・ソーセージの歌は人々の頭から離れなくなったが、そのはるか後年にようやく、その広告主はｆＭＲＩ装置を使えるようニューロマーケティングの研究者を雇ったのだ。その理由は、私たちの環境に音を放送で流すことができるようになって八〇年ほどたち、仕事をきっちりこなすためには基本ルールが必要だということをマスコミ関係者が学んできたからだ。

ジングルが成功するために必要なことが五つある。（一）ジングルは十分に短くて短期記憶に収まること、つまり四つから七つまでの音やその他の要素でできていること、（二）ジングルはテンポが一定で、ほかの感覚および運動システムがその音と相互関係を作れること（つまり、鼻歌で歌えたり、指で叩いてリズムが作れたりすること）、（三）ジングルはほかに耳に入る音とは十分に違っていて識別できること、（四）

ジングルは何らかのものについての文脈で示されること、そしてそのものとは特定の物体かブランドのいずれかであること、（五）ジングルはこれら以外の面を利用して感情反応を作り出さなくてはならないこと。言い換えると、ジングルには、周波数の弁別や、テンポの識別と統合、多感覚収束、関連づけ、脳の感情処理領域との接続性――つまり聴覚の処理と識別に入っていくすべての要素が必要とされる。

ところが、もっと先まで考えなくてはならない。ジングルを一度耳にすることではほとんど効果がないので、短期記憶から長期記憶に変わるために十分な回数で繰り返されなくてはならない。何度も繰り返され聞いていると、ジングルは雑音として脳に記録される。それは、無意識にそれに気づくことと、非常にうっとうしく感じることとの両方を意味する。それと同時に、ジングルの音がすることは、確実に製品と結びついているはずなので、製品との認知的つながりを形作り、なおかつ感情的文脈をもたらす。つまり、製品を思い出すときには、ジングルに結びついた感情もそれに伴って生じるということだ。

手短にいえば、理想のジングルは、英語でイヤーワーム［音楽が頭から離れない現象］と呼ばれる、頭のなかから追い出せない音楽だ。私はここ数年、研究所の外部でイヤーワーム・プロジェクトと名づけた研究に取り組んでいる。何によってイヤーワームが生じるのか、どのようにして完璧なイヤーワームは作られるのか、といったことを見いだそうとしている。よくできたイヤーワーム、つまりジングルは、とてもたくさん存在する――最も有名な二つの例が、ウォルター・ワーゾワによるインテル社のサウンドロゴとランスによるTモバイル社の着信音である。ランスは作ったプロセスを教えてくれた。オリジナルのTモバイル社（当時はまだドイツテレコム社の内部組織）のロゴは、五つの四角形でできていた。三つの灰色の四

◆

［＊］　そして人間だけではない――カエルでさえ宣伝することを思い出してほしい。

角形と、四つ目のピンク色の四角形だけが列から飛び出していて、次にまた灰色の四角形が並ぶものだった。五つの視覚的要素、うち一つが異なる要素ということだ。ランスが大筋で考えついたのは、ロゴを六音で作り、三音が同じ音、四音目は三度上げて、次は最初の音に戻り、六番目は反響音だけで徐々に消えて終わるというものだった。簡易バージョンは五音だけでできているが、視覚的ロゴに合うように聴覚的ロゴを形作っている。五音に限定したことにより、短期記憶の限度が守られているため人々に記憶されやすいし、多感覚収束を利用する（音と画像を一致させる）ことにより、人々の二つの感覚システムにジングルあるいはサウンドロゴがコードされる。知覚的物体を統合するための原理として、最も強力に働くのは多感覚収束だ——脳は、共通する特徴（色や近さやテンポなどのいずれでも）を持ついろいろな物体を、一つの物体としてコードする。（これが音脈分凝（おんみゃくぶんぎょう）の基本原理である。それはモダリティをはるかに越えて働く）。刺激の多感覚収束と統一性は、神経科学でいうところの結びつけ問題——どのようにして脳がすべての低水準の感覚要素を取り入れて、それらを物体に形作るのか——の根底にあるもののように見える。

　とはいえ、それは見えるものと聞こえるものに限られたことではない。音と生体模倣のアーチストで、元バレリーナでもある妻の指摘によれば、いつも音楽を思い出す助けになるのは、音楽に合わせて身体を動かす能力であり、それに加えて、触覚と固有受容性（筋肉の位置）が音にフィードバックすることだという。あなたの場合はどうだろうか。自分が一番好きなメロディーや忘れずに覚えているジングルについて考えてみてほしい。すると、あなたはきっと、それに合わせて足のつま先でトントンと床を踏み鳴らしたり、手指で机をコツコツと叩いたりすることが苦もなくできるだろう。そこで、私たちは成功するジングルの時間幅の設定を広げ、聴覚認識のミリ秒速度と視覚処理の数百ミリ秒速度だけでなく、視覚よりやや遅い運動出力の速度も含めるようにする。

ここで一つ疑問なのは、どのぐらいの速さで感覚刺激と感情状態のあいだにつながりを形成できるのか、ということだ。それは多くの要因による。それには、あなたが感情と音のつながりをただちに形成しようとしている場合もあるだろうし、そんな感情を通常引き起こすものの代わりとして聞き手に音を受け入れさせようとしている場合もあるだろう。ある一定の音、たとえば突然の咆え声――急速に始まる大きな音で、多くの低い周波数を伴って鳴り続け、黒板を爪で引っかいた音と同様の不協和な成分が含まれる音――はそれ自体がゾッとするものだ。たいていの場合、あなたに何かを売ろうとする人は、顧客になりそうな人を怖がらせて追い払いたいとは思っていないだろう。だが、私は地方のお化け屋敷のラジオCMをよく覚えている。五音の短調のジングルが、チューニングの狂った低音のパイプオルガンでかなり効果的に奏でられて、最後に漫画のような叫び声がするというものだった。

それとは逆に、一秒未満の音に対してポジティブな強い感情的反応も得ることができるので、有益な感情的連想をもたらすには、短いひとまとまりの音で十分なはずだ。これはある種の簡単な学習の基礎となるもので、古典的条件づけの初期の研究においてパブロフによって初めて明らかにされた。前述したように、条件づけられたイヌがベルの音を餌に結びつけることが必要だ。古典的条件づけの操作を記述するのに最もよく使われていたモデルは、レスコーラ＝ワグナー・モデルと呼ばれ、ラットとハトで開発され試験されたのだが、その基本的規則は、目的を達成するため三つ以上の行動の結びつけ方を見いだせるほど十分に複雑な生物なら何においても成り立った（だから、たとえばこのことは線虫の能力を超えている）。

問題は、ジングルが聞こえて〇・五秒以内に、広告主があなたの目の前に商品の皿をぐいと押し出すといった、単純な古典的条件づけをする機会はめったにないことだ。だから彼らは学習の原理に頼って、あなたが商品を覚えて、商品とのポジティブなつながりを形成させ、その日かその週かその年の内に、買いにいってくれるよううながす。この理論は、オペラント条件づけと呼ばれ、古典的条件づけとは異なり、学習者は行動を変化させ、実際に何かを行って、その報酬を得る——お金を使ったり、リゾート地のタイムシェア物件の紹介を見にいったりする——必要がある。

そしてここから音は変わり始めて、不信の一時停止やテレビ番組を楽しむことや、創作世界への感情移入を増進するものから離れる。この分岐点において、人々は、あなたに何かをさせることを目指して、音を利用して故意にあなたの脳と心の反応の仕方を変え始める。私たちは単純なエンターテイメントから、脳ハッキングの世界に移るのだ。

第8章 耳を通して脳をハックする

劇場からの帰りに暗い路地を歩いているときには、かすかな音にも驚いて後ろを振り返る。テレビを見ていてCMになり音量が二倍になったとき、無意識にミュートボタンを押している。ファーストキスをしたときに聞こえた歌がラジオから流れれば、あなたは今していることをふとやめる。言葉にならないはかない記憶がよみがえるから。

音はいつのまにか私たちに影響を与える。音は私たちの感情を変える。私たちの記憶や心拍、欲求、異性への反応を変える。音はまるで……もしやこれは……マインドコントロールなのか？（ここで不気味な、『影なき狙撃者』風のサウンドトラックを挿入してみれば、裏づけになるだろう）［映画『影なき狙撃者』は一九六二年のアメリカ映画。東側によって洗脳された主人公が無意識に殺人を重ね、ついには大統領候補を暗殺しようとする］。そう、もちろんそのとおりなのだ。映画音楽を数多く手がける作曲家のジョン・ウィリアムズは、何百万もの人々の感情を操作する能力ゆえに大金を手にしている。ところが、こうした種類のマインドコントロールは実際にはほとんど恐れられていない。音楽や音響が前意識のレベルに作用することと、基礎的メカニズムを少し理解することによって、あなた（やほかの人々）がどのように、あなたの耳を通して――奥まで綿棒を入れすぎるような問題は起こさずに――あなたの心をハックできるのか、そして実際にハックするのかを説明することができる。

まず、「脳ハッキング」とは何だろうか？ 私たちのほとんどが思いつく最初のイメージは、実にひどい映画を見たことからきている。そうした映画ではだいたい、誰かがしまいに電球のたくさんついたざるをかぶらされていて、実験用白衣を着た別の人物が「馬鹿どもよ！ 私の発明でお前たちをみな滅茶苦茶にしてやる！」といい、それからスイッチが入れられ、お決まりの制御盤の爆発と火花炸裂（なぜなら科学の実験者はブレイカーやヒューズなど聞いたこともないので）のあと、新たにトランスフォームされた人間は、知能を発達させて何らかの隠れた次元が見えるようになったり、その次元では電気配線が整っているのでそこと交信ができるようになったりする。もっと穏やかな（よってあまり面白くない）バージョンは、「心のマシン」「脳のマシン」といったものを購入できる家庭用電化製品カタログで見つけられる。そうした装置が引き起こすのは変性意識状態で、ありきたりの「瞑想状態」から、私のお気に入りの「地球そのものの電気的共鳴と同期すること」まで幅広い。ニコラ・テスラも交流電流の発明より前にテレビショッピングを発明していたら買っていたことだろう。「アイポッドで脳をハックする」ための音声ファイルさえ、ダウンロードできるのだ。どれもこれもそうとう奇抜なものに思われる。こうした器具にはたいてい人目を引くギリシャ文字の名前がつけられ、あなたの計算機でひねり出せるよりもっと細かい数字が示されて、さまざまな複雑そうな「脳波周波帯域」が加えられて売られている。

ところが実際に脳ハッキングに必要とされるのは、これまでの章で論じられた研究を実験室の外へ取り出し、実世界で利用することだけだ。脳ハッキングは、ある音の実質的な位置を脳の基本リズムに合わせて一方の耳から他方の耳へ変えて、気分の変化を生じさせるぐらいの簡単さでできる。あるいは、脳ハッキングには、特定の心理学的あるいは生理学的効果を得ようとするために、複雑なフィルタリングと後処理の調節段階が必要となりうる。私たちが日常聞く音に、聴覚の神経科学と心理学を応用することには、ほとんど限りのない可能性がある。そうした応用に含まれうるものを次にあげてみよう。レベルアップするとますます興奮し、あるいはポイントを失うと実際に気分が悪くなるようにさせるゲームの製作。特定のアルゴリズムをサウンドトラックに組み込んで使い、フルオーケストラのアレンジは必要とせずに、見る人の感情を操作する映画やテレビの音楽の作曲。ドライバーの注意をダッシュボードのライトの点滅や、轢く恐れのある歩行者に向けるように、注意を引く音の使用。あなたが何を考えようと、広告はより粘りつき、実際に金儲けの道具となる――つまり頭のなかから追い出せないサウンドロゴを作ることだ。問題は、以上のような応用でのテクニックが、十分に継続して現代のマーケティングの基盤を形作ることができるだろうか、ということだ。

音波による脳ハッキングで、できることとできないことを理解するには、いくつか特定の応用例を調べなければならない。脳ハッキングは、意識状態を変化させる方法として知られていて、おもに二つの種類に分けることができる。（一）覚醒を高めて、全体的な変化を引き起こし、脳全体の状態を広く変えるものと、（二）認知の全体的変化を誘導せずに、精神状態の特定の要素を変更するものである。両者は表面的には非常に異なるように見えるが、感覚入力を制御するいくつかの単純なルールを用いることによって、どちらももたらされうる。そして、あなたがハッキング方法を利用するなら、これらのルールを理解することであなたの経験が豊かになりうるし、あるいは誰かが自分に対してそれで操ろうとするのに気づいたときに、その影響を避ける助けにもなるだろう。

まず、最も単純なアプローチをざっと見てみよう。ここで興味深いことは、最も効果的な二つのテクニックが本質的に正反対に見えることだ。一方は、聞き手に聞こえる音を限定すること、もう一方は、聞き手が圧倒されるほど音量を増やすことである。

限定した音を利用する脳ハッキングはおそらく最も単純で、雑音をカットするだけだ。たとえば、ノイズキャンセリングのヘッドフォンを取り上げてみよう。それが脳をハックするようには思われないかもしれないが、確かにハックするのだ。そうしたヘッドフォンは、通常の聴覚環境をシャットアウトするので、たいてい音楽やオーディオブックといったヘッドフォンの内側の環境に集中できる。こういうふうに考えてみてほしい。あなたが通りを歩いているか、飛行機の座席についていて、ノイズキャンセリング・ヘッドフォンをつけているとすると、あなたは周囲の信号をすべて遮断している。普段はあなたの潜在意識がそうした信号を処理して、あなたがそれを考えることなく正しく判断するのを助けている。これは飛行機のなかで重宝する。エンジン音の変化が聞こえたおかげで、席から跳び出してコックピットに押し入って乗客全員を救うことができた、などというようなことはありそうもないからだ。ところが通りを歩いたり走ったりしているときに、そういうヘッドフォンをつけていると、後ろから走ってきたSUV車が自分の目前で左折するような重大なことを見落としやすくなるだろう。このように、聴覚情報を低減させて運動すると、脳をへとへとに疲れさせるのに似た結果をもたらす。綿棒によるダメージのほうがましなぐらいだろう。

それでも、あなたが雑音の低減が脳ハッキングの重大な形態だということをまだ納得していないなら、地元の大学にちょっと立ち寄って、聴覚実験をしている人を見つけてほしい。できればコウモリを扱う研究者がいいだろう。コウモリ研究者は少々奇妙だ。あなたと話せれば喜ぶだろう。彼らは昼の光の下に出ることはあまりないし、彼らの社会的交流の多くは、数学に関わるか、あるいは洞窟に棲むコウモリには五メートル先のサソリのおならがどのように聞こえるかという議論についてのものだから。最高の口説き文句を（そうとは聞こえないかもしれないけれど）いわせてもらおう。コウモリ研究者は、ステキな玩具と特別製の装置を持っていることが多いのだ。それを使えば、人間より数桁優れた聴覚を持つ動物と遊ぶことができる、というのは前述のとおり。もっと重要なことには、おそらくコウモリ研究者は無響室を持っていて、そのなかでコウモリを遊ばせることができる。そして、無響室は、普段はおしゃべり好きな人間たちにとって、本物の静寂がどれほど歪められたものかということを明らかにするだろう。

無響室に入ると、壁と天井、ときには床にも、音を吸収したり別の吸収面へ反射したりするように、卵入れのようなでこぼこした形のものが敷き詰められているのがわかる。扉を閉めると、静かになる。本物の静寂だ。二分ほどたつと、「まいったな、ここは静かだ」といわずにはいられなくなる。それは何かの音を聞きたいからだ。ところが、反響や残響がないので、あなたの声は弱められ小さくなる。音をたてると、すぐに吸い取られてしまうのだ。そしてあなたの脳は、これは絶対間違っているとあなたに語りかける。一、二分以内に不安に思い始める人もいるが、たいていの人はさらに一、二分粘ることができて、やがてかすかな雑音が聞こえ始める。シューーーッという音である。ほんとうに良質な無響室は非常に静かなので、耳が突然その素質を誇示できるようになり、空気があたりでぶつかり合うのが聞こえ始めるのだ。それから、「ヴィンセント・プライスのホラー映画のなかに閉じこめられた」感じになり始める。前述のシューッという音が、穏やかで静かなドクンドクン、ドクンドクンという音になる。自分の心拍だ。聞こえるものは、それですべてだ。そうなると、ほとんどの人は部屋を出るか、映画の歌などを歌い始める。そういうわけで、聴覚による脳ハッキングで最も単純なものがそこにある——反響や残響、背景の声や雑多なささやきといった外部の音をすべて取り除いただけで、あなたは確かに意識の高ぶった状態になり、何が間違っていて何が欠けているのかを見いだそうとする。このことは私たちの脳が、特に注意していない通常の背景の要素に、依存ではないにしても期待していることをきわめてよく示している。背景を取り除いて、聴覚世界を基本信号の必要最低限まで削減してみると、あなたの全精神が間もなく高ぶり始める——あなたはオオコウモリが飛んできて、まさに自分の目の前で、おならをしているサソリを貪り食うのを待ち始める。

　自分の心音で正気を失うのが気に入らなければ、もしかしたらたくさんの音を聞くほうが好きかもしれない。ある状況下で、私たちはみな大きな音の入力を好む——携帯音楽プレイヤーの音量を上げ、ステレオやテレビの音を大きく鳴らし、映画館では爆発音がサウンドトラックの五〇パーセントを占めるように思われる。だが、何を根拠にこのように大音量がかき立てられるのだろうか？　どういうわけでそれが使われているのか、あるいは乱用されているのか？　答えはきわめて単純で、大音量は明らかに脳ハッキングだと考えられるからだ。大きな音のノイズは交感神経系を活性化する。交感神経系は、多くの脊椎動物のライフスタイルを駆り立てる三つのf——闘争（fight）、逃走（flight）、何であるかつきとめること（fffff-igure it out）——のための制御装置だ。［音楽の強弱記号ffffは「フォルティッシシシモ」と読み、可能な限り大きい音で」という意味。figure it outと組み合わせた言葉遊び］

非常に大きい音、とりわけ突然始まる音は、処理の仕方が普通と違う。第一に、大音量の騒音は通常音を感知してコード化する蝸牛だけでなく、内耳全体を活性化する。音が十分に大きければ、小嚢（しょうのう）のような内耳の蝸牛ではない部分を動作させる。小嚢は通常、低周波振動をとらえて、どちらが上方向かを知らせるというバランスのために働く器官だ。突然大きな衝撃音がすると、たいていの聴覚過敏症の人のさえ、それの周波数成分や、考えうる言語的意味、あるいは協和音と不協和音のどちらであるかは、あまり気にしない。大きな音をたてたものが何であろうと、自分の上に落ちてくるのではないことがわかればほっとする。大きい素早い音によって、あなたは非常に型にはまった、非常に速い（たいていたった三つのニューロンだけに関わる）行動で反応する。音は小嚢（通常は重力感知器の働きをする）を活性化し、姿勢制御に含まれる高速運動経路を動作させ、あなたに首をすくめさせ、少し飛び上がらせる。要するに、あなたは驚くのだ。それだけではなく、素早い運動反応を超える速さで、大きな音により聴覚と前庭の信号の両方が、脳幹からほかの方向へも送られる。さらに、わずかに遅い経路で覚醒と警報を増加させる領域にも達するが、これは万が一、あなたのそばに鉄床（かなとこ）が落ちてきて、その後続々と落ちてくるという場合にそなえたものだ。

突然のぎょっとさせるような音は脳ハッキングだろうか？　正しく利用すれば、確かにそのとおりだ。それほど事件が起きない映画を撮るとする。すべてが静かだ。あらゆるシステムが順調な宇宙船がゆっくりと航行している、あるいは、家族が幸せそうに夕食を囲んでいる。すると、ドーンという衝撃音。上手に狙いを定めて突然音を出すと、あなたは驚いてイスから飛び上がる。そのとき、誰かの胸から「何か」が飛び出して宇宙船のランチテーブルの上に載る、あるいは、ジェットエンジンがダイニングルームの天井を突き破ってくるが、まだ機体にはつながった状態だ。観客の心臓は早鐘のように打ち始め、観客のシートが汗ばんでくる。うまくいった、と私は思う。

ところが、あなたは大きな音には驚くが、その音はあっという間に小さくなって消えてしまう、と主張することができる。人がぎょっとするのは一回か二回だけで、その後はその信号に慣れる。赤ちゃんに大声で「バァ」というのを一、二回すれば、三回目までに、その子はあなたのことをあきれ顔で見るか泣きだすか、あるいはその両方で、おむつが湿ってしまい、赤ちゃんを驚かす楽しみは終わってしまう。あるいは、映画のある場面で、モンスターがわめきながらみんなの胸から飛び出すのはジョークになって、恐怖感をあおる場面ではなくなる。音が誘発する驚きは、耳からの信号が短時間の覚醒反応をどのように引き起こすのかを示すうまい方法だが、継続する大音量や繰り返す音についてはどうだろうか？

前述したように生理学的レベルで、大きい音は身体に悪い。耳や脳は、急激であろうと長時間であろうと度を超えた音量に対しては信号を制御することで、あるいはそれができなければ自分の行動を制御することで、対応する。大きな音はあなたが立てている音でなければ、どこからくるのかを見いだしてその場を離れるか、自分の指で耳をふさぐ、あるいは、ほうきで天井をつついて、上階の住人に静かにしろと伝えるだけだ。それでは、どうして私たちはときどき、大音量にどっぷりと浸かることがあるのだろうか？　理由は、ベースジャンプ〔高所からパラシュートを使って降下するスポーツ〕をする人や、スキーやドライブでスピードを出しすぎる人と同じだ――「闘争か逃走かシステム」を活性化することで、興奮を生じるアドレナリンやドーパミンといった興奮性神経伝達物質が、一時的に上昇するからだ。そうした物質は、レイブのようなダンスパーティでネオンランプに照らし出されたクリスマスツリーのように、脳の覚醒に関する領域を照らし出す。

その音量を自分が制御していないとすれば、別の行動的影響を求め、交感神経系を制御しようとする（もちろん、ただその場を離れることや、ボリュームを下げることができない場合）。あなたの脳は、あなたが制御している感覚に対処するための特別なメカニズムを持つ――それは遠心性コピーと呼ばれる。そのため、自分をくすぐってもくすぐったく感じられないし、自分が運転しているとたいてい車酔いしない。それは自動的なプログラムで、運動誘発性抑制と呼ばれるメカニズムによって、脳内で実行の意思決定中枢と知覚中枢を結びつける。遠心性コピーが呼び出されるお馴染みの状況は、音声言語を作り出している最中だ。というのは、あなたが部屋の向こうにいる友人の注意を引くために叫んでいると、あなたの頭のなかでほんとうに大音量になるからだ。

そこで自分の声がほかの音をかき消して聞こえなくならないように、この反射的なシステムが自分の声の利得（つまり相対的音量）を下げ、自分の声に対する聴覚感度を下げるのだ。ところが、このシステムは、音量のつまみに手を伸ばすといった音声言語に基づかないことをしているときにも活性化しうる。仮にあなたがお気に入りの歌を聞いていて、とてもいい曲だから壁を振わせて胸に響かせるのに限る、と思ったとしよう。あなたの脳は簡単な予定を立てる。それには、手を伸ばしてボリュームを上げなくてはならないという運動機能の予定だけでなく、起こると期待されること（騒がしくなるだろう）の予定も含まれる。このフィードフォワードのコマンドは、あなたの聴覚システムにもうじき騒がしくなるという情報を送り、入ってくる音に対する脳の感度を実際に下げる。あなたには音量が大きくなったことはわかるが、あなたの部屋で突然大音量が発生して「いったい何が起こったのだ？」と思ったほかの人にとっての状況を、あなたは弱めて受け取るだろう。

とはいえ、音量をあなたが制御しているのでなければどうなるだろう。テレビ番組やインターネットの映像を見ていて、突然、それまでの二倍の音量でＣＭが入ってくるという経験は何度もあるだろう？これは意図的なものだ――あなたの交感神経系を活性化することで、あなたの注意をとらえて、覚醒を高めるやり方だ。だが、それはラジオとテレビの放送が地球を支配していた昔からの巧妙な手口かもしれないが、使いすぎたために墓穴を掘った。テレビ録画が進歩して、視聴者はＣＭをすべて飛ばして見られるようになったのだ。また最近、番組よりも音量の大きいＣＭを流さないことを守るよう放送局に義務づけるＣＡＬＭ（ＣＭ音量規制）条例が成立した。さらに、世の中のすべてのリモコンにミュートボタンが採用されて、聴覚世界は再び私たちが制御することになった。残念ながらメディアは消費者に名前を認知させるためにしばしばこうした心理学的「策略」を利用する。そのテクニックは、ある認知の基本原理を利用している――音の大きさで注意と覚醒を増大させる――が、それはさらにいっそう強力なものを無視している。「慣れ」である。そのため、ブランドについての記憶を増やして、ブランドが交感神経の望ましい「ｆ」との関連性を形作るかわりに、その騒音によりあなたは宣伝に苛立って、ひいては商品に腹を立て、そして避けようとして逃走（flight）の「ｆ」を選ぶことになる。

あなたが選んだ環境が、騒々しくても避けられないとしたらどうだろうか？　その場合のシナリオは間違いなく次のようになるだろう。あなたがバーに入るとすさまじい喧騒で、相手の耳に向けて怒鳴らないと会話も成り立たない。あるいは、ショッピングモールの特に若者向けの小さなショップに入ると、突然九〇デシベルレベルの音楽に襲われる。アメリカ労働安全衛生局の検査官なら通告書を書く以前に耳栓に手を伸ばすだろう。あるいは、カジノの静かなエントランスロビーからプレイルームのなかへ移動すると、何百ものマシンやベル、アラーム、そのほか客寄せからの大騒音が、点滅する照明と混ぜこぜになった環境が作り出されていて、自分の考えることが聞こえない。そして、それこそが重要なのだ。人は思考することによって、理性的に、冷静な選択ができる。[*] 率直にいうと、バーや高級店、あるいはカジノでのギャンブルにせよ、理性的によく考えて選択すれば、店の儲けに貢献することにはならない。そうした場所での音のレベルは、下手な設計や音響的に偶然起きた結果によるものではない。そのような圧倒的な音の目的は、あなたの覚醒を高めて、交感神経を活性化させることだ。ところがあなたはその環境に入ることにしていて、音量レベルを下げる方法がないので、避けられないストレス源に直面したときに動物がたいていするようなことを、あなたもすることになる。つまり、コントロール方法を見つけることだ。ある研究では、予想できない電気ショックを受けるか、予想できる電気ショックのスイッチを押すかのどちらか一方をラットに選択させると、ラットは後者を選ぶようになった。スイッチを押すことは、自分を傷つけることを意味したにもかかわらず。そしてさまざまな研究によって示されているように、買い物やギャンブル——論文の専門用語がよければ「制御可能なリソースの獲得」——は、ストレスの多い環境で（実際もしくは想像上の）主導権を発揮するためによく用いられる戦略だ。

[*] あなたがよく考える人か、とても運のいい人の場合だが。

とはいえ、それは自動的に「購入する」のボタンではない。弱冠五一歳の私がショッピングモールにいて、アバクロンビー&フィッチのそばを通りすぎる場合は、その企業が取り決めている店内BGMの音量が（ある報道によると）九〇デシベルなので、私は店の入口から離れて歩くようにして、建設現場レベルの大音響の客寄せ音楽が、私の鼓膜になるべくあたらないようにする。だがもっと若い人たちは、もっと大きい雑音や音楽のレベルに慣れていてしばしばそれを探し求めている（だから若いドライバーは、車の騒音を大きくするために、マフラーの効果を低減させる部品を熱心に買い求める）。よって、この戦略は特定の層、つまりより若くて、聴覚的により覚醒が高まりやすい顧客をターゲットにしている。カジノでも同様に、ギャンブルに対する騒音の影響を調べる研究によって、興味深い統計的影響が示された。大音量のなかでは、ギャンブルをやりつけない人は賭け金が増える傾向があったが、深刻なギャンブル依存症が認められる人は、賭ける額が減る傾向があった。この違いを説明する一つの仮説は、どちらのグループも、大きな音で高まった覚醒の影響を受けているが、ギャンブルをやりつけない人は、覚醒から勝つことを連想して賭け金を増やし、ギャンブル依存症の人は覚醒から負けることを連想して賭け金を減らすというものだ。以上の二つの例は、音が誘発する覚醒についての非常に重要な点を示している。つまり、大音量が誘発するものは聞く人によって異なるので、覚醒作用で見込まれる結果もさまざまなのだ。音量を上げるCMから店舗での耳をつんざくような音楽まで、対象を絞って大音量を利用することは重要だが、マーケティングや販売のツールとして大音量はしばしば誤った使い方をされる。

大幅に音量を上げ下げするのは、脳ハッキングの最も単純な形だが、どのぐらい実用的だろうか？いつでも無響室を使える人や、周囲の音を四五デシベルかそこら低減させる高性能ノイズキャンセリング・ヘッドフォン（イヤフォンはもっと悪くて、二五デシベル程度だ）でさえ持っている人はあまりいないだろう。そして、あまりにも多くの人が、特に子どもではボリュームを大きくしすぎたり、あるいは騒々しいバーやカジノに入り浸ったりする人もいるが、最終的には私たちはそこから逃れられるし、逃れることになる——立ち去らないにしても、そのうち聴力を失うのは避けられないので。

すると、特殊施設に行ったり聴力を失うリスクを犯したりしないで、全体的な(グローバルな)脳ハッキングを引き起こすにはどのようにすればいいのだろうか。それには、音量が聴覚世界の小さな一部分にすぎないのを理解することだ。

もう一つの重要な部分は、時間である。音のタイミングを操作することにより、通常は自分の好き勝手にしている脳の大部分に人工的同期を強いることができる。

脳は、同時に起こる多くの非同期的入力の扱いに慣れている——騒々しい世界とはいえ、私たちはそのなかで進化し発達して、それに対処してきたのだ。雑音を取り除いて、一種類の入力で脳に過負荷をかけられれば、その感覚的集中が、精神に対していくつかのまったく異なることをするだろう。これが、さまざまな名称——アルファ波出現状態、瞑想、トランス誘導——で呼ばれている多くの精神状態の根拠となるものだが、すべては要するに「全体的な脳ハッキング戦略〈その3〉——あなたの集中を強化するために気を散らすものを制限する」ということだ。おそらくあなたはこの脳ハッキングのタイプについて、ほとんどのことを聞いたことがあるだろう。というのも、これが催眠術と瞑想の根拠だからだ。

催眠術と瞑想は、正反対のタイプの入力から生じるように見える。催眠術はたいてい、意思決定能力や注意といった実行機能を別の人に明け渡すことによってもたらされるが、瞑想は普通自分で誘発するもので、自分の注意から周囲の気を散らすものを締め出して、身体の内側あるいは外側からの一元化した刺激を用いて、いつもコーヒーを飲んで目指す状態よりもさらに狭められた集中状態の実現をうながす。ところが、別々のアプローチにもかかわらずどちらとも、誰かの携帯電話の会話や蛇口からポタポタと落ちる水の音の処理に脳が費やす分量を制限することによって、脳の注意状態を変える。そして、注意をそらしたり増やしたりするといった、脳をハッキングするうえで非常に重要なほかのことのために、そうした領域を解放するのだ。

どんな種類の刺激が、単一に狭められた入力以外に注意を払うのを一切やめるように人を誘導するのだろうか？　穏やかでリズミカルな声で話される言葉は、集中させるための重要な因子として働くが、催眠術ではトランス状態に誘導するのをうながすために、規則的に点滅する明かりや、メトロノームのリズミカルなカチカチ音を使うことも多い。なぜだろうか？　それは、注意が、まさに神経リソースを興味ある物体に移そうとしており、あなたが物体に注意を多く払うほど、あなたは気が散るものから神経リソースを引き離してくるからだ。正確な速さでもたらされる特定の感覚入力に注意を払うという選択をすることで、あなたは脳の各部分での局所的変化を圧倒し始める。普段の脳ならば、ここを離れるときには明かりを消そうかしら、あるいは夕食には何を食べに行こうかしら、あるいは、落ち着き払って私に話をしているこの男は、なぜ私を鶏のようにわめかせたいと思っているのだろうかといったことまで、素早く疑問が浮かぶのだが。あなたは感覚世界を狭めていって、圧倒的な同期化された感覚入力に注意を集中させる。そして、正常な目覚めている脳は、入力の音質とタイミングのどちらの違いにも強く依存しているので、狭まり集中した信号が脳を圧倒するために、つまり、唯一の声が小さく穏やかに正確なリズムで耳のなかへ語りかけてこの奇妙な精神状態を維持するあいだに時が刻々とすぎるために、あなたはついに鶏のようにわめくことが悪いこととは思わなくなる。

とはいえ、なぜ「正確なリズム」なのだろうか？　あなたの脳が持つ固有のリズムは、数か月のあいだの神経ホルモンの変化から、たった一つのニューロンがミリ秒以下の活性状態を変えることまで多岐にわたる。最もよく取り上げられるリズムは、脳の両半球の広い領域を含み、たいていＥＥＧ（脳波検査）によって説明されるものだ。生きている脳の電気生理学的記録は実質的にははるか昔の一八四〇年代までさかのぼれるが、ハンス・ベルガーが一九二〇年にＥＥＧの記録装置を発明したので、それによって生きている脳から非侵襲的に電気信号を記録することができるようになった。現代のＥＥＧはきわめて空間選択的で、頭に付けた数十もの、あるいは数百もの電極から記録を取ることができて、ミリ秒レベルの神経信号のタイミングについて、情報を取り出すことができる。ところが、ＥＥＧはすべて、同じ限界に悩まされている――ＥＥＧは、非常に優れた絶縁体（脳の保護膜、頭蓋骨、頭髪）の向こうで生じる非常に弱い信号（一ボルトの千分の一以下）を記録している。つまり、そこをうまく通り抜けて記録される信号は、実際には各ニューロンの信号を数百億個合計したものなのだ。これでは個別のニューロンの反応や、局部的な回路の反応すら分析できないが、正確に電極を配置すれば、協調して活動する細胞集団の反応が測定可能で、よって、脳のどのぐらい（ミリメートルかセンチメートルの桁で）の体積が点滅する明かりや音のような特定の刺激に反応するかという、いわゆる「誘発電位」の全体図（グローバル・ビュー）を得ることができる。

　だが、たとえ誘発電位を集めていないときでも、自主的に働く脳は決して静かにしていないし（死んでいる場合は別だが）、無秩序でもない（ただし被験者が大きな発作を起こしているときは除く）。そして、訓練を受けていない人には、ＥＥＧの出力がほとんどランダムに上下しているように見えるが、脳全体の電気的反応に埋もれているものの、人間の大脳皮質の全体的な機能の基礎には五つのリズムが存在し、五つすべてが結びついており、それぞれがさまざまな生理学的あるいは認知的条件のもとで変化している。シータ波は最も遅い四から八ヘルツで、少なくともその一部は記憶の処理中に海馬から生じているようだ。アルファ波は毎秒六から一二回のサイクル（六から一二ヘルツ）で、皮質のさまざまな部分のあいだの連絡、そして皮質と、脳の中継センターである視床とのあいだの連絡によって生じる。アルファ波はしばしばしばさらに次の三つに分類される。アルファ波1（六から八ヘルツ）の存在は、警戒していることを示す。アルファ波2（八から一〇ヘルツ）は、注意状態。アルファ波3（一〇から一二ヘルツ）はしばしば外部事象と言語に基づく記憶作業によって誘発される。ベータ波（二〇ヘルツ）は、運動皮質で生じ、随意運動（自由意思による運動）を制御し、たいていは被験者が動きを止めた直後にだけ見られる「「電源オフ」や、（プログラミングのコマンドの）「end program」の信号みたいなものだ」。ガンマ波は、最も速いサイクルの四〇ヘルツで、おもな脳波のうちでも非常に興味深く、議論の的になっている。

いくつかの研究では、ガンマ「波」の存在を、脳の正面から後部へ、大脳皮質の大部分をまんべんなく回って移動するように描いている。これが導く仮説（まだ証明されていない）によると、ガンマ波帯域は、個々の感覚入力とフィードバックループをすべて結びつけることに関わり、それによってあなたは世界を一貫性のある場所として知覚するという。陰鬱で、甲高い音が鳴り響き、ひどい臭いがして、暑すぎる、そんな状況のなかで揺れ動くような場所としてではなく。

こうしたリズムは、機能している脳の基本的なインフラの一部だ。ＥＥＧの出力にこれらの脳波が存在するのは、数百万もの相互接続したニューロンが連動して発火した証拠であり、その原因となる機能は、脳が処理するパワーの大部分をかけて働くのに十分なほど重要である。これらの脳機能を利用することが、脳ハッキングの——そして、非常にさまざまな効果レベルでそれを利用する装置のマーケティングの——チャンスとなる。

トランス・ベル、ブレイン＝マインド・マシン、ニューラルフィードバック・デバイス、アイポッド・脳ハッキング──最も簡単なインターネット検索でさえ、何十ものハードウェアやソフトウェア製品がヒットするだろう。そうした製品は、前述の脳波の一つあるいは複数のリズムでのビープ音や光の点滅を作り出し、「あなたの精神のパワーを解き放ちます」と謳っている。それらのほとんどは、一九五〇年代の映画『ゴジラ』よりもさらに非科学的なものを下敷きにしているが、皮肉なことに、それらの多くがユーザーの期待のおかげでとにかく効き目がある。あなたがエグゼクティブパワーをスーパーチャージするために、ブレイン＝マインド・マシンを買いに出かけるときには、そう、あなたはすでに効果を半ば確信していて、すでに似たようなものに、たとえばあなたのイヌのセルフエスティームを高めるための睡眠学習テープといったものに、お金をかけたことがあるだろう。（いや、作り話をしているのではない。あなたはいずれにせよ、ヘッドフォンでそのテープを聞くようにさせられているイヌのセルフエスティームについて心配しなくてはならない。ひょっとすると、そのイヌはしばらくしたらほんとうに大きなウサギたちを追いかけまわす夢を見るかもしれない）。実のところ、基本の脳波の速さで感覚情報を正確に操作することにより、そうしたテープが精神状態に変化を引き起こすことは現に可能だ。

まず、およそ八から一〇ヘルツのアルファ波2という特定の速さで音をただ鳴らして、ヘッドフォンを通して人に聞かせ、その人が心地よい感覚でいっぱいになるのを待つだけなら、最も簡単に思われるかもしれない。残念ながら、それでは急速に不快にさせたり退屈にさせたりする可能性のほうが高い。その理由には、適応、つまり慣れを含め前述した多くの要因がある。そして、単一の音が鳴っているのを両耳同時に入れることは、聴覚処理能力のうちのほんのわずかな割合しか使わないということもある。使う音がアルファ波2であろうとなかろうと、電子レンジのお知らせ音のように、あなたの耳のなかで速くピーピー鳴る音になるだけだろう。まずいうまでもなく、これはものすごくうっとうしいし、おそらくあなたは催眠術にかからないだろう。

脳の大部分を一つの脳波に同調させるために必要なのは、多くのソースからの複雑な入力がすべてそろって作動していることだ。一つは、両耳性うなりを使う方法だ。驚くほど簡単に、より多くの脳の領域を望みの速度で音声処理するように仕向ける方法だ。たとえばあなたの左耳には四四〇ヘルツ、右耳には四四四ヘルツの音が入ると、あなたには、じれったいほど近いが別々の二音が聞こえるというわけではなく、一つの音が一秒間に四回、強弱の変化をしているように聞こえる。これは上オリーブ核という脳幹にある聴神経核の活動に起因する。この神経核が、左右の耳で相対的な振幅や時間が違うことに基づいて音の空間的位置をあなたに知らせる。

上オリーブ核は両耳からの入力を最初に受け取る場所で、正確な分析を行って、音の発生源が空間のどこにあるのかを見つけ出す。両耳に同じ音が入れば、上オリーブ核は脳の残りの部分に情報を伝え、あなたは定位置で一つの音を受け取る。たとえば、野外の複数のスピーカーの真ん中、あるいはヘッドフォンをしていれば頭の真ん中といった位置だ。ところが、左右の耳に周波数のわずかに違う音、つまり数ヘルツ程度異なる音が入ると、二音の差の速さ（周波数）で、耳のあいだを行ったりきたりする感覚を受ける。周波数の差がもう少し大きい、つまりおよそ四から一二ヘルツの場合には、変調速度で振幅が変化するような一つの音が聞こえる。これが両耳性うなりだ。さらに差が大きくなると（たいていは二〇から四〇ヘルツぐらい）、二つの別々の音が実際に聞こえて何の問題もないと思うので、ありがたいことに頭はズキズキしないだろう。よって両耳性うなりは、単純な音でアルファ波やベータ波、ガンマ波の周波数のような比較的低い変調速度を使っている限り、あなたの脳を脳幹から皮質まで同調させる単純だが効果的な方法だ。

両耳性うなりを生じる音を聴くと、そうした状態への期待や心構えのレベルによっては、何らかの瞑想的効果あるいは注意の効果を得られる。とはいえ、一つの音が「うわんうわん」とうなり続けるのを二〇分間聞き続けるテストは、精神状態の変化を調べる最も根気強い研究者たちの忍耐さえ検査できる。テストの経験者はおしなべて、効果はあると思うが二度としたくないし、同じような精神状態の変化を実現させるには、三、四杯カクテルを飲んでダンスしたほうがいいという。だから、より効果的な脳ハッキングでは、さまざまな周波数でできている複雑な音（音楽や音声言語、車の衝突）を使う。まさにそうすることで、脳はより多くの処理をその作業にあて、振幅だけでなく相対的位置も調節──音響エンジニアが「パンニング」と呼ぶこと──するので、そうした脳ハッキングはパワーを増す。あなたはこのテクニックについて、とりわけ一九六〇年代と一九七〇年代のクラシックロックで、数え切れないほど多くの例を聞いたことがあるはずだ。たとえば、ピンク・フロイドの『ようこそマシーンへ』のオープニングでは、エンジンのような音が片側のスピーカー（あるいは耳）からもう一方に比較的ゆっくりと移動するように感じられるが、それはスムーズに左から右へ相対的な音量を移すことによる。

ところが、上オリーブ核が振幅の違いを利用するのは、比較的高い周波数の音だけである（人間では、およそ一五〇〇ヘルツより高い周波数の音だ──牛乳のなかに虫を見つけたときの小さな子どもの悲鳴を考えるといい）。さまざまな音はこれより低い周波数でできているので、上オリーブ核は二音の細かいタイミングや位相の違いに頼る。だから、複雑な曲を使って、低周波の位相差と、高周波の振幅差を注意深く同期させれば、あなたはステレオ音声のスピーカーかヘッドフォンを使っただけの音から、明らかな動きを恐ろしいぐらい現実的に感じ取れる。そしてその方法によれば、たいていのどんな曲を使っても

（ドラムソロは除く）、リミックスして精神状態の変化を引き起こせる。面白くなるのはここからだ。変調速度を同期させないとしたらどうだろうか？　高周波音をある速度で、低周波音を別の速度にして、それらの速度をひっきりなしに交代して変化させたらどうだろうか？　するとあなたは、非常に重要で効果的で、人によっては楽しく、あるいは恐ろしく感じる脳ハッキングを行える可能性がある。

一例をあげよう。私が無為にすごしていた若いころ、古い友人のランス・マッセーが電話で私に「心理物理学とは何だ？」と尋ねた。私は感覚と認知について長々と説明した。次に彼の発した質問が、今でも私たちにごたごたを引き起こしている。「それは音楽でマインドコントロールができるということなのか？」。長年の研究と実験に基づけば、「わからん。やってみよう」というのが私の答えだ。そういうわけで私たちは異色なバンドを結成したのだ。

ランスは、一連の環境音楽を作曲して、それに対して、最高に刺激的な周波数に基づいて組み込んだ変調速度をあてはめ、聞き手に特殊な心理学的効果を生み出そうとした。私たちのアイデアは、脳の特定領域をターゲットにして、音楽を使ってニューロン反応を引き起こすことだった。それはラジオで搬送波の変調によって情報を送る方法に似ている。搬送波自体に興味はない——それをただ使って、送り手は変調信号を送り、受け手のところで受け手が利用できる信号に変換する。音波のアルゴリズムは、単純な両耳性うなりよりも数段階複雑だ。そのアイデアでは、音楽的信号やそのほかどんな複雑な音響信号でも、振幅と周波数と位相の特性を変調する。その信号の周波数を、たとえば感情反応を起こしたり、心拍や血圧を変えたり、聞き手にあたかも動いているように感じさせたり、聞き手の注意状態をただ変えたりするなど、特定の働きをする脳の部分を最もよく刺激するように設定するのだ。

私たちが最初に行ったいくつかの試みの一つは、位相と振幅の変化を利用して、聞き手に頭の周りを音楽が回るように感じさせることだった。私たちは最初のコンサートをマンハッタン南端部の狭苦しいクラブで催した。その曲の演奏になったとき人々が腰かけながら、身体をゆらゆらさせているのに気がついた――そして曲のある時点で、大きな仮想の動きの変化が始まったところで、一人の男性客がイスから転げ落ちたとき、私たちは何が起きているのかがわかった。頭の周りを回る音波のアルゴリズムを利用するだけで、単純な環境音楽の曲が奇妙な何か――人が自分は空間のなかをどのように動いていると考えるかをコントロールすること――をし始めた。そのため私たちは、ゆっくりと変調速度を違う周波数帯へと変えて、その邪悪なメーターを「2」にアップすることにした。このアルゴリズムを使った曲によって人々は自分が動いているように感じるが、ある方向に動くように感じる音と、別の方向に動くように感じる音があるときに混乱する、と私たちは考えた。そして心を込めてこれに「めまいツアー」というタイトルをつけて、私たちのCDのなかの一曲に加えた。

聴く人を苦しめているのはわかっていたが、私はCDを受け取った誰に対しても、評価をしてもらえるように頭を下げて頼み込んだ。CDは興味深い形で破綻をきたした。聴き始めて数分後、振幅と位相が同期されたときに、三分の一の人は自分が動いているように感じ、他の三分の一の人は音場で音楽が動いていると考え、残りの三分の一の人はひどく気分が悪くなった。やったぞ、これは科学だ！　私たちは聴覚的動揺病（いわゆる乗り物酔い）を引き起こす方法を見つけ出していたのだ。不運にも、当時私の所属学部で学部長だった人物は、熱心なオーディオファンで私の給料より高いオーディオシステムを持っていたが、右の分類で三番目に含まれた。リリース前のCDを渡した翌日、私がコーヒーを飲もうとしていると、彼がエレベーターから出てきて私の腕をつかんで「君の音楽で気分が悪くなったぞ！」といった。「ということは、私たちは成功したのだと思います！」とあまりあからさまに喜ばないようにしながら私は答えた。つまり、比較的単純な変調速度を用いて、複雑な曲に注意深くあてはめただけで、私は学部長の脳をハックして、彼は高価なステレオシステムのあたり一面に嘔吐するはめになったのだ。

幸いにも、別の仕事の口は比較的すぐに見つかったが、聴覚的嘔吐刺激物の金銭的な将来性がかなり限られているのは実感した。とはいえ聴覚的脳ハッキングは、聞き手に対して生理学的レベルにさえ、目覚ましい効果がありうることがはっきり示された。そして嘔吐を誘発することは、聴衆に及ぼしたい効果上位一〇位には入りそうにないが、操作音に対して目的とされた特定の反応を起こさせる可能性を実現させた。それでは、音を利用して、ほんとうに聞き手に引き起こしたい効果を得ることについてはどうだろうか？

音楽や音響効果はいつも聴衆に感情的な反応などを引き起こす手段として使われてきたし、それは本人がそれと気づかないうちに行われる。映画では、怪物が主人公の肩を叩く直前に、これから「恐怖の金切り声」を出すという目立った合図は示さないし、少なくとも、テレビスタジオの観客に拍手をするように合図でうながすのと同じではない。そのかわりに、滑るように進む音、突然の静寂、圧倒的な吠え声が耳から入って、直ちに交感神経系を経由して感情反応を調節する脳の部分に向かい、あなたは気づくとポップコーンを撒き散らしている。そんなわけで、私たちのコンサート兼実験の知らせが伝わり始めたばかりのときに、「スラッシュ」というイギリスのメタルバンドが私たちに近づいてきた。法制度の残虐性についての歌を作っているので、その歌を聞いた誰もが恐怖で金切り声をあげるように、私たちにその歌を修正してほしいとのことだった。こんなことは音楽を聞いた結果として誰も普通は望まないが、それでこそメタルバンドなので、私たちはその課題を引き受けた。そして、またしても聴覚の科学は、音で脳内の感情面のつながりを作ることによって答えをもたらした。

私はバイエルンの城のごとく隔絶された暗いロングアイランドのアパートで無我夢中に研究していた。どんな音でも取り入れて、その上に昔馴染みの偽ランダムの「黒板を爪で引っかく音」のエンベロープをかぶせるフィルターを作って、そのメタルバンドの歌にあてはめた。私たちが最終的な再レコーディングのために音を出したとき、スタジオエンジニアが叫びながら部屋を飛び出して、私たちとは二度と一緒に働きたくないといった。こうして、感覚ニューロンのアルゴリズムによる脳ハッキングの世界で、成功として評価された。少なくとも今回は誰もモップで床掃除する必要がなかった。

したがって比較的簡単なアルゴリズムを利用し、既知の感情的および生理学的効果を用いて音をリバースエンジニアリングすることにより、脳固有の特性をフルに生かして、搬送波としての音楽を使うだけで目標とする知覚的効果をもたらすことができる。とはいえ、与える動揺はなるべく少なく、なおかつ、より具体的な何かをするにはどうしたらいいだろうか？　ごく具体的な結果をもたらしつつ、吐いたり叫んで逃げ出したりする必要のないものとは？

ランスには、幸せな父親として活発すぎる子ども二人を育てている友人がいる。その友人は子持ちのごたぶんに漏れず愚痴をこぼしていた。薬に頼ったり、愛情込めて野球のバットを振り回したりしないことには、子どもが眠ってくれないという。彼は以前に私たちの研究をいくつか聞き知ったとのことで、夜になったら子どもたちが十分に落ち着いて眠ってくれるようにする方法を何か考え出してくれないかと、私たちに単刀直入に頼みにきた。

ところで、眠りは実に複雑な現象だ。眠りが何のためにあるのか、どのように働くのか、二つより多い連絡し合う神経節を持つどんな生物にも行きわたっているのか、私たちにはたいしたことがわかっていない。しかし私は時間生物学の研究所で数年間研究していたので、すべての長距離トラック輸送が抱える特に大きな問題について知っていた――居眠り運転だ。列車から自動車まで何であれ運転する際は、おぞましい衝突事故の音で目覚めることがないように、十分な刺激を与えて常に注意をし続けられるようにすべきである。だが、長い道のりで居眠りするのは、とてもありふれたことだ――非常にありふれているので、産業研究ではドライバーの注意喚起の状況監視に多額の助成金が費やされている。頭に装着する小さな電気的装置もある。たいていの人はうとうとしたときに頭が一定の角度よりも傾くので、装置がそれを検知して不快な叫び声を発する仕組みになっている。

運転中の居眠りには、かなり驚くべき原理が隠れている。極度の疲労や注意の問題は、原因の一端にはなりうるが核心ではない。実際には、内耳にあってバランスに寄与する前庭系が、覚醒の中枢や、唾液分泌と胃の制御のような非随意的なものに影響する中枢に、広くつながっているという事実によって引き起こされる。波の高い日に船に乗ったり、非常にスピードの出るジェットコースターに乗ったりしたときに、そうした経験をしたことがあるだろう――視覚が内耳の信号についていけず、感覚的不協和を起こすために動揺病になるのだ。ところが、吐き気をもよおす動揺病（いわゆる乗り物酔いのことで、昼食を戻してしまいたくなるようなもの）は、一つの形態にすぎない。道路が比較的滑らかな場合に経験するのが、低振幅で低周波数の偽ランダム振動で、それが「寝かしつけシンドローム」と呼ばれる別の形の動揺病を引き起こす。起きていることがどんなに大事なときでも、極度の疲労感と眠気が生じるのだ。これについて聞いたことのある人はほとんどいないかもしれないが、子どもを持つ人々のあいだでは、その効果そのものはわりとよく知られている――このため、子どもは揺らして眠らせるのだ。低振幅で低周波の振動が子どもをなだめるので、子どもは知らぬ間に眠りに落ちる。私の両親もその方法を使っていたそうだ。古くてサスペンションに問題のある父親のフォルクスワーゲン・ビートルの後部座席に私を預けて、地元の泥道を三〇分ほどドライブすると、だいぶ効き目があったらしい。

「寝かしつけシンドローム」の興味深い特徴は、ドライバーより同乗者にはるかに大きな影響を与えうることだ。それは私たちにはお馴染みの遠心性コピーによる可能性がある――自分で運転していれば、少なくとも車の動きをいくらかはコントロールしているので、車の揺れや動きを自分が感じるためには、同乗者よりはるかに長く時間がかかるはずだ（これに関して私の経験で最も明快な例は、その後フィアンセになった女性との二度目のデートのときのこと、一時間ほどのドライブで彼女は居眠りをした。彼女が私の運転の腕をとても信頼してくれていると思い、私は感動した。実際結婚していっしょに旅行をする経験を重ねたところ、彼女は「寝かしつけ系シミュレーション」に非常に敏感なだけということがわかった。ロマンスと科学はしばしば相容れないものだ）。

そんなわけで、NASAや、NIH（アメリカ国立衛生研究所）、軍事組織での長年の研究に基づいた論文の重みで押しつぶされていた私たちは、活発すぎる子どもたちを寝かしつける方法を考え出すことに着手した。とはいえ、私たちはこれを個人的実験として（すなわち無償で）行っていて時間も足りなかったので、オリジナル音楽を作曲するのではなく、クラシックの古い録音に私たちの変調を加えることにした。これは興味深い挑戦だった。というのも適切な速度で振幅をわずかに変化させ、曲全体の音響を変えないようにしなければならなかったのだ。結局、父親が子どもたちの魂を科学に売っているのを本人たちには知らせずに、子どもたちが鎮まることだけを願って「退屈な」クラシック音楽のCDをかけることにした。これは過去に試していておよそ考えうる限りの成功を収めていた。ただしそれは、寝かしつけシンドロームに関して非常に感度の高い妻に試したときに、効果がなかったのが問題だった。

そこで、私たちはアルゴリズムの世界を出て、実世界の音を録音することにした。私たちは車の後部にジオフォンという、地震を記録するのに使う非常に低い周波数用のマイクを設置し、あたりを二〇分間ドライブして、次にその録音からその音のエンベロープを抽出して、三種類のクラシック曲に畳み込み処理して、成功を祈りつつ疲れた父親に手渡した。

翌日彼から、最初の曲を試したが効果がなかったことを知らされた。残念。

ところがその翌日、彼は電話をしてきて、あなたたちは天才だ、といった。子どもたちが二人とも、二番目の曲をかけると数分のうちに眠りに落ちたというのだ。私たちは才能が認められて嬉しかったが、少し混乱していた。曲はどちらもほぼ同じ音響密度で、同じような調、楽器、長さや量を持ち、同一のアルゴリズムをあてはめていた。なぜ一曲は効果なく、別の二曲は子どもが「眠っちゃうＣＤ」と名づけることになったほどよく効いたのだろうか？　一つの理由が、脳ハッキングに大きな問題があることを浮き彫りにする。すなわち、すべての脳とすべての脳による個々の経験は、それぞれ互いに異なるということだ。この活発すぎる子どもたちは、インターネットで聞いたことがある最初の曲のスラッシュメタルのバージョンに夢中になり、実際その曲により、調子に乗ったタスマニアデビルのように飛び回った。それゆえ、すべての曲にアルゴリズムは存在しており、そのアルゴリズムは二曲では睡眠誘導剤として明らかに効果的だが、その子どもたちが一曲目の基本的音楽構造をスピードの速い刺激的なバージョンでそれ以前に経験済みだったので、変調による比較的わずかな信号ではまったく効果がなかったのだ。そして私が前にも書いたように、このことはどんな種類の脳ハッキングでも、問題（そして消費者としてはほっとする要素）になっている。すなわち、それが脳の働き方（神経科学が広く基づいているもの）の統計的モデルに基づいているなら、ほとんどの人に効果はあるが、全員にあるわけではないということだ。

　すると、私たちの生活の多くの場面において、脳ハッキングをどのように利用することができるだろうか？　私は二〇〇〇年に、目的を定めた聴覚的脳ハッキングに取り組み始めて、合法的に利用される方法を考え出そうとした。当時それをしているのはほんとうに私たちだけだった。そして私たちの最初のアイデアは、広告に関するものだった。結局、宣伝広告は、最初の多細胞生物が目立つものを身につけ、湿地の仲間に自分の適応度や縄張り保持能力を知らしめて以来、あちこちに存在している。並外れた繁殖能力を持つ女性をかたどって誇張して作られた最初の古代彫刻のときから、広告は人間のコミュニケーションの主要部分なのだ（「ゴンの洞窟に遊びにきてね。巨大パーキング裏手にあります」なんてね）。そして、より現代的な感覚でも、広告は潜在的消費者を感情的に引きつけることで、その広告を見たり聞いたりするまで存在すら知らなかった何かを、どうしても必要と思わせ、魅力がないとかお金を出す気になれないとか、あるいは単に無関係とは感じさせないようにする。消費者心理学と神経経済学という新分野の考え方について長々と議論をするまでもなく、広告は、とりわけ成功した広告は、かなり確かな心理学的根拠に基づいている。それはあなたに何かを買わせることを目的としている。何を買うにせよ、ほとんどすべての買い物は感情的、ということがカギの一つだ。私たちが新しい音楽プレイヤーやメディアプレイヤーを買いに出かけることにすると、最新の電子機器を調査したり、スペックを確認したり、ヘッドフォンの周波数スペクトルがどのぐらいフラットかを比較したり、最大音量が労働衛生局基準や健康ガイドラインを満たしているかどうかに、実際に何時間もかける人はまずいない。見た目がカッコイイから、あるいは友人が持っているから買うのだ。女性をターゲットにして最近売り出された音楽プレイヤーに、私は怒りを感じた（従来品との違いは、選択的に音声を右耳に側性化したとか、わずかに異なる周波数反応にしたとかいうのではなく、ただピンク色にしただけだった）にもかかわらず、そのマーケティング判断には裏に理由があった——それはターゲット層には売れたのだ。

広告は、ひねり出した覚えやすい言い回しとジングルをもとにして、なくても生活できるにきまっている品物を、消費者が感情的に欲しくなるようにうながす。そのアイデアは、「オムニグロット4000家庭用ポークプラー、サラダシューター付き」がどうしても必要だと思い込ませる［ポークプラーは、豚のかたまり肉を切り刻むための電動ドリルに似た調理器具。サラダシューターは、野菜や果物などの材料を投入して電動で素早く大量に薄切りや千切り、撹拌をする調理器具］。なぜなら、それがないと自分は魅力がなくなり、衛生的に問題で、眉毛部静止不能症候群でひょっとすると死んでしまうだろう、などと考えるから。ところが広告は、あなたに何かの品物が必要だと思い込ませるだけでなく、心理学的ツールを用いて、あなたがその品物の名前を記憶するのを助け、その特定のブランドだけが自分に必要なものを与えてくれる、という考えから逃れられなくする。手短にいえば、その目的は広告を頭にこびりつかせることにより消費者の感情や記憶、注意を操作することで、その際、基礎的な心理学の原理を用いるということだ（反復は記憶のかなめ、性的な連想をさせる広告は非常に有効、など）。そして、こうした基礎原理が働くことをあなたが一瞬でも疑ったなら、そう、たとえば、どうしてあなたは「My baloney has a first name（ぼくのボローニャソーセージにはファーストネームがある）」の続きを正確に思い出せるのだろう？［続きは「it's O-S-C-A-R.」。一九七〇から八〇年代にアメリカのテレビでよく流されたオスカー・マイヤー社のCMの歌詞。日本では、「カステラ一番、電話は二番」と聞けば、続きの「三時のおやつは文明堂」を思い出す人も多くいるだろう］。

けれども一九六〇年代には、最新の神経アルゴニズムを使って消費者の心をコントロールしようと企む人はいなかった。当時の人々はそれ以前に効き目があった方法を利用しただけで、ときどき彼らは正しく応用できていたのだ。彼らは人の心をとらえるジングルを作り出そうと目指したが、親しみやすさから音楽の調やリズムまで広範囲の要素が偶然重なったことで、結果的に作ったのは、人々の耳にこびりつかせる曲（イヤーワーム、すなわち、神経学的にいえば「聴覚保持」させる曲）だった――頭から追い出すのは不可能に近い音楽的に結びついたフレーズである。頭のなかで何度も繰り返される音楽は、耳にこびりつく数分のわらべ歌のフレーズのように単純か、ブルース・スプリングスティーンの「涙のサンダーロード」の出だし四小節と同程度に複雑でありうる。それは五日間連続で脳のなかをぐるぐると回り、スプリングスティーンと切っても切れないニュージャージー州を頭のなかから排除する準備ができて、それに類する一切のものが二度と現れないことが確かになるまでおさまらないのだ。

この現象の基盤を研究している人々は、「神経広告」と今は呼ばれているものに応用することをもくろんでいる。今までのところ、データが示すのは単なるリズムや調性や内容だけではない。耳にこびりつくものは脳内の多くの律動的活動に基づいているのかもしれない。その活動は、同期しているときにその人がループを抜け出すのを非常に難しくしている。ブランド名とそれがいいものだというループから逃れさせてくれない、究極の耳にこびりつく音楽を作るためのカギが、広告会社に発見される日がきたら、世界中で広告会社の重役や神経広告主は袋叩きになるだろう（「人間には手出しがかなわぬように運命づけられていたものがあるのだ、親愛なるフランケンサウンド博士よ」）。

「神経広告」のこの話はどの程度現実的だろうか？　世の中に神経科学と心理学のデータを使う産業がほんとうに存在するのだろうか？　そしてもっと大きな疑問がある。それは役に立つのだろうか、それともその週のバズワードになる程度のものだろうか？　そう、確かに現実的だし役に立ちうるが、かなり根本的な理由のためにたいていはそうならない。

聴覚的脳ハッキングをなんとかしようとする具体例を考察して、どの程度使えそうかを調べてみよう。あなたが広告に関する創造力が必要な仕事をしていて、女性をターゲットにしたロマンティックな製品を売らなければならないとしてみよう。男性と女性の脳は異なり、聞こえ方も異なる。音量や周波数の閾値の男女差を長い時間を費やして計算しても、実用上で価値があるほどの十分な差異は示せないが。ところが、本書の初めのほうの章を振り返ればわかるように、非常に多くの聴覚システムは、好ましい相手とそうでない相手を感知して識別することに専念している。メスが音に基づいてつがい相手を選択するのはカエルに限ったことではない――バリー・ホワイトの（低音の歌声に惹かれた）ファン層について考えるだけで私のいっている意味は伝わるだろう。太くて低い声は、発生源のサイズが大きいという意味を含んでいる。そして生活のなかにある音に関しては、とりわけ精神の潜在意識の部分にとっては、サイズが重要だ。

とはいえ、さらに一歩進めて考えてみよう。サイズは、ピッチ（音の高さ）と強い相関性があり、そうしたピッチは、音を出したり感知したりする振動面の体積と質量によって生じる。さらに私たち二足歩行をする種にとって背の高さは配偶者選択のプロセスで考慮すべき一大事項である。そのため音響デザイナーは、低い音声を使うとともに、聞き手が自分よりも高い地点から音が聞こえていると思うように、耳を騙す。

これは手が込んでいる。上オリーブ核は、音が左右方向の（そして多少は前後方向の）どの位置にあるのかを見つけ出せるが、垂直方向の音の手がかりは、外耳の小さなでこぼこした形に大きく依存する。問題は、誰もがわずかに違う形の外耳を持っていることだ。（指紋ならぬ「耳紋（じもん）」が、身元確認の目的で犯罪科学のいくつかの事例で使われたこともある）。あなたの耳とかなり長い間ともにすごしてきたあなたの脳は、ものが上からくるのか下からくるのかを、その音のノッチ（音が抑制される帯域）とピーク（音が増幅される帯域）に基づいて読み取ることができる。幸いなことに音の定位は、垂直平面内であっても、聴覚的心理物理学でよく研究されている領域だ。広帯域ノイズで、六キロから八キロヘルツ帯域のノッチの位置を変えるフィルターを作り出したら、音が上へ動いているように感じられることが、いくつかの研究で示されている。そこで、類まれな才能を持ち、有り余るソフトと時間を所有する私たちの音響デザイナーが、架空の製品の名前をいっている声を録音し、その声の高さを低音側のバリー・ホワイト域まで下げて、その音を、素早く上へ移動する高周波ノッチを持つ静かな音に組み込んだ。ターゲットの聴衆は、突然、非常に背の高い未来の恋人かもしれない男性が、とてもセクシーな声で製品の名前を口にするのを聞くことになる。さあ、脳内に各種取り揃えられた領域へ向けて、信号を発射せよ。聴覚皮質から、前頭前皮質の注意に関係する領域、視床下部と視索前部という瞳孔の大きさから覚醒までを制御する部分に至るまで――すると、ほら。聞き手の注意を引いて、名前だけの架空のものに対して、とてもポジティブな、とってもセクシーな深いところからの反応を生じさせることができたかもしれない。

そんなに簡単ならいいのだが。

聞き手が男性の場合もありうる。男性はこの手の操作された音に対し、苛立ちを感じたり腹を立てたりする反応が多い。よって、この製品を贈り物として買おうとはしないだろう。また非常に興奮しても、男性には興味を持たない女性もいるかもしれない。あるいは、その聞き手は、八キロから一〇キロヘルツで垂直位置の情報を得られる耳を持つのかもしれない。あるいは、もしかしたら子どものころにバリー・ホワイトのアルバムの箱を窓の外に落として、ネコが下敷きになって死んでしまった経験があったのかもしれない。脳ハッキングはその集団において統計的に有意な割合に作用するが、人々の脳はその人々の指紋よりもいっそう個性的だ。そして統計は集団に対してのみ通用する――どんな刺激をどの個人に与えることにしても、成功や失敗を予言することはできない。

だが、「集団の統計的に有意な割合」が示すのは、マーケティング関係者にとって有益な人口層だ。おそらくそういうわけでメディアからは、「神経マーケティング」「消費者の脳スキャン」「ターゲットを定めた広告」といったバズワードがたっぷり入った記事や広告であふれたもの、そして「アイ・トラッカー」「EEG」「fMRI」といった多様な神経科学装置の利用についての議論が情報発信されている。適切に応用されれば、そうしたものが購買決定についての洞察力をもたらすことも可能だろう。（少なくとも、購買決定がなされるのは、頭の周りを電極で覆われている状態で、もしくは二〇分間頭の周りで一〇〇デシベルの音がする狭い管のなかでストレッチャーに括りつけられてすごしながらである。ふわふわのウサギちゃんの上着？　はい、二着買います――とにかくここから出してくれ！）。とはいえ、これがマーケティングと販売についてのすべて、というわけではない。ターゲットが定められたこの脳ハッキングが、病院の待合室や空港の待合所といったストレスの多い環境で、気持ちを落ち着かせる音場を作り出すために応用されたらどうだろう？　あるいは、空間的広がりを感じさせる音が、乗り物酔いを抑えるために応用されるとしたら？　あるいは、手術を終えた患者がより早く回復するために、睡眠を誘導する音楽がかけられるとしたら？　今こそは、脳内での感覚や聴覚の処理を理解するだけでなく、実世界でそれを役立たせる次の時代の幕開けだ。世界中の何千もの神経科学実験室で採取されたあらゆるデータは、実際に役立つ可能性がわかり始めたばかりだ。そして、音は初めから私たちとともに歩んできただけあって、私たちの科学技術の未来を、そして私たちの生活の未来を明確にするのを助けてくれるだろう。

第9章 兵器と奇妙なもの

一九八一年に、私は学位のない三年生としてコロンビア大学をあとにし（そして私を担当した生物学教授には、科学界での私の未来はないと言い渡されていた）、その後間もなく、小さなライブハウスなどで日雇い演奏をするミュージシャンとして私は働いていた。古いアナログのＪＵＮＯ１０６というシンセサイザーを初めて買ったばかりで、それは一九八〇年代という原始テクノロジー時代に典型的だったように、私のアパートに出没したゴキブリと同様デジタルではなかった。私はフラクタルサウンドを作り出せないかと模索していた――それは、当時はほとんど理論的な概念で、繰り返す音声を発生させながら、リアルタイムでそれ自体に変更を加える必要があった。当時のテクノロジーでは、ソフトを利用しながらパラメーターを変更する方法がなかった――私はとにかくオシレーター（アナログ発信器）やフィルター、スライダー、ホイール、そのほかにも手動でコントロールする奇妙なものを使うことに熱中していた。ＪＵＮＯがつなげられたのは、非常に古くてかなり雑音が多いが、ものすごく大きなアンプだった。

私は一時間かけてコントロール装置を非常に正確な位置に動かして、複数のオシレーターを同期させたり非同期にさせてみたり、同時に低周波オシレーターを変調させてカットオフフィルターとして作動させていたそのとき、私のネコがコントロールパネルに飛び乗って、好き勝手にアレンジを直してしまった。それからネコがものすごい勢いでそこから離れたのは、非常に大音量の、ノンフラクタルでものすごく苛立った飼い主の声に刺激されたからだろう。私はいったん落ち着くと、このシステムで私が作ろうとしているフラクタル音を、ネコが見つけ出した可能性も大いにあるだろうと思ってすぐにスイッチを入れてみた。アンプは、非常に大きい奇妙な音を出し、高出力でビートのきいた低周波数音が鳴り響いた。それはフラクタルというのではなく、むしろおぞましいものだった。それで私は振り返ってアンプのほうを見た。それから、嘔吐した。

自分とアンプとネコの後始末をしたあとは、「あれはいったい何なんだ?」ということしか考えられなかった。ネコと私がどうにかして作った音から、まったく聴覚的でない影響が生じた。数年後にその場面を思い出したとき、私は学生を安心させるために、「茶色い音」のような排便のコントロールをできなくさせるといわれる伝説的な音は存在しないと話していた。音は聞こえるだけのもので、腸管や身体に影響を与えることはできないと説明していたが、話すペースが落ち始め、ついには、別のクラスに行かなくてはならないなどとぶつぶついって、その秘密についてあれこれ考え始めて、音の特徴を分類してみたりした。

人間は音と奇妙な関係がある。私たちは音のほとんどを無視している。私たちは、脳幹のなかで音をあれこれ引っ張り回して、私たちの世界の舞台設定である「背景」として監視し、注意を働かせているがめったに音をとらえることはない。ところが、私たちは音を無視するにもかかわらず、音は心の下層に存在し、私たちが感覚と周囲の残りの状況に音を加えて初めて、音は私たちの意識に上っていろいろなことをする。それは暗闇のなか、つまり視界とは異なる感覚システムで、それが何かはあまりよくわからないが、生き残りのために重要なものということはわかる。ことによるとそれが理由で、しばしば人間は、何らかの力を特定の種類の音のせいにするのかもしれない。あたかも音波そのものが生きていて、よい意図と悪い意図を持つかのように。

音は昔から人間の文化に広く浸透し、私たちを世界に結びつけている。聖書によれば、世界が創造されたのは、神が「光あれ」といわれたときだ。ヒンドゥー教徒は「オーム」という音節の創造的な振動を信じている。そして「黄鐘(こうしょう)」すなわち「黄色い鐘」は、古代中国朝廷と宇宙の調和との関係を規定する音階の基準音としての役割を果たす。こうした傾向は、宗教からポップカルチャー、科学から軍事まで私たちのすることすべてに及ぶ。そして、人間が十分な注意を払って必要なだけ長い時間いじくる道具のいずれとも同じように、こうした力はしばしば邪悪な用途に変わる。音が癒しの装置として、あるいは社会的結束をうながす手段として持ち出されるたびに、それが兵器として使われることになる二つの場合があるだろう。作り話で、それから、現実で。

音響兵器というアイデアは非常に古くから存在する。アイポッド誕生の数十万年前に、私たちの祖先は、何かが起きているのを音が知らせるということを知っていた。たいていその何かは、自分たちのコントロールできないことだった。地震や雪崩で大きく低く鳴り響く音、突然小枝が折れる音と捕食者の低いうなり声、あるいはハリケーンで風が吹き荒れる音。これらはすべて、相手の力が勝っており避けるべきものだという警告を彼らに与えた。『スターウォーズ』で「ソニックブラスター」が考え出されるよりもはるか昔、一万七〇〇〇年前に私たちの祖先の一人が、平たい木切れに穴をあけて長い紐(ひも)を結わえつけ、紐を持って頭上で振り回せば、聞き手に近づいたり、聞き手から遠ざかったりすることで変化するぶんぶんと唸る音が生じることに気がついた。もしタイムマシンの事故で当時に降り立つ人々がいれば、ヘリコプターの音かと思うかもしれない。この音響兵器は、うなり木(ブルロアラー)といい、南極大陸を除くすべての大陸の遺跡の発掘現場から見つかっており、オーストラリアの先住民は今でも、悪霊を脅かして追い払うために儀式のなかで使っている。技術的には単純だが、うなり木から生じる音は大きくて複雑だ。その音は紐につけられた木製の翼の回転による低周波振動に由来するので、円軌道上を聞き手に近づいたり、逆に聞き手から遠ざかったりすると、ドップラー効果によって周波数が増減を繰り返す。大きなうなり木の音は、大型動物が声を出したり呼吸したりするのに非常によく似ている

――夜、焚き火を囲みながらそれを聞いていて、このぶんぶんと鳴る音源によって、大きくて、おそらく危険なものが呼び覚まされると信じたかもしれない。そして、夜中にそれがほかのものには対抗して自分たちに味方してくれるはずだと願うことしかできなかっただろう。うなり木はこのように、心理学的武器として音を利用したごく初期のものだった。たとえ、それが何らかの超自然物を対象にしたものだろうとも。

音響兵器は古代のうなり木から、今日の群衆に対して使用されている（あるいは誤った使い方をされている）長距離音響発生装置（LRAD（エルラッド））といった現代の非致死性兵器まで、世界中のあらゆる地域での物語に現れたり実世界に応用されたりしている。そのさまざまな応用とは、紐に括りつけた骨や木の端くれから、圧電エミッターのハイテクなフェーズドアレイに至るまで、テクノロジーによるものだ。ところが多くのほかの兵器とは違い、音響兵器に潜む物語と恐怖は、しばしば音響兵器そのものよりも効果的だ。音響兵器の文化的広がりにより、世界でそれが与えた実際の効果よりも、音への依存や音との関連性という隠れた心理学的な影響のほうがよくわかる。

西洋の人々が一度は聞いたことがあると思われる最高の音響兵器は物理的な兵器だ。聖書の物語と考古学的調査を合わせた話によれば、紀元前一五六二年ごろに、ヨシュアはエリコの町ではカナン人たちと戦った。かなり激しい戦いだったらしく、最後には周壁が崩れ落ちた。聖書によれば、神に霊感を与えられたヨシュアは、兵にショファール――雄羊の角笛（ホーン）で、ホルンというよりむしろ弁のないトランペットのように吹くことができるもの――を一斉に吹かせ、それに続けて全員に同時に叫び声をあげさせた。声が集結して生じた共通の倍振動が、壁を崩壊させたことになっており、ヨシュアと民は、ツアー中のバンドがいつもすることをしたのだ――つまり町を破壊し尽くしたが、遊女のラハブとその家族だけは助けられた。彼女はどうやら「バンド演奏」の準備を手伝ったと思われる[*]。

これは、音響兵器を使って何かを物理的に壊すことができたという話のうち、ごく初期のものの一つだ。十分に大きな音で建物を打ち倒すことができるだろうと人々が考える理由はわかりやすい。馬の一群が大きな音を響かせながら村にやってくると、ポットが倒れてテーブルから落ちる。地震の轟音が聞こえると、建物が倒壊する。雷鳴が近くで聞こえると、道の先にある小屋が火事になる。音を聞いて何かが壊れる経験からは、すぐに連想が進んで、地面を伝わる振動よりも知覚しやすい空気中の音が破壊の原因だと思うようになる。ところが、音は分子の振動によるエネルギーの伝送に基づいているが、空気伝播音から実質的な物理的効果を上げるには、かなり特殊化した装置と、それが存在する空間での大きな力を必要とする。

すると、角笛や声、沈黙が適切に混合し、集結して生じた振動は、町の岩壁を破壊することができたのだろうか？　簡単な答え、つまり建築エンジニアや考古学者、音響技師に尋ねたときに返ってくる答えは、ノーだ。音響技師のデイヴィッド・ラブマンによると、ヨシュア記の雄羊の角笛の出せる非常に大きな音（およそ九二デシベル）は、基本周波数がおよそ四〇〇ヘルツ、倍音の出力が一二〇〇から一八〇〇ヘルツとのことだ。これによって、ショファールは、オスのウシガエルのいらいらさせられる出力レベルぐらいだと見積もれる。人間の男性の声は、周波数帯域が約六〇ヘルツから約五〇〇〇ヘルツまでで、エネルギーのほとんどは一〇〇〇ヘルツ未満にあり、最大音量は絶叫したときでおよそ一〇〇デシベルだ。これはウシガエルよりも音量が大きいが、それほど大きな差ではない。ラブマンは実際にエリコのシナリオを音響的に分析し、三〇〇から六〇〇人の男が一斉にショファールを人間離れした正確さで吹いて、それから全員声をそろえて叫んだのだろうと推測した。ラブマンによれば、構造的な破壊をもたらす振動を誘発するためには、これではまだ必要な出力の一〇〇万分の一にも満たないそうだ。最も堅く脆い材料であったとしても、たとえ壁の目の前で音が出されたとしても、そしてもちろん絶妙のタイミングで、さまざまな重さと大きさの構造物を共鳴させるのに足るように音を調整してフレーズを得るようにしても。とはいえこれは、歴史的記録に書き加えるためにというよりも、私たちと大きな音の関係を理解するうえで優れた話になっている。

ところが、より高密度の物質を通って伝搬する音は、別の話である。私は鉄道線路からおよそ一〇〇メートル弱のところ暮らしているので、時速五、六〇キロぐらいで移動する七〇〇トンの列車車両が、地面を通して伝えることができる破壊的な力について証言できるし、わが家の壁と天井にある亀裂がそれを証明する。高密度媒体のなかを伝わる音は、空気中を伝搬する音よりもはるかに速いので、よりゆっくりと減衰する。そして、その振動が閉じた構造物のなかに存在すれば、それによって構造物が共鳴する——最初の音源につられて振動する——ことはまれではない。振動が続くままにしておけば、構造疲労を起こすレベルに達し、理論的には破壊しうる。

この種の破壊についての話は、近代のきわめて優秀な（そしてときおり狂人じみた）発明家、ニコラ・テスラの実験に由来する。今は現代クロアチア領内の村であるスミリャンで一八五六年に生まれたテスラは、アメリカ合衆国に移住し、無線伝送と交流電流の父として知られるようになった。彼は電気的共

[＊] 追っかけのファンは、ツアー中のバンドにいつも特別な思いを持っているものだ［訳注：旧約聖書『ヨシュア記』の第六章によれば、ラハブはエリコの王を欺いて、ヨシュアを味方してかくまったので、町の民がすべて滅ぼされたときに彼女とその家族は守られた］

鳴と音響的共鳴のどちらの考えにも強い興味を持った。いくつかの伝記と、陰謀論を唱える莫大な数のウェブサイトによれば、一八九八年にテスラは、ニューヨークのイースト・ハウストン・ストリートにあった屋根裏部屋の実験室で、鉄製の柱に取り付けた小さな電気機械式の振動発生器を使って研究をしていた。その話によると、彼がその振動発生器を動作させると、床と空間が共鳴し始めて、そのおかげで小物や家財道具が部屋中を移動したという。その後に起きたといわれていることについては、疑ってかかることが必要だ。その共鳴による振動は建物の基盤を通り抜けて伝播していき、それから隣接した建物や店を揺らし始めて、窓を吹き飛ばし、すぐ近くのリトルイタリーとチャイナタウンの人々を怖がらせたといわれている。警官が彼の実験室のドアを叩き、警告を与えるまでそれは止まなかった。テスラは、混乱を引き起こしているものについて心あたりがあるのではないかと訊かれて、(一説によると)おそらく地震でしょうと申し立て、警察を追い出してから大きなハンマーで振動発生器を壊して、人工地震を止めたということだ。

記者たちがそのすぐあとに到着したとき、テスラは彼らしく抜け目のない謙虚な態度で、その気になればブルックリン橋を数分で壊すことだってできた、といった。だが、一九三五年の『ニューヨーク・ワールドテレグラム』紙に掲載された後日談では、テスラがその出来事について少し違ったことを述べている。彼はそれが一八九七年か一八九八年の出来事だと主張している。「突然、その場にあったあらゆる重い機械類があちこち飛び回っていた。私はハンマーをつかんで機械を叩き壊した。でなければ建物はそれから数分で倒壊しただろう。外の通りは大混乱していた。警察と救急車が到着した。私は助手たちに何も話すなといった。私たちは警察に地震だったに違いないといった。あとにも先にも彼らがそれについて知りえたことは、これですべてだ」と彼は書いた。テスラは発明の天才で、七〇〇を超える自分の特許（このなかの米国特許第514,169と第517,900が、ここにでてきた装置と思われる振動発生器の特許）を持つが、自分の非常に単純な装置が非常に恐るべき結果をもたらすのだ、とかなり大げさに主張することでも知られていた。たとえば、彼の振動発生器の一台と「五ポンド［約三四キロパスカル］の蒸気圧を使って、エンパイア・ステート・ビルディングを破壊する」ことができるなどといった。

そうすると、この「地震発生装置」が実際に機能した可能性はあるのだろうか？　理論的には、イエスだ。堅い材質でできたものの単純な周期振動が、共鳴を引き起こし、この共鳴がまったくコントロールできなくなることがある。ぜひとも、タコマナローズ橋の崩壊の映像を見てほしい。レオン・モイセイフの設計によるこの橋が架けられたのは一九四〇年、開通して四カ月後、風速約一九メートルで風が吹き続けて、空気力学的弾性によるフラッター現象生じた。それは、風の応力があるため構造物の自然共鳴が十分に弱められず、ポジティブなフィードバックループに入りうる状態だ。橋は振動し始め、橋全体が、自然共鳴周波数で滑らかなループと波を描いたあと、下の川へと崩れ落ちた[*]。

もっと最近の例では、ロンドン・ミレニアムブリッジが「ぐらぐら橋」と呼ばれ出したのは、二〇〇〇年に開通した直後のことだ。オープニングセレモニーで、歩行者の全員の歩みに共鳴反応して、橋は左右に振り子のように揺れ始めたので、構造的災害を免れるために通行止めにしなければならなかった。以上のように、振動によって共鳴の大惨事はもたらされうる。とはいえ、マンハッタン南端部での人工地震を、テスラのポケットサイズの共鳴振動器が引き起こすことはできたのだろうか？　二〇〇六年のテレビ番組『怪しい伝説（Mythbusters）』［アメリカで二〇〇三年からディスカバリーチャンネルで放映中。誰でも疑問に思ったことがあるような噂を、実験や調査をして徹底的に検証するという人気長寿番組］でテスラ

［*］映像のイヌは逃げのびた。

の実験をまねて行う試みでは、十分に調整されたリニアアクチュエーター(回転するモーターではなく、前後に周期振動するモーター)が、大きな金属の棒にはかなりの振動を生じさせることができたが、このテスラの装置の複製品は、離れた場所にはさしたる影響は及ぼさなかった。

この難題にひるむような『怪しい伝説』番組チームではない。できうる限りの策を尽くして、振動発生器を古い鉄製のトラス橋に貼り付けて、橋全体の共鳴周波数にぴたりと合わせて調整すると、かなり遠いところから轟音と震動を感知できたが、橋そのものにはまったく影響しなかった。彼らは、このテスラの話は作り話だと宣言した。ごたぶんに漏れず、問題は基本的理論にあるのではなく、むしろ実世界のあらゆる細部に存在した。適切な振動を与えれば、おそらく一つあるいは複数の建物に大きな損害を与えることはできるだろうが、それには風速一九メートルで風力を保つ力か、数千人が一斉に行う足踏み、あるいは少なくとも地震を必要とする。単純な共鳴は、建物の骨組みのような閉じた堅い構造体のなかで振動を増幅するかもしれないが、実世界のすべての構造物は、材料や環境条件の変化による振動能力の変化、つまり減衰によって影響を受ける(このおかげで、旅客列車よりはるかに重い貨物列車が夜中の二時に通過するときにも、私の家が倒壊を免れているのだ)。たとえテスラが、彼の実験室の鉄製の柱を振動させたのだとしても、その柱はどこかのコンクリートに埋められていて、土で囲まれていて、近隣のほかのビルとは離れていた。たとえ、振動が鉄製の柱の共鳴周波数にぴったり合っていても、振動は歪められ、より低密度の材料にひとたびぶつかれば弱まって、ごうごうというるさい音になって減衰するので、近隣の人がみんな死に物狂いで逃げることにはならず、むしろ近隣から騒音の苦情がくる可能性のほうが高かっただろう。

とはいえ私たちの精神史と神経配線により、私たちは音が大規模に物理的な破壊をもたらすはずだと考え続けるとともに、より発明の才のあるエンジニアや科学者、ライターが、音響兵器を考え出そうと努力し続けている。おそらくこれが理由でSFでは音響兵器が重要な位置を占めるのだろう。フランク・ハーバートのSF小説を映像化した、デヴィッド・リンチ監督の映画『デューン／砂の惑星』で、クイサッツ・ハデラッハが使った特別製の「奇妙なモジュール」は、声を変換する攻撃用兵器で、ヨシュアの兵と同じように壁を吹き倒すことができた。映画『マイノリティ・レポート』では、警察が「ソニック弾」を使ったショットガンで人を打ち倒す。だが、空想から生まれた武器で私の一番のお気に入りは、一九六〇年代にマテル社が実際に作った玩具──「エージェントゼロMソニックブラスター」だ。面白さという名のもとにやりすぎる当時の玩具メーカーの例に漏れず、その玩具は圧縮空気を使って耳をつんざくような一五〇デシベル以上の大音響を作り出し、たった一発で段ボールの建物を吹き飛ばしたり、大きな葉っぱの山を吹き散らばすことができた。そして、世界水準の軍用機器とはだいぶ違うとはいえ、この玩具を持っていたラッキーな子どもたちの親から、聴力を恒久的に損失した、あるいは鼓膜を損傷したという訴えがあったことを考えると、間違いなく音響兵器として分類されるべきだ。この目的が数人の子どもの耳を聞こえなくすることや、シリアルの箱を一つか二つ倒すこととすれば、まあそれでいいだろう。だが、物理的対象を破壊する音波の能力は、基本的には限られている。音響兵器が現実的で効果的なのは、別の領域──心理学と生理学の領域においてである。

なぜ音響兵器を作るのか？　私たち人類は、兵器を作るためにとてつもなく多くの時間と資源を注ぎ込んでいるが、同時に兵器の利用を公然と非難している。ほとんどの兵器は、エネルギーを利用して、固くまとまりのある構造物を、あまり固くないまとまりのない構造物に変えるという考えに基づいている。音響兵器は、フィクションのなかを除きこの領域ではそれほど役に立たないが、類似のことをする

――人間の計画を立てたり実行したりすることのできるまとまりある精神をつかまえ、その人自身の神経配線を使ってその人自身の精神に対抗させる――ためには、音が人に与える効果が役に立つ。警戒信号としての音の基本は私たちに組み込まれている。脳幹という最深部分から、最も高レベルの認知中枢に至るまで。脳を効果的な方法で動揺させるには、いくつかの基本的な音響心理的特性を加えればよい。進化生物学でわかったことを思い出すといい。音は大きくてピッチが低ければ、人をぞっとさせるだろう。音が大きくてランダムな周波数と位相成分を多く含むなら（黒板を爪で引っかいたような）、人を不快にさせるだろう。音が大きくて避けられない場合、混乱を招き分別を失わせるものになるだろう。そして、聞こえるはずのない場所から聞こえる音のように、脈絡のない音は、混乱や恐怖を招くだろう。最も効果的な音響心理学的兵器は、これらすべてを兼ねそなえているだろう。

　これまでに見たことのある映画やアニメで、何かが空から落ちてくるシーンについて考えてみてほしい。ミサイルや隕石が落ちてくるのでもいいし、タカが不運な獲物目がけて急降下するのでもいい。ほとんどの場合には何らかの音響効果が、スピード感と下降する危機感を高めている。ところが実生活では、火山から飛び出した溶岩の塊が落ちてくるとか、隕石が落ちてくるとか、戦場で迫撃砲弾が飛んでくるといったきわめてまれな場合は別として、上から自分に向かって落ちてくるものからは、警告として役に立つような音がすることはめったにない。その結果、何か上空から自分を目がけて落ちてきながら音を立てるものは何でも、とりわけ恐ろしく感じる。

　西暦二二〇年の中国での一場面を想像してほしい。諸葛孔明の指揮下で三国時代の兵たちは、ヒューヒューという奇妙な音が聞こえて、突然火矢を浴びせかけられるのだ。中国の三国時代の武器として「鏑矢（かぶらや）」は発明された。矢の先端に「鳴鏑（なりかぶら）」という中空の用具を付けると、矢は飛びながら高い音を鳴り響かせた。発見された最初期の矢は、骨を彫って作られてており、その先端はとがっていなかった。それはおもに部隊の信号伝達と連絡の装置として機能したことが、前漢時代に太史公を務めた司馬遷による『史記』に記されている。後に鳴鏑はもっと精密に作られるようになった。初期のものより小さな、鋭い穴があり、鉄製で、一ないし多数のとがった先端を持つように成形されていて、たいていは、油を含んで燃えている木綿を装着することができた。この矢の役割は、長距離間の連絡と目的に向けて誘導する道具から、音響をそなえた攻撃兵器へと明らかに変化していたので、当時は上空から鳴り響いて死がもたらされるものというだけでなく、その過程で兵に火をつけることにもなった。鏑矢は音響的に恐怖を与える兵器として一〇〇〇年を超えて大きな成功を収め、中国および韓国、日本のあちこちで、発掘された遺跡から見つかっている。

より近代では、上空から危険を示す音が最も顕著に使われ記憶されたのは、第二次世界大戦中に、シュトゥーカという名でよく知られているナチスドイツのＪｕ87爆撃機によるものだろう。地上の軍隊や市民に向けて機銃掃射や爆撃をするために設計された強力な急降下爆撃機では、恐ろしさが十分ではなかったといわぬばかりに、ストゥーカは特別な装置、いみじくも「エリコのラッパ」と呼ばれたけたたましいサイレンを搭載していた。「エリコのラッパ」は、小さなプロペラによって駆動されるサイレンだ。音響室のなかに空気が送り込まれて騒々しい音が作り出され、飛行機が急降下して速度が速まるほど音量は増し、より高い音になった。空気ブレーキが働いて飛行機が水平飛行したときにようやく音が止まった。シュトゥーカが目標に向かって急降下し、近づくにつれますます大きく高い音で鳴り響き、爆撃後にようやく静かになることによる心理学的効果は、ナチスの重要なプロパガンダの道具であり、生き延びた市民や兵士に強く印象づけられていったので、飛行機の攻撃や墜落のシーンがある非常に多くの映画で、象徴的な音響効果になっている。

ストゥーカとのちのV1飛行爆弾で通称「ぶんぶん爆弾（バズボム）」［第二次世界大戦中にナチスドイツが作ったミサイル兵器で、耳障りなエンジン音がするためこのように呼ばれた］によって引き起こされた恐怖は、見すごされることはなかった。第二次世界大戦後の時期は、核戦争の脅威によって直接的な軍事衝突の様相が変わったので、諜報および軍事組織は、敵の軍隊や市民の操作に重点を置く戦略に対して、より多くの関心と資金を注ぎ始めた。こうしてさまざまな心理学的操作のグループが生まれ、アメリカではPsyop（サイオプ）（心理作戦）がよく知られている。心理作戦は、心理学的および純軍事的な活動を実行するアメリカ合衆国中央情報局（CIA）の特殊活動部隊（SAD）から発祥し、一九六〇年代までには軍隊のほとんどすべての部門で独自の心理作戦グループを持つようになった。なかでも興味深い計画の一つは、ベトナム戦争で用いられた。ストレス下の人々を操るために複雑な音を使う創造性と、そうしたテクニックが直面する多くの問題（最も克服困難だ）のどちらもが、その計画によって浮き彫りになった。伝統を重んじるベトナム人やそのほかのアジアの人々は、故郷で埋葬されなければ、その人の魂が永遠に苦しんでさまようと信じているので、「さすらう魂」という録音によってその信心を利用して、ベトナム人を操作しようという試みだった。

一九六八年に心理作戦の技術者によって作られたオリジナルのテープには、四分ほどの長さで、ベトナム人の伝統的な葬儀での音楽、子どもが父親を呼ぶ不気味な嘆き悲しむ声、北ベトナムとの戦いで無意味に殺された夫について話す女性の声が入っていた。同種のほかのテープでは、トラの鳴き声と別のせりふが録音されており、泣いたり笑ったりする子どもの声と悲しそうな響きが交互に入っていて、すべてにリバーブとエコーで大幅な修正が加えられて幽霊のような効果が作り出されていた。こうしたテープが、アメリカ陸軍第六心理作戦大隊のヘリコプターと飛行機の側面に並んだ大きなマルチスピーカーから、深夜に放送された。村民が武器を手放し、ゲリラ兵が戦い続けるよりも投降することを期待したのだ。それを支えている考え方は、第五特殊作戦飛行隊の非公式モットー「身体を破壊するよりも、心を曲げさせるほうがよい」に尽きる。

とはいえ、それはどのような効果があっただろうか？　二一世紀にこれを読んでいるあなたには、ハロウィーンの音響効果のCDのような印象を受けるかもしれないが、何週間か何カ月かのあいだ命が狙われたあと、そうしたテープが夜半ジャングル地帯に大音量で繰り返し流されるのが聞こえてくることを想像してみてほしい。心理作戦の命令系統は明らかにそれに注力されていたので、死や喪失と音との文化特有の結びつきと、最新の電子工学の特殊効果によって、その録音はこの世のものと思えない恐ろしい音だったと思われる。ところが、彼らはどうやら一つの側面を見落としたらしい。つまり、明らかに飛行機のエンジン音が聞こえるときにだけ、テープの音が流されたのだ。誰がどこで幽霊のような音を聞こうとも、それがプロペラやローターの音とともに聞こえるので、彼らはすぐにこれは超常現象ではないと思うようになり、彼らの注意は速やかに、不自然でありえないはずの音から、武装した飛行機に対する軍事的意味での恐怖への対処に変わった。要するに、しまいには典型的な反応は、「さすらう魂」のテープが始まるやいなや、地元の兵士たちが直ちに音源を目標にし、火力をほぼ全面的に撃ち落とすことに振り向けるということになった。これによって心理作戦の軍事戦略は変更され、「さすらう魂」を疑似餌のように使って、地上部隊を見つけだしてそれを目がけて撃ち、続いて第二の飛行機が、今度は見つけるのが容易になった地上の兵たちに向けて砲撃した。そうした地上の兵たちを撃ち払ったあと、音響兵器のとどめに、この第二の対地攻撃機はしばしば、別の録音の「笑い箱」と呼ばれたいらいらさせるラフトラックを流した。このように、「さすらう魂」は音響兵器だったが、攻撃する側とされる側のどちらもそれに慣れるのにしたがい、その役割が著しく変化した。

ところが、諜報と軍事で武器として音を使う試みは常に功罪半ばの結果を伴ったものの、それで終わりではなかった。一九八九年一二月二〇日、「正しい大義作戦」はパナマ市近くのトリホス国際空港に第八二空挺師団が着陸したことから始まり、マヌエル・ノリエガを打倒して拘束したことで終了した。作戦そのものは一週間かからずに終わったが、ノリエガがバチカン大使館の庇護を受けていたことから複雑化した。アメリカの心理作戦の拡声器チームは大きな音で音楽を放送し始め、当時の新聞記事によると、黒板を爪で引っかく音から大音量で鼓膜が破れんばかりのアメリカン・ロックンロールまで、さまざまなものが放送されたという（ガンズ・アンド・ローゼズの「ウェルカム・トゥ・ザ・ジャングル」が最初の歌だったらしい）。音楽はアメリカ軍直営ラジオのＤＪにあてたリクエストによってかけられ、たとえばザ・クラッシュの「アイ・フォウト・ザ・ロウ」、ブルース・コバーンの「もし私がロケット発射装置を持っていれば（If I Had a Rocket Launcher）」、ナザレスの「人食い犬」といった歌を大音量で流すこともあった。これは『ニューズウィーク』誌によって「合衆国史上最もばかばかしい心理作戦」というレッテルが貼られた。

問題なのは、これだと誰かが簡単な大騒音と繰り返しを利用して、ノリエガをストレスでまいらせて庇護先から燻り出したように聞こえるが、当時そこにいた数人の軍関係者はインタビューで、大音量の音楽はノリエガを操作するために流したわけではないと指摘した。それよりむしろ遮蔽する雑音として働いたので、パラボラマイクやロングレンジのマイクを使っていた数十の報道機関は、ノリエガを穏やかにに立ち去らせるために内部で行われていた交渉や会議についての報道音声を拾うことができなかった。それでもなお、心理作戦の拡声器チームは音響戦略として大音量の音楽を使い続けていたが、重要人物たちに直接影響を与える方法というよりも、偽情報や警備増強技術の一環だった。

アメリカのインテリジェンス・コミュニティ［国家の安全保障上重要な情報や、外交に必要な情報を収集する機関の集合によって組織される機関］の一部は、より多くの個人的なアプローチをとる音響兵器の活路を見いだした。一九七〇年代には、エネルギーを調整したマイクロ波を搬送波として使い、直接聞き手の頭へ向けて離れたところから音を発するという内容の興味深い特許がいくつか取得された。このテクニックが記述されているいくつかの直接的な情報源によれば、外部からは盗聴できない通信装置としての可能性があるとのことで、外部の音響エネルギーは一切不要で、音源から聞き手の脳に直接通信するという。だが、当時のインテリジェンス・コミュニティの芳しくない傾向を考えると、これは人を心理学的に混乱させるものとして使われて、声や音が聞こえると本人に思わせて狂わせるのが目的だった、という話のほうがふさわしいようだ。

そんなシステムがうまく働きうるのだろうか？　ある意味では、イエスだ。マイクロ波エネルギーは知覚することができるが、役に立つ方法で、というわけにはいかない。電磁エネルギーが聞こえたという最初の報告は、レーダーを使い始めたばかりのころ、レーダーのエミッターの正面を歩くと独特のクリック音が聞こえるという操作員からの訴えだ。それに続く一九七四年にケニス・フォスターによる研究で、被験者が実際にマイクロ波エネルギーを感知できたことが示された。残念ながら、何らかの奇妙な神経レセプターが電磁スペクトルに同調したというわけではなかった。電子レンジがいつもしているまさにそのことを、十分に強力なマイクロ波がするということだ――耳のさまざまな部分を、それぞれ別の速度で温めるのだ。したがって聞き手は、内耳が調理される音を聞いていることになる。

とはいえ、音響的に適切なレベルでマイクロ波ビームを調節することで、熱による損傷の程度をコントロールできるかもしれないというアイデアは生きている。声が聞こえていると思わせる超秘密通信チャネルや心理作戦の装置としてではなく、群衆コントロール装置といわれているものとして。シエラネヴァダ社は、非致死性のマイクロ波光線銃と彼らが説明している「聞こえない音を利用する暴徒の抑止（ＭＥＤＵＳＡ）」を構築する予定だ。そのアイデアは当初軍事的イノベーションの助成金によって発展したので、ある場所にいる人々に十分に大きな音でカチカチ音を送ってそこから追い払うという目的で使われる可能性がある装置だ。問題は、地上では聞こえることさえめったにない音を作り出すためには、一平方センチメートルあたりおよそ四〇ワットのマイクロ波エネルギーを送らなければならないことだ。マイクロ波曝露の安全限度は一平方センチメートルあたりおよそ千分の一ワットだということを考えると、これは群衆をコントロールする効果的方法というよりも、人間を調理するレシピによほど近いように思われる。

なるべく音を広がらないように長距離進ませるためには、はるかに優れた方法がある。それは圧電スピーカーを利用するものだ。指向性のある圧電スピーカーは、私たちに馴染み深い振動板を使ったスピーカーとは違った原理で働く。圧電素子は、電気信号を使って磁石の強さを変えてスピーカーコーン（コーン型の振動板）を振動させるのではなく、電荷を帯びると直接振動する特殊な材料でできている。その優れた点は、機械的スピーカーよりもはるかに速く振動できて、超音波帯域の非常に高い音を出せることだ。波長は短いほど回折しにくいので、短い波長の音は、より長い波長の音より広がりにくい。だから、圧電素子に十分な電力を与えている限り、非常に長距離で比較的狭い音響的「スポットライト」をあてることができる（一定の電圧レベルでは、周波数が高いほど射程は短くなることを心に留めてほしい）。

このような圧電素子を用いた指向性スピーカーが一般的に用いる周波数は六〇キロから二〇〇キロヘルツで、人間の聴覚帯域よりはるかに高い音だ。そんな高周波数の搬送波に聴覚信号を埋め込むために、スピーカーを通して実際に二つの別々の信号を出している。一つは搬送波周波数（たとえば六〇キロヘルツ）で一定の基準音、二つめは可聴信号による振幅変調（AM）で、六〇キロから八〇キロヘルツのあいだで変化する。二つの信号が耳に入ると、互いに干渉して強め合ったり打ち消し合ったりして、両者の差だけが残って、その周波数の音が耳に聞こえる。この種の超音波変調は多くの博物館や美術館で経験できる――このタイプのスピーカーは、絵画や彫刻の正面に差しかかると説明が聞こえるように、非常に狭い範囲にだけ届くようにしており、非常に高い周波数の搬送波を使って伝播を制限するので、その範囲で残りの音とは干渉せず、ほかの展示物の説明とも重ならない。

そうすると、これらは音響心理学的兵器として使われる可能性があるのだろうか？　あるいはそうかもしれない。何年も前に、私は市販の装置の一つ、ホロソニック社の「オーディオスポットライト」を一式購入した。フィールドワークに使おうと思ったのだ。動物の呼びかけ行動を研究しようとして直面する問題には、動物の集団全体に対してではなく、一匹だけに信号を送るのが難しいということがある。私はその装置を使って、飛んでいるコウモリや鳴き交わしているカエルに信号を送ってみようと思いついたのだ。コウモリにとって六〇キロヘルツは反響定位の中心的な周波数なので、コウモリにとっての六〇キロヘルツ、〇・五メートル幅の超音波ビームは、あなたの目に直接強いスポットライトがあてられるのと同等だ。コウモリたちはみんなそれを避けた。[*]　一方、カエルは搬送波信号について気にしないが、音響信号を搬送波に混ぜるために使った振幅変調は、カエルの音響エネルギーが多く存在する三〇キロヘルツ未満の信号で作動しないので、カエルはその場に座ったままそれを無視しただけだった。

[＊]　とはいえこれのおかげで、怒って向かってくるコウモリに対して使用できる長距離装置を発明することができた。

こうして実験のあてが外れて、高価な音響玩具が手元に残り、時間を持て余してマッドサイエンティスト的にうずうずしていた私は、もちろんそれだけではすまさなかった。ウィリアムズバーグの妻のアトリエにその装置を持って行き、窓にぶら下げて、入力端子にマイクをつなげ、通りを知り合いが歩いてくるのを待った。まず、半ブロックほど先に現れた友人に、装置を使って「君は僕に五〇ドルの借りがある」と囁いてみた。彼は反応して、即座に振り返って私を探し、次に通りを見回して声がどこからきたのかを知ろうとした。私は彼が少し落ち着くのを待って、近づいてきたところで「あるいは一〇〇ドルだったかな？」といった。彼の反応には、返してくれなかった金額相当の価値が十二分にあった。彼はもう一度素早くあたりを見回して、それから玄関に駆け寄ってきて、ドアを激しく叩いた。彼を家のなかへ迎えて、ちょっといらついているようだが大丈夫かと私は尋ねた（私はこんなふうにしてもっと多くの友人を失うのだ）。

そしてこれこそが、心理学的操作にこの種の音響装置を使うことに関連する問題だ——友人は自分の耳のなかで起きた奇妙なことは何であれ、おおかた私のせいだろうとわかっていた。近くに新たな装置があったらなおさらだ。同様に、こうした種類の不自然な音を——博物館や空港、カジノ、ホテルで——経験した人々は、超自然的なものからの声とは考えそうもなく、自分の頭のなかの声とすら思いもしないだろうし、何らかのテクノロジーによる効果を経験していると察するだろう。いくつかの企業は、顔認識ソフトを備えたビデオカメラを指向性スピーカーに結びつけて、店のそばを歩く一人ひとりをターゲットにして広告の音声を聞かせる、というシステムを研究している。ＳＦ映画のシナリオが実現され始めているわけだ。狙われているのはあなたの正気ではなく、財布である。

それでも長距離指向性スピーカーは、音響兵器のテクノロジーの一翼を担う——人々の頭のなかに声を入れるためではなく、大きい不快な音に怯えるという私たち自身の反応を利用するためだ。音響兵器についての話は9・11（二〇〇一年九月一一日のアメリカの同時多発テロ事件）後に現れ始めた。当時ほとんどすべてのインターネットと紙媒体のメディアが、ぞっとさせるような音を流すという変わった兵器について話題にし始めた。後方から高いレベルで発生させる黒板を爪で引っかく音や、赤ちゃんの泣き叫ぶ声を含んだそうした兵器は、射程内にいる人を誰であれ追い払おうとするものだった。飛行機やそのほかの空間に閉じ込められているときに、赤ちゃんが泣き叫んでいるのに居合わせた経験がある人は誰でも、そうした音にはどれほどいらいらさせられるのかを知っている。飛んでいる最中に飛行機の扉を実際に開けて逃げる人はまずいないが。

この種の話は、それから数年間にまっとうな報道機関で扱われることがだんだん減り、陰謀論を唱えるウェブサイトでの扱いは徐々に増して、たまに話題になり続けてはいたが、二〇〇四年になってようやく、ニューヨーク市で開催された共和党全国大会での任務についていた警察が、大きくて平たい黒い円盤を車で運んでいたことで注目された。この目新しい装置は、ちょうど市販になりつつあった高性能の圧電スピーカーと似通っていた。それはそのときには使われなかったが、長距離音響発生装置（LRAD）が、二〇〇九年のG20ピッツバーグサミットで、抗議デモ参加者に対して合衆国内で初めて使われた。LRADはオーディオスポットライトとは違い、圧電スピーカーのフェーズドアレイを用いて音を作るので、広がり角が小さくて遠くまで届くようにできるが、それには超音波ではなく約二キロヘルツというちょうど人間が最もよく聞こえる帯域の音を用いる。それはきわめて強力な甲高い音を作り出し、脳内のおよそあらゆる「闘争か逃走か回路」を活性化するだろう。

装置の近くにいた人々は逃げたいという強い欲求を表し、ひどい吐き気を催してパニックに陥ったが、この反応はどちらも交感神経系の変調による。作動中のＬＲＡＤからおよそ一〇〇メートル以内にいた誰もが、一時的な、場合によっては長期的な聴力損失になる危険もあった。ＬＲＡＤは、海上で略奪者の襲撃をかろうじて逃れるのに役立つと信じている人もいる。とはいえ二隻の船間距離から考えれば、海賊を降伏させるために直接使用するより、警戒信号として使うほうが役に立つだろう。残念なことに、頻繁に使用されるのはデモ参加者を追い払うときである。最近では二〇一一年に、オークランドでのオキュパイ運動参加者たちに対して用いられたが、耳をつんざくような音を直接向けられた人々の長期的な聴力損失や心的外傷についてはほとんど顧慮されなかった。よって、心理レベルに作用する音響兵器は存在しており、警察と軍隊の手中にあるが、その長期的な有用性はまだ究明されていない。スティーヴン・コルベア［アメリカのコメディアン。皮肉たっぷりのスタイルで有名］が指摘したように、この装置は初めはターゲットに対して有効でも、彼らが新しい装置を目の前した際のパニックを抑えて、ノイズ低減ヘッドフォンをつけて、あるいは単に耳に指を入れて、抗議を始めたらどうなるのか？　音響兵器開発競争がヒートアップして、ターゲットを一人も殺さずに、すなわち資金獲得しやすい「非致死性」というラベルをこれらの武器に貼るために、実際にはターゲットを傷つける方法を探っていくのだろうか？

音は確かに生理学的レベルで人々に影響を与えうる。しかしこれらの影響すべてが、アドレナリンやコルチゾールのようなパニックを誘発させる生化学物質を人々の頭や身体に大量放出させるような、二次的な生化学的影響というわけではない。音を的確に放てば、実際に物理的に耳にも身体のほかの部分にもダメージを与えうる。一二〇デシベルの音は、痛みの閾値付近にある。耳には痛覚受容器として働く自由神経末端がたっぷりあって、一定のレベルを超える騒音から、綿棒が外耳道の奥に入りすぎだということに至るまで、ダメージをこうむる可能性のある出来事を警告する。一二〇デシベルで空気分子が振動する振幅は、極度の圧力変化を作り出すので、あなたの鼓膜は伸びてコントロールできなくなり、内耳の有毛細胞は、特に鼓膜に最も近い高周波に対応するものが、そこから剝がれる危険にさらされる。

耳には正円窓と呼ばれる圧力除去システムがあり、内耳でリンパ液が押されたり引っ張られたりするのに伴って、内側に向かったり外側に向かったりする。だがこのシステムでも、弾力性が非常に大きいだけだ。そのレベルを超える音では有毛細胞がダメージを受け始めるので、聴覚が感受性を失い始める。それは高周波数から始まり、音が大きくなるにつれだんだん低いほうの周波数へと下がってくる。大音量が続く時間が比較的短くて、一二〇デシベルをそれほど大きく超えなければ、聴覚損失は一時的で、たいていは一部の周波数に限られる。さまざまな長さの時間で聞いた大音響によるそうしたダメージは見極めることができて、その音にさらされていた時間によって決まる（ロックコンサートでいくつか置いてあるスピーカーに近寄りすぎたあとなどに経験する聴覚損失）。ところが、音が一六〇デシベルを超えると、たとえば近くで爆発があったり、建物を取り壊す現場や重機を使う場所で聴覚保護をせずに働いていたりした場合には、深刻なダメージを負って、恒久的な障害が残る。それには鼓膜の損傷、耳鳴り、恒久的な失聴や難聴がある。このためもあって、コンシューマ用およびプロ用アンプにはたいていカットオフ回路がそなわっていて、このレベルを超える音は出せないようになっている。そしてこれこそが、心理的抑止力とされているＬＲＡＤが、生理学的にダメージを与える装置に分類されうる理由だ。ＬＲＡＤは一メートルの位置でとてつもない大音量の一六七デシベルを発生させるが、音波ビームの広がり角を小さくしているので、装置の正面では音の危険レベルが何十メートル先までも続く。

未来において危険だとレッテルを貼られる音の種類は、たいてい超音波だ。私は「超」という接頭語には、認知的および文化的に人々を興奮させる特別なものが含まれると思う。『宇宙大作戦（スタートレック・オリジナルシリーズ)』の「宇宙の精神病院」と「自由の惑星エデンを求めて」から、『ウェアハウス13――秘密の倉庫 事件ファイル』の「作家の魂」の小さな超音波シンバルに至るまで、未来を舞台にした物語には超音波兵器を盛り込む必要があるとSF作家に感じさせるのだ。それをうながしたのは、超音波とハイテクな医療用画像応用装置との結びつきや、オーディオスポットライトのテクノロジーのように超音波で心理操作をするという陰謀論を唱えるウェブサイトかもしれない。とはいえ、超音波の範囲は限られているので武器としては厳しい制約があるというのが、つまらないけれども真実だ。

超音波は、二〇キロヘルツあたりにある人間の可聴周波数の上限を超える音として定義される。この高周波音は、低周波音ほど回折しやすくはないが、波長が短いのではるかに速くエネルギーを失う。超音波に何らかの作用をさせるには、どんな距離であろうと大きな電力が必要だ。コウモリの反響定位では、周波数が最高一〇〇キロヘルツまでの超音波を一二〇デシベルの大音量で発生させて、それがおよそ九メートルの範囲に届く。深海のイルカには、最高約二〇〇キロヘルツまでの周波数で一三〇デシベルほどの音を発して、それが一五から三〇メートルまでの範囲に届くものもいる。ところがこの場合も、超音波信号は環境中の物体を感知するのに使われているだけだ。超音波が何らかの物理的あるいは生理学的効果を与えるには、非常に高出力で、非常に高い周波数で、ごく近くでなくてはならない。これらの条件の下で、超音波の広がり角が非常に小さいビームのなかに大きなエネルギーを詰め込まなくてはならない。それによって医療用画像のためのエコーを作れるだけでなく、腎臓結石を砕いて小さくするための衝撃波が作り出せる。つまり医療用超音波装置は、小規模な音響兵器のようにできている。だが重要なのは、装置は毎秒数千サイクルではなく数百万サイクルの音波を利用していて、処置を施す細胞組織のすぐそばで超音波を発生させ、また、その細胞組織を覆う皮膚と、装置のトランスデューサー(送受波器）のヘッドを、あいだに空気が入らないようにジェルを挟んで密着させて装置を使用するということだ。したがって、その音源を遠くへ移動させたら何が起こるだろうか？　離れたところにあるものを砕くために、ウルトラソニック・ブラスター（超音波破壊器）は使えるだろうか？　残念ながら、ノーだ。距離を離すと超音波エネルギーは、たとえ非常に高い出力でも、ほとんどは皮膚にあたって跳ね返るだけだ。たとえそんなブラスターから誰かの耳に直接音波を送っても、有毛細胞の一つでも動かすパワーには満たないし、ましてや何かを破壊するなどありえない。したがって、誰かが数百万ヘルツで数百デシベルの音波の放射を可能にする動力電池を考え出さない限り、あなたは超音波兵器で攻撃される心配はない。

　ところがもう一方の端にあたる超低周波音の帯域では、根本的に事情が異なる。人々は通常は超低周波音をまったく音として考えていない。毎秒数サイクルで八八から一〇〇デシベルを超えるレベルの非常に低い周波数の音は聞くことはできるが、およそ二〇ヘルツより低周波の音からは音色の情報が一切感知できない——たいていは圧力波が打ちつけているように感じるだけだ。そしてほかの音と同様に、一四〇デシベルを超えるレベルで存在すると、痛みを引き起こすことになる。ところが、超低周波音がおもに影響を与えるのは、耳ではなくそれ以外の身体に対してだ。

　ブラウン大学生物医学部の建屋にあるエレベーターが（もう修繕されているといいのだが）、「地獄行きエレベーター」と呼ばれるのを聞いたことがある。行き先が理由というわけではなく、頭上にあるファンに曲がった羽根があったためだ。そのエレベーターは古いモデルの典型で、二かける二かける三メートルの箱に、お決まりのブーンと鳴る蛍光灯がついていて、低周波音の完璧な共鳴装置になっていた。扉が閉まるとたちまち、それ以外まったく聞こえなくなったが、耳に（コートを着ていなければ身体に）、毎秒四回ほどのパルスが発生するのが感じられた。階をたった二つ移動しただけで、ひどい吐き気を催しかねないものだった。ファンはとりたてて強力ではなかったが、羽根が一枚壊れただけで、たまたま空気はエレベーターの箱の大きさに合う比率で流れを変えた。これが低音振動症候群と呼ばれるもの──聴覚だけでなく、体液の満たされたさまざまな部分への超低周波振動の影響──の基礎だ。

超低周波音は人々の全身に影響を与えうるので、一九五〇年代以降、軍と研究機関によって本格的研究が行われてきた。主として海軍とＮＡＳＡが、激しく振動する巨大なモーターをそなえた騒々しい巨大船舶や、宇宙へ打ち上げられるロケットの先端で身動きできない人々に対して、低周波振動の及ぼす影響を解明しようとしてきた。これは一見すると小さな軍事研究と同じように、憶測と歪んだ噂の対象になっている。超音波兵器を研究するきわめて悪名の高い人々のなかに、ロシア生まれのフランス人研究者、ヴラジーミル・ゴヴローがいた。当時の有力なメディア（と現在のあまりに多くの事実確認不足のウェブサイト）によると、ゴヴローの実験室では研究者たちに吐き気が生じ、換気装置のファンが動作停止したとたんにそれがなくなるといわれていたので、ゴヴローはこの報告について調査を始めた。次に彼は、人間に対する超低周波音の影響についての一連の実験に着手して、内臓器官にダメージを与える超低周波音の「死の限界」ぎりぎりで被験者を助け出されなければならなかったというものから、超音波の笛の音にさらされた人々の内臓が「ゼリーに変質した」というものまで、多岐にわたる結果（報道されたような）をもたらしたという。

一般にいわれているところでは、ゴヴローは（テスラ流に）特許を取得していて、それらが超音波兵器開発に関する秘密の政府計画の基盤だったらしい。ウェブで簡単に読めるものを信じれば、それは疑いもなく音響兵器と見なせるだろう。ところが、もっと詳しく調べ始めて私が知ったのは、ゴヴローは確かに実在の人物で、音響の研究をしたのには違いないが、実際には一九六〇年代に人間に低周波音（超低周波音ではない）をあてたという二、三のさして重要でない論文を書いただけで、想像されているような特許は一つも存在しなかった。それに続く同時代の超低周波音研究の論文で、いくらかでも彼の研究を引用しているものは、マスコミで複雑な研究が取り上げられるときに生じる問題を指摘する文脈においてのことだ。私の個人的見解をいえば、彼の研究がたとえ陰謀史であるにせよ生き残っているのは、「ヴラジーミル・ゴヴロー」という名が、何かを企んでいたに違いないマッドサイエンティストのあだ名として絶妙だからにすぎない。

陰謀説は別にして、超低周波音の特性により、兵器としての一定の可能性は存在する。超低周波音は、低い周波数とそれに伴う長い波長ゆえに、あちこちで曲がったり身体を通り抜けたりすることがはるかに容易にできて、振動圧力システムを作り出す。周波数によって身体のさまざまな部分が共鳴するので、かなり独特の非聴覚的効果がありうるだろう。たとえば、比較的安全な音量レベル（一〇〇デシベル未満）で生じる効果の一つは、一九ヘルツで発生する。非常に良質なサブウーファーの正面に座って、一九ヘルツの音を出したら（あるいは、サウンドプログラマーに頼んで、一九ヘルツに調整された可聴音を手に入れたら）、メガネやコンタクトレンズを外してみよう。目がピクピクするだろう。音量を上げて一一〇デシベルに近づけると、視野の周辺部に色づいた光が見えたり、視野の中心に影のような灰色の領域が現れ始めたりすることもある。というのは一九ヘルツが人間の眼球の共鳴周波数だからだ。低周波振動が眼球を変形して網膜を押し上げ、光ではなく圧力で桿体と錐体を活性化する。[*] この非聴覚的効果は、あ

［＊］ 暗い部屋で目をこすると同じような視覚体験ができる。これを眼内閃光という。

る超自然的言い伝えがもとになっているのかもしれない。一九九八年、トニー・ローレンスとヴィク・タンディは『心霊現象研究協会誌』(私の通常の守備範囲ではない)に「機械のなかの幽霊」という論文を出し、そのなかで「幽霊に取りつかれた」実験室の話の原因をどうやって探求したのかを記述している。その実験室にいた人々によると、振り向いたときに「幽霊のような」灰色の形が消えるのを見たのだという。そのあたりを調べてみると、ファンが人間の眼球の共鳴周波数とほぼ同じ一八・九八ヘルツで部屋を共鳴させていたことがわかった。ファンのスイッチを切ると、幽霊が出るという話もすっかりなくなったそうだ。

身体中のどの部分も、その体積と組成に基づいて、十分なパワーを持つ特定の周波数で振動する。人間の眼球は、液体で満たされた卵型、肺は気体で満たされた膜であり、人間の腹部は液体と固体と気体で満たされたさまざまな袋が入っている。これらの構造のすべては、力をかけられたときの伸びる量に限度があるので、振動の背後から十分なパワーを加えれば、周りの空気分子の低周波振動に合わせて伸び縮みするだろう。私たちには超低周波音がよく聞こえないので、その正確な音量に気づかないことが多い。内耳は一三〇デシベルで、正常な聴覚には無関係に直接的な圧力変形をし始め、話し声を理解する能力に影響が出るだろう。およそ一五〇デシベルで人々は吐き気と全身の震え、たいていは胸と腹の震えを訴え始める。[*]一六六デシベルに届くまでに、低周波振動が肺に影響を与えるので、人々は呼吸の問題に気づき始める。一七七デシベルあたりの臨界点に達すると、〇・五から八ヘルツまでの可聴下音は、音波誘起の異常なリズムで実際に人工呼吸を引き起こしうる。その上、地面のような土台からの振動は、骨格をとおして全身を伝わり、次にそれが全身を垂直方向に四から八ヘルツ、左右に一から二ヘルツで振動させる。この種の全身振動による影響は、振動が短時間の場合は骨と関節の損傷から、慢性的な場合では吐き気と視覚損傷に至るまで、多くの問題を引き起こしうる。このような超低周波振動の性質により、アメリカ合衆国と国際的安全衛生機関によって、特に重機を操作する分野でこの種の超低周波刺激に人々が曝露されるのを制限するガイドラインが作り出されている。

身体のさまざまな部位はすべてが共鳴し、そして共鳴は非常に破壊的でありうるので、特定の低周波共鳴を目指すことで、重いアンプを持ち歩いたりエレベーター内にターゲットを閉じ込めたりする必要のない実用的な超低周波兵器が作れるだろうか？　たとえば、私がマッドサイエンティストだとして（もちろん私はそれほどではない）、人間の頭を爆発させるために音を利用する兵器を作りたいと思っていると仮定してみよう。人間の頭蓋骨の共鳴周波数は、いくつかの補聴器のために骨伝導を調べる研究の一環として計算されている。乾燥した（すなわち身体から取り出してテーブルに置いた）人間の頭蓋骨は、およそ九キロヘルツと一二キロヘルツで優れた音響共鳴をする。それよりやや少ない例では一四キロヘルツと一七キロヘルツ、もっと少数の例では三二キロヘルツと三八キロヘルツで共鳴する。これらは都合がいい音だ。というのも、とにかく巨大な低周波用エミッターを持ち運ばなくてすむし、それらの音の大部分は超音波ではないので、頭蓋骨を爆発させるために塗るジェルについて心配する必要がないからだ。それで、ソニックエミッターを使って、まさに九キロヘルツと一二キロヘルツという二つの最高共鳴点でピークの一四〇デシベルの出力をあなたの頭に向けて放射し、そのまま頭が爆発するまで待つとどうなるだろう？　そう、それにはしばらく時間がかかるだろう。実際にはそうしたソニックエミッ

［＊］　このレベルはおそらく、この章の始めに書いた出来事にあるように私のアンプが出したひずんだ音と同程度なので、内臓がかなり影響を受けるだろう。

ターは、ひょっとしたら机に置いた上等な乾燥頭蓋骨をほんの少し震わせるかもしれないが、それ以外には何もしそうにないし、生きている頭に対しては、いらつかせる音の発信源を知ろうとそちらを向くように仕向ける以外にすることは何もないだろう。

問題なのは、頭蓋骨はこれらの周波数で最も大きく振動するかもしれないが、それが軟らかく水分を含んだ筋肉と結合組織で覆われていて、どろっとした脳と血液に満たされているため、前述の周波数では共鳴しないので、ステレオのスピーカーの前にマットを敷いたときのように共鳴振動が弱まってしまう。実際に、頭蓋骨の代わりに生きている人の頭で同じ実験をすると、一二キロヘルツの共鳴点のピークが七〇デシベル低くなり、最も強い共鳴は今度はおよそ二〇〇ヘルツでみられるが、その周波数でも乾燥した頭蓋骨の最大の共鳴点よりも三〇デシベル低い。頭を共鳴させて破壊するには、おそらく二四〇デシベルぐらいを出す何らかのエミッターを使う必要があり、そうなると、そのエミッターで単純にターゲットの頭を殴ったほうがはるかに早く仕事が終わる。そういうわけで、私たちは今でも可聴下音を使って危険な生首から身を守ることはできないし、友人を狼狽させる「茶色い音」も見つけ出していないが、可聴下音は私たちの生きている身体に危険な可能性のある影響を引き起こしうる――あなたが非常に高性能な空気交換装置を持っていたり、閉じこもった環境で長時間働いていたりする限りは。

音響兵器についてはがっかりさせて申し訳なく思う。私は地下実験室でスピーカーを何台かつなげて、何かを爆破して穴を開けたり悪い奴らを追い払ったりできるといいなあといつも思っているが、ほとんどの音響兵器は誇大宣伝にすぎるのだ。ＬＲＡＤのような装置は存在するし効果的な抑止力になるが、それにさえ明白な制約がある。手に持って操作できる音響破壊器は、電源とトランスデューサーのテクノロジーにおけるいくつかの大きなブレイクスルーを待たなければならない。とはいえ、未来の音の利用には、ものを破壊する能力よりももっと興味深いことが期待できるだろう。

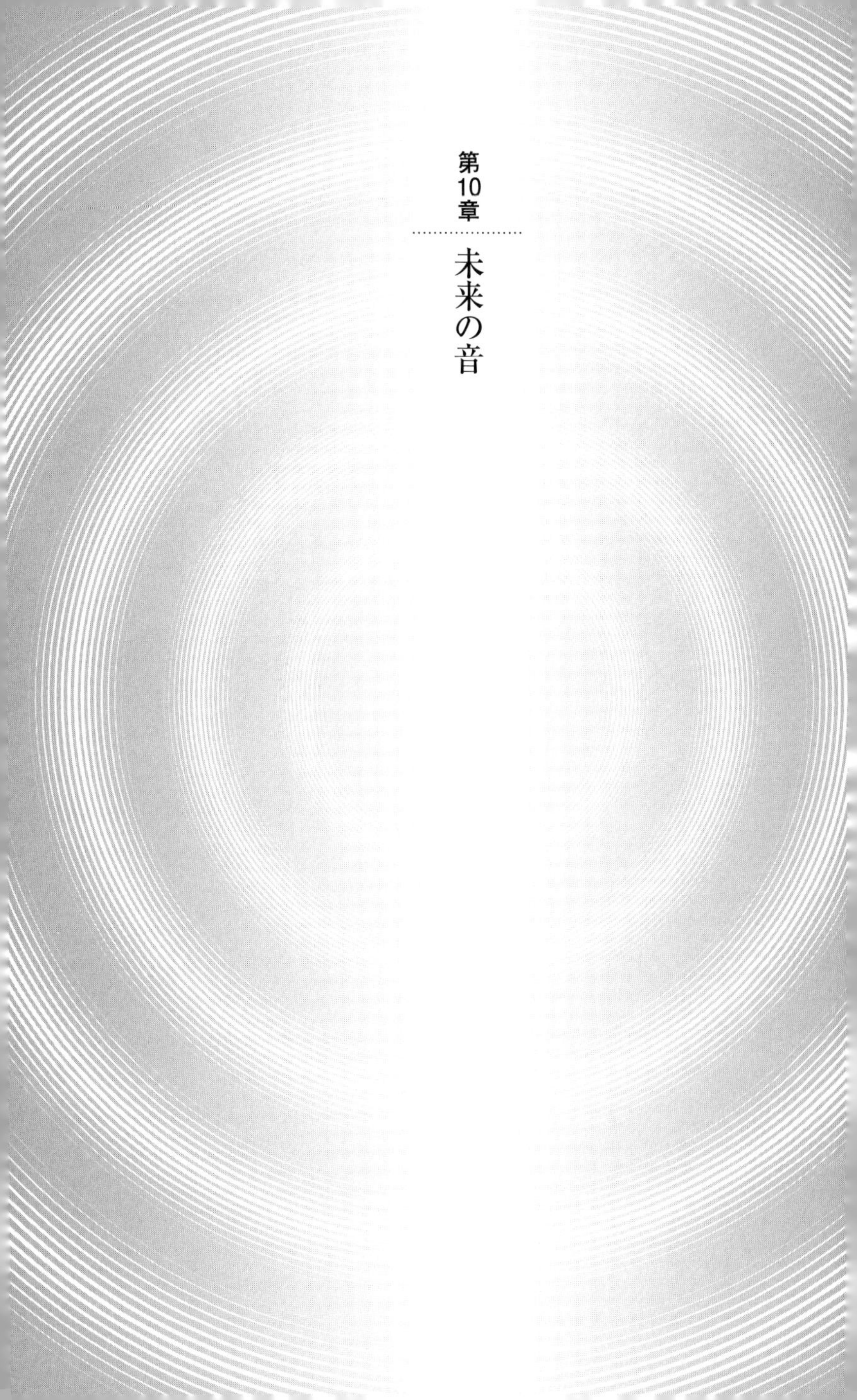

第10章 未来の音

未来の音へ、ようこそ！　人工的に育てられた耳！　音響破壊器！　インプラントのマイクロソーナーシステム！　超低周波トンネル掘削装置！　火星で砂が風に吹き飛ばされる音を聴くこと！　過敏性腸症候群の音楽療法！

私は未来志向が大好きだ。それはいつでも五〇パーセントは間違っているが、しばしばインスピレーションや考えるべきことを与えてくれる。たとえば何かの治療に関して、最近のブログエントリーに実現までもうすぐだと書いてあるのに、実際には、衛生状態がはなはだ疑問な実験室の四匹の突然変異マウスでしか効果がなかったとしても。

私がこうした研究に寛容なのは、誰であろうと次に何が起こるか予想を立てようとする人に、たっぷりと共感を抱くからだ。どんな分野でも最先端のことを書く際の最大の問題は、その最先端が背後では常に進歩していることだ。出版されるまでに予想が時代遅れになっているか、結局、予想はまったくの誤りだとわかってばかげたことに見えるかのどちらかだ。本書の初期の草稿に取り組んでいるあいだに、私は自分がポスドクとして参加した一九九八年の神経動物行動学に関するゴードン・リサーチ・カンファレンスを思い出した［ゴードン・リサーチ・カンファレンスは非営利団体、またはその団体の主催する会議。世界から第一線の科学者が集まり、数日間学生寮などで起居をともにして時間をかけて行われる非公開の会議で、互いの所属を超えて自由に意見や情報の交換がなされる］。あるセッションの一つが、蝸牛（人工内耳）インプラントとも呼ばれる人工聴覚神経器官の進捗に関するものだった。蝸牛インプラントは基本的に小さなマイクで、アンプとフィルターにつながっていて、それらによって音が電気的インパルスに変換され、機能していない内耳の埋め合わせをするために直接聴覚神経に伝えられる。最初の単純な単一チャンネルのモデルは、一九六一年にロサンゼルスのハウス聴覚協会のウィリアム・ハウス博士が開発した。初期のモデルはあまり役に立たなかった。聴覚障害者に「聞こえる」ようにさせたが、音質がかなり悪くて、基本的には読話［相手の口の動きを見て、話の内容を理解すること。読唇ともいう］の補助として用いられた。その三七年後のこのカンファレンス当時、二四チャンネルの蝸牛インプラントが存在しており、場合によっては最重度の聴覚障害者が、実際に音声言語が理解できるだけでなく音楽を聴いて楽しむのに十分な音質を持っていた。そしてその装置は今日でも引き続き改良が進んでいる。

声高に交わされた興味深い議論の一つは、ワシントン大学のエドウィン・ルーベルにより提議されて始まった。彼は騒音性聴力損失の世界的権威の一人で、有毛細胞再生研究のパイオニアの一人でもある。蝸牛インプラントについてポジティブな側面が話し合われたあとに、ルーベルは立ち上がり、そうしたインプラントがどれほどよくない考えであるかを激した口調で語った。彼の主張は、聴覚神経に金属の電極を入れる行為そのものが、耳の基礎構造にひどくダメージを与えるため、有毛細胞が再生するのに必要な数の機能する組織が十分に残らないから、今後私たちが有毛細胞の再生テクノロジーと生物薬剤学のプロトコールを獲得しても、蝸牛インプラントを装着した人は誰一人その治療を利用できないだろう、というものだった。彼は強い姿勢で、私たちは間もなく有毛細胞を再生するので聴覚障害者は正常な生物学的聴覚を取り戻せるはずだから、自分に聴覚障害のある孫がいたら、その両親には子どもに蝸牛インプラントをつけさせないように強く勧めるだろうといった。彼がそのことを話したあとに出てきた反論は、研究と臨床診療が対峙する討論会でもしばしば持ち出された。蝸牛インプラントは今ここに存在し、耳が自然再生する能力を持つ動物は魚とカエルと鳥しかいないのだ、と。長いあいだ、蝸牛インプラントを行う臨床医たちのほうが正しいと思われていた——再生研究には何百万ドルもの資金があてられたが、大人の哺乳類で有毛細胞を実際に再生させることに関しては、ほとんど進展がなかったのだ。

そういうわけで、私が音と聴力の未来に関する本章を書き始めたとき、取り上げたいと思った問題の一つが人工神経器官の未来だ。一九九八年以来、人工神経器官は信頼性と複雑さという点で確実に進歩してきた。それは一つには脳の理解が深まったためであり、またもう一つは、長期間体内に装着したときにほとんどダメージを引き起こさない、よりよい生体適合性材料が手に入ったおかげだ。人工神経器官は、てんかん発作を防いだり慢性痛をやわらげたりするために利用され、そのなかには、自分の周囲との相互作用が限られている閉じ込め症候群患者にさえ使えるものもあった。人工神経器官は将来の方向性のように思われた（そして、今でもそう思われている）。しかし一方では、私たちの多くが、あと二〇年は読めないだろうと思っていた論文が『セル』誌に掲載された。スタンフォード大学の大島一男らが、マウスの幹細胞由来の機能する有毛細胞を実験室で育てるのに成功したというものだ。

有毛細胞を再生可能にすることは、聴覚神経科学のきわめて重要な将来的目標の一つだ。合衆国内の六〇〇万から八〇〇万人の機能性難聴者と合わせて、重度の聴覚障害を持つ約六〇〇万から八〇〇万人の聴力回復を可能にすることは、臨床治療の大目標なのだ。蝸牛インプラントは、その目標の達成に成功している重要な方法だが、この治療が適応できるのは八〇〇万人のうちの二五万人程度だろう。しかも手術は片耳で6万ドルかかる。病気やけが、発達上の問題、騒音への慢性的曝露、あるいは単に加齢により失った有毛細胞の再生を可能にするという考えに、何百人もの聴覚および発達神経科学者が釘づけになり、なぜ、ほかのほぼすべての脊椎動物にはできることが哺乳類にはできないのかという謎をきっちりと解明しようとしている。哺乳類の内耳は、私たちの親戚であるほかの脊椎動物が数億年前に用いた設計図から分かれて、そして私たちは適応によってはるかに広い聴覚帯域を持つようになり、それに伴うコストも生じた。哺乳類の蝸牛は、ほかのどんな脊椎動物に見られるものよりもはるかに複雑な形態学的成熟のプロセスを経験し、新たな有毛細胞を作り出したり、以前から存在する支持細胞を機能する有毛細胞として働くように分化転換させたりする余地をほとんど残さなかった。その上、有毛細胞の損失が損傷と老化のどちらによるものでも、内在する組織は傷跡を形成して、内耳にあるカリウムが豊富な内リンパ液によって、ほかの細胞を脱分極したり損傷したりしうる細胞空間に漏れるのを防ぐ。だが、この傷跡の形成が、自然のプロセスによって有毛細胞を再生するあらゆる機会を妨げもする。有毛細胞の損失は、蝸牛の螺旋神経節における感覚ニューロンへの入力損失にもつながり、それによって、感覚ニューロンが収縮してやがて死ぬ。

ペトリ皿でマウスの有毛細胞を機能するように育てることができるということは、数年後に人間において、機能する有毛細胞を蝸牛に移植して失った聴力が取り戻せることを意味するだろうか？　まあ、そうではないだろう。数年よりももっとあとでは、どうだろう？　それなら可能かもしれない。まず、培養地の有毛細胞はマウスから取り出したもので、マウスは哺乳類だが、人間とはまったく異なる機能および発達の経路をたどる。マウスは数週間で成熟し、音響環境に応じて三か月から一年のあいだのいずれかの時点で、加齢による聴力損失の兆しを示し始める。正常な発達で、騒音によるダメージを免れた人間は、加齢による有毛細胞の損失がだいたい四〇歳代で始まる。私たちは有毛細胞を再び作ることはないので、私たちの有毛細胞には、マウスよりも少なくとも四〇倍長く維持するための何らかのメカニズムがある。

いくつかの研究で示されているのは、これらの保護メカニズム自体が、もとの位置に新しく置き換えられた有毛細胞の生育を妨げうるし、容易に移植されるのを防ぐのかもしれない。その上、蝸牛のなかの有毛細胞のレイアウトはトノトピー（周波数局在性）を作っているので、人間の、あるいは人間に利用可能な有毛細胞を育てなければならないだけでなく、損失した場所にきわめて正確に外科的に植えなければならないだろう。蝸牛は、身体のなかでもとりわけ複雑な神経的および感覚的構造体の一つであり、耳のほかの部分にダメージを与えずに、生きている耳にそうした精密な移植を施すには、蝸牛用のマイクロサージャリー（超微小手術）が必要だが、その手法はまだ発明されていない。最後に、たとえ有毛細胞を交換できたとしても、今度は、有毛細胞から蝸牛核までの螺旋神経節の接続を内耳経由でつけ換えなければならない。カエルのような一部の動物は、聴覚神経が傷んだのちに適切な接続を再生することができるが、これも、哺乳類はあまり得意ではない。

すると、私たちが実際の有毛細胞を移植できそうになければ、その前駆細胞、つまり幹細胞ならどうだろう？　幹細胞利用の背景にある考えは、幹細胞の多能性——言い換えれば、適切に選ばれた幹細胞が、適当な生化学的環境で、損傷した領域に移植されれば、必要とされている組織に分化しうるだろうというものだ。大人の前庭組織（内耳にあり、バランスにかかわる部分）から細胞を分離し、うまく成長させて、ニューロンやグリア細胞のような内耳で見つかる要素に分化させ、有毛細胞のタンパク質マーカーをいくらか示すことも、研究者によって実現されている。ほかの研究によれば、培養地を適切な条件にすることによって、（体細胞とは対照的な）胚性幹細胞（ＥＳ細胞）を得て、有毛細胞のような構造体へと分化させられることが示されている。どちらの細胞にせよ、これらの研究の成果は、実用的な治療を開発することよりも、自然な成長と分化を理解するのに役立っている。実際に幹細胞を蝸牛組織に移植するのを試みた研究は、ほとんど、あるいはまったくうまくいっていない。よって、驚嘆に値する進歩があったにもかかわらず、正常な聴力を生物学的に回復する能力は、間違いなく未来の歴史の一部である。

したがって、幹細胞移植が有効な治療テクニックになるには、おそらくあと数十年待たなければならないということなら、生物学的聴力回復の可能性のあるほかの方向には何があるだろう？　このテーマの科学論文で「将来の方向性」の部分を読めば、現在の研究に基づく予測が見つかり、これからの数年の正確な進路がわかるだろう。こうした論文を書くのはたいていは大学院生か、ごく上級の研究員だ。大学院生は、自分のキャリアはどの方向に（自分が教育を受けている研究室で必要とされる論文発表を満たしつつ）進むべきかを決めるために、たいていの最新の研究を大量に寄せ集め考え合わせているし、上級研究員は、一つの分野の方向を数十年間先導してきて、現在および将来の仲間が取り組むべき問題で残っているものを明らかにしているからだ。いずれにせよ、それらはいくつかの要因によって制限される。すなわち、アイデアは現在の研究成果から直接打ち立てなくてはならないし、現状の資金調達というパラメーターのなかに収まらなくてはならないので、たいていは、研究者やその直接の分野の仲間が得意なことに集中する。

　私は聴覚について（あるいはほかの何であれ）、未来のアイデアのきわめて豊かな源を一つ見つけた。それは形式張らない集まりだ。たいていは飲み物を手にしながら、カンファレンスのあと、大学の学部生や大学院生、ポスドクによって、非公式に仕切られるものだ（研究所長や資金提供機関の代表者が現れて興をそぐこともない）。私は前回そうした聴覚関係の集まりに、研究所のほかのメンバーからこそこそと逃げ出して何杯か飲んだあとに加わったところ、次に起こることについていくつかの驚くべき提案がなされた。アイデアの一つは、胎児の原基全体、つまり内耳全体になる予定の細胞を集めたものを、損傷した蝸牛に直接移植することだ。そこで静脈の培地を与えると、損傷した耳をテンプレートとして使いながら、まったく新しい耳を育てることができるというものだ。誰かが、未分化幹細胞はもちろん、胎児構造全体を摘出することにかかわる倫理的問題と政治的問題を指摘すると、別の誰かが、人間の聴覚原基ではなくカエルのような別の生き物からのものにしようと提案した。ここで議論は、その異種移植——別の種からの器官を移植すること——が一世紀以上も続いているという話になり、二〇世紀初期に、「低い男性的本能」の助けとするためにヤギの睾丸を人間の男性の陰嚢に移植した事例から、人間の損傷した心臓弁の代わりにブタの心臓弁を使うという、一般に認められている現代の医療行為にまで、話題は広がった。この外科手術は、宿主である人間の免疫系によってほぼ確実に拒絶されるが、それでもなお——革新的な思考の偉大な実例だ。

別の提案に、一時的に埋め込まれたマイクロインジェクター（微量注入器）を使って、プロモーター（促進剤）を導入するというものがあった。それによって、細胞死促進因子はもちろん、正常な蝸牛の構造的発達の基礎にある特定の遺伝子の一部が再活性化されるというものだ。慎重に一つを一方の端に、もう一方を他方の端に用いることによって、理論的には、新たな蝸牛を育てつつ古い蝸牛を消化することが可能だろう。このアプローチの問題は、構造中心線を決めたり身体部分が定まった形で再生する方法を決定したりする遺伝子の多くが特定されているとはいえ、機能する身体部分を育てるための制御された方法で実際にそれらを引き起こすには、まだほど遠いということだ。私は、異常に長生きの哺乳類、たとえばコウモリやハダカデバネズミなど（どちらも、現行のどんな代謝モデルで算出される寿命よりも三から五倍長く生きる）を調べて、より長く聴力を保つことを可能にする何らかの保護メカニズムが存在するのかを確かめるのに一役買った。

とりわけコウモリは、興味深いモデルだ。なぜなら、マウスよりもはるかに私たちに近縁であり、そして生きるために聴力に完全に頼っているからだ——聴力を失ったコウモリは、誤って木に飛び込んで自ら死んでしまわなければ、飢えて死ぬ。その上、コウモリの聴覚は、完全に（私たちの知る限り）ハイエンドだ。彼らが二〇キロヘルツの聴覚を三五歳になっても維持する方法を理解することは、少なくとも、蝸牛を保護する性質について何らかの洞察を与えてくれる。これらのアイデアはどれ一つ、今後数年間に科学の成功物語として喧伝されそうにないが、こうした突飛な感じのアイデアは、次世代の聴覚神経科学者にとって素晴らしいひらめきであり、できれば酔いが醒めてもそうであってほしいものだ。

神経工学専攻のある大学院生はこういって譲らなかった。生物学の実験を完璧にするためには常に科学技術の実験よりも時間がかかる。だから哺乳類が三億年かけて進化してきたものを改良しようとするよりも、私たちの耳を科学技術的に補助する手段に注力すべきだ、と。実際、生物学よりも科学技術を研究するほうがいくつか有利な点がある。特に、電子工学の実験で失敗しても、止血が必要なはめにはならない点がそうだろう。

小型デバイスの科学技術的応用と、生物学的に互換性のある電子機器は、ここ一〇年で驚異的な進歩を経験したため、五年前に最先端にいた第一線の人々に、何が起こったのかと思わせるようなこともしばしばだ。たとえば、私は博士課程を終えた直後に、音響マイクロセンサーに関する国防高等研究計画局（DARPA）カンファレンスに招かれた。ある場所に存在するものを音と振動だけに基づいて認識し、リモートサーバーに情報をアップロードするという戦場の人工知能応用のアイデアがカンファレンスを推し進めていた。提案されたシステムでは、十分に小さい半ば独立した音響モジュール数百個を、低空飛行の航空機から放出し、それらが地面にぶつかったときの音響事象を記録できるネットワークを形作れるかもしれないというものだ。モジュールの音響的基盤は、ノウルズ社によって新たに作り出されたサブミニチュア・マイクで、一辺が数ミリメートルの大きさで広い範囲の音を拾えるものだった。動物の聴覚を研究した生物音響学者たちが呼ばれていたのは、私たちを含む動物が、音を認識してそれがどこからくるのかを見つけ出すのにきわめて優れているからだ。遠く離れたところにいる聞き手は、予測されたネットワーク・パラメーターに基づき、周波数と振幅の分析を利用して音の種類を認識し、マイク間の振幅と位相の違いをもとにして音の位置を知ることが可能になる。

あたり一帯にこれらを十分に散らばせば、兵士が近づいてくる低周波の響きといった個々の事象を拾うことができるだろうと期待された。そのアイデアは魅力的だったが、二、三の問題があった。一つは、一九九八年には適切な仕様を持つバッテリーや、ネットワークにつなげられる小さな低出力の放送装置をすぐに利用できるようになっていなかったことだが、問題を解決しなければならないのが自分ではないときに科学者がいいたがるように、これらは「単なる工学的な問題」だった。もっと大きな問題は、カンファレンスへの招待者の選択にあった。出席していた生物音響学者は、最先端の動物の聴覚科学で最高に選りすぐられた人々だったが、研究している動物のほとんどが哺乳類——つまり、大部分が高周波音を聞く動物だった。マウス、チンチラ、コウモリ、ネコなど、出席していた科学者の大多数が研究の中心としていた種は、空気伝播音を検知して音源を探すことに優れているが、地面を伝播する振動を認識するのはあまり得意ではない。必要とされたのは、カエルやサソリ、ハダカデバネズミの専門家、つまり地面を伝わる低周波音をはるかによく感知する動物の専門家だった。

DARPAのプロジェクトの多くがそうであるように、目下の疑問に実用的な解決法を見いだすということにはならなかったが、そのプロジェクトのおかげで参加研究機関の多くが、驚くべきテクノロジーへのつてを得られた。プログラムからの直接および間接の副産物が、最終的に生み出したものには、たとえば、かなり離れたところにある音源の位置をおよそ一メートル以内の精度で突き止めることができる（当時は前代未聞だった）サブミニチュア・マイク・アレイや、ふんだんな自動音分類アルゴリズム、最近開発されたものでは、哺乳類の耳と同じような方法で無線周波数を拾う蝸牛のような生体模倣チップ（集積回路）がある。マイクの小型化は留まることを知らず、一九九八年に二ミリメートル・サイズだったマイクは、今やほとんど見えない〇・七ミリメートルにまで小さくなり、それとともに必要な電力も削減された。

そこで、これらの小さなサウンド・デバイスを使って何ができるだろうか。家電製品に使われるミニチュア・マイクの市場は驚異的だ。二〇一〇年にはほぼ七億個が売られて、携帯電話からパソコンまで、軍事通信装置から産業用ロボットまで、あらゆるものに使用された。そして信頼性が増して価格は下がってきたので、ますます多くのものに応用されている。二〇〇二年にコンセプトの実証として示された応用には、インプラントできる携帯電話というのがある。そのアイデアは、小型バッテリーで電力補給される小さい無線チップを使った超小型マイクとスピーカーを、歯と骨の境にインプラントして内耳へ両方の信号を送り、顎の骨をとおして骨伝導経路で話す声を取り込むというものだ。これが手に入るようになっても、たぶん、あなたの十代のお子さんには使わせたくないだろうが（定額プラン内の通信時間を超えると、お子さんの顎の骨が取り上げられるとしたらどうなるか?）、そうしたデバイスを取り外し可能な帽子やメガネに組み込めば、捜索救援隊や警察や軍隊が連携したり交信したりするために、もちろん逆に捜索される側にも抗議行動の参加者にとっても、非常に役に立ちうる。ある意味では、組み込みの携帯電話は、ウォークマンの出現以来私たちが付き合ってきた家庭用電化製品小型化の数十年の頂点だ。

小型化で恩恵のあった別の音響テクノロジーには、ソーナーの基本である超音波トランスデューサー（送受波器）がある。二〇キロヘルツ超えの信号を送受信できるたいていの超音波トランスデューサーは、ほんの一〇年前でさえ、数センチメートル幅のポラロイドカメラがフォーカスを合わせるのに用いるといった非常に単純な単一周波数のデバイスであるか、もしくは水中ソーナー用の非常に高価で精巧な研究レベルの装置のどちらかだった。ところがこの五年間で、こうした研究用の機器よりもはるかに小さくてより強力なデバイスを電子工学やロボット工学の店で見つけるのが容易になってきた。ほとんどには安価な増幅回路と検知回路が取り付けられていて、それらによって手作りのロボット玩具は、ほんの数センチメートルから最大三メートルほど離れたところにある物体を避けられる。しばらく前から見かけ始めているものに、自動車用の小さなソーナー装置がある。車がガレージの奥にぶつからないように「超音波物差し」として用いられている。[*] ほかにも、視覚障害者のための補助器具として、服や帽子に組み込んで身に付けられる超小型ソーナーシステムも、見かけるようになっている。また、超音波トランスデューサーが小型化したため、それを用いて従来よりも小さい構造で、よりきれいな非侵襲的医療用画像を得られ、血管などの小さな管を通る流れを感知したり、漏れを検知するための管をつけたりする工学的応用さえ可能になっている。数十年以内に(あるいはもっと近い将来に)、身に付けられる高解像度のソーナーユニットがヘッドバンドに収まるようになって、暗闇での捜索救援活動に使えるようになるとか、あるいは、外科医が超小型ソーナーユニットを指先にはめたり、手術用メスの先端に付けたりして術野を三次元表示させ、ヘッドアップ・ディスプレイに映して手術の安全性を高めるようになるだろう、というのはそれほどの誇張ではない。そして人工神経器官の進歩と相まって、それほど遠くない将来には、超音波探知したデータを取り込んで信号を変換して人間の視覚野に理解できるようにすることで、私たちは、暗闇のなかでものを見たりお互いの身体のなかを調べたりするコウモリやイルカのような能力を持つこともありうるだろう。

とはいえ、高度に専門技術的な分野での音の利用にばかりに注目していると、数十億もの人々がスマートフォンやインターネットへ日々アクセスする際に、音が果たしている大きな日常的役割から目をそらすことになる。『ジャスト・リッスン』プロジェクトについての議論のあいだに、ブラッド・ライルと私は、音が教育やメディアへ応用できるだけでなく、人々を音響世界にさらに没頭させるインタラクティブなツールでもあるということを話し合っていた。そうしたプロジェクトのうち私たちが最も興奮した「ワールドワイドイヤー」［イヤー（Ear）には、耳、聴覚、聴力などの意味がある］は、音響的環境マッピングをするために提案された市民科学プロジェクトで、簡単な録音装置を使って、クラウド・ソーシングにより、グローバルな生物音響学に関する公開情報をもたらすものだ。このプロジェクトは、ネット市民によるほかの科学的実験と同様の方法で行われることになる。たとえば「銀河動物園計画」（www.galaxyzoo.org）では、ユーザーにハッブル宇宙望遠鏡がとらえた写真で銀河の型を特定してもらう。あるいは「スノーツイート」（www.sonwtweet.org）では、ユーザーが自分のいる場所の雪の深さをツイッターでつぶやいたものを、「スノーバード」というアプリケーションを使って集め、そのデータにより、全世界での雪の深さを観測する、といったものだ。「ワールドワイドイヤー」には、携帯電話か録音装置を持っていてインターネットにアクセスできる人なら誰でも参加できる。始めに、録音機のメーカーと型番、自分の場所についての情報を入れる。一日に二、三回特定の場所に行って、装置を毎回同じ方角に向けてセットし、五分以上録音する。その録音を中央サーバーにアップロードすると、録音は共通フォーマット（たとえばＭＰ３）

［＊］　超音波探知の物差しアイフォンアプリがダウンロード可能だ。低周波音を用いているが、分解能はせいぜい数センチメートルだ——測れるときでも。

に変換されて、グーグルアースやNASAのワールドウィンドといった地理的データーベースプログラムにリンクされる。

なぜこれが役に立つのか？　なぜわざわざそんなプロジェクトに参加したいと思うのだろうか？　参加する人が十分にいれば、私たちは世界規模の音響エネルギーを利用可能にする驚くべき環境ツールを作り出しうるのだ。音響生態学では、環境に対して変更が加えられたことで生じる音の変化を研究する。変更を加えるのは、人間と自然のどちらの場合も含まれる。音は、大規模な開発がなされた地域で特定の鳥の鳴き声が失われたといった環境因子の目安でもありうるし、都心部での心臓血管の健康被害と高い騒音レベルの相関関係に示されるように、環境を変化させる張本人でもある。音の変化は、私たちの感知できる最も広範囲にどこにでもあるもののなかに存在するので、ワールドワイドイヤー・プロジェクトによって、ある地域の生態学的な「健康」を、比較的簡単な装置で、数時間から数年までの時間スケールで調べることができる。

ワールドワイドイヤー・プロジェクトが軌道に乗れば、私たちの世界に聴覚の窓をもたらして、私たちを音響観光旅行者にしてくれるとともに、ものすごく強力な研究と政策と教育のツールになりうる。そうした自由にアクセスできる音響データベースは、議員や音響技師に都会の生物音響学を、つまり都市の音の環境に関する情報をもたらすことができるだろう。一日のさまざまな時間の低周波騒音帯をローマとヴェネツィアで誰かに比較させることができるかもしれない。ローマは車の交通が激しくて人口が多い場所だが、それに対してヴェネツィアは車の交通はローマよりも少ないが、人通りは同じぐらいある。こうしたデータは、人間の健康と疫学を評価するために重要だ。そうした評価は、研究者が特定の周波数帯の音響レベルに基づいて特定の都市と地方のマップを作ることで可能になり（気象学で天気図を作るのに用いられる等圧線に似ている)、それにより人間の健康や認知的問題との相関関係を探すことができるようになるだろう。静かな地域は心臓病リスクが比較的低くなるだろうか? 空港の近くにある学校の生徒たちは比較的低い成績になるだろうか?

そのデータは経済を理解するためにも役に立つだろう。「音追い鉄砲」を使う農村では、鳥を脅かして追い払うことによって生産高が高まるのか、あるいは鳥がいないために害虫が活発になって生産高は低くなるのか? ある地域の音響事情と社会経済状態は関係づけられるのだろうか? つまり、静かな地域ほど資産価値は高いのか、それとも騒々しい製造業が営まれている地域のほうが豊かなのだろうか? そして、ある地域の生態学的健康を観測したらどうだろうか? さまざまな場所からその日のそれぞれ別の時間にとった録音は、自動動物鳴き声認知ソフトウェアと組み合わせて、鳥やカエル、昆虫、そのほか活発に音を出す動物を特定し、一年を通じた個体群の活動の変化や、複数年にわたって、あるいはさまざまな場所で一つの種の鳴き声を比べることで個体群密度の変化さえマッピングできる。これが、目下実行できうる近い将来の応用例だが、データが手に入れば、今後数十年にわたって研究者が地球上の人間や生態学的な健康を評価して増進させる助けになるだろう。人々がすでに持っているツールを使って、自分の生活している場所で聴くということだけで。

とはいえ、私たちの耳を使って地球をまるごとマッピングして、その先には何があるだろうか? 聴覚は私たちの探索的感覚であり、暗闇でも明るいときも自分の前後へと探索の手を伸ばすものだ。だから、人類の最も偉大な冒険、すなわち宇宙探索において、聴覚の役割が信じられないほど限られているのは、いささか皮肉なことである。

二〇〇九年一〇月九日の六時三〇分というとんでもない早朝、妻と私はブラウン大学のNASA惑星データセンターに向かった。NASAが月面の水を探すために、宇宙探査機エルクロスを月面に衝突させるのを見るのが目的だった。そんな時間帯だったので、誰も見にこないのではないかと少し心配していた。それが杞憂だったとわかったときには嬉しかった――二部屋が学生と教員でいっぱいになっており、エルクロスからのリアルタイムの中継を映しているNASAテレビのスクリーンにみんなの目は釘づけだった。最終カウントダウンが始まったとき、部屋は静まり返った。そして、おそらく何十億年ものあいだ太陽光があたることのなかった暗黒領域の真っ只中に、スクリーン上にはごく小さな輝点が存在していて、小さすぎて単なる信号ノイズではないかと疑ったほどだった。部屋は静かなつぶやきに満ちていた。そのほとんどは輝点を見落としている人によるもので、何かがうまくいかなかったのかどうかを知りたそうにしていた。

　この大衝突が私たちのどの感覚に対しても微かな入力しか生じないのを私たちの多くが不思議に感じている、と私は気づいた。たとえ月面で衝突の見えるところに立っていたとしても、音は（宇宙服のブーツを通って伝わる振動を除いて）一切しないということは、部屋にいた全員が頭ではわかっていたというのに、その静寂は私たちをこのイベントから切り離したのだ。

　私たちは何か大きなことが起きるときには音を予期する――そして音がない場合は、私たちが拍手をしたり歓声をあげたり（あるいは叫んだり怒鳴ったり）する。地球外での着陸の際はいつも、地球から何百万キロメートルも離れていて見えないし、音や画像も手に入らず、たいていはデータビットが一つ反転することで着陸が成功したという信号が伝えられるが、ミッションを計画した人々は声をあげて熱烈に歓迎する。（あるいは沈黙のこともあり、信号が届かないとますます重苦しい沈黙に包まれていく。マーズ・ポーラー・ランダーのときのように）［マーズ・ポーラー・ランダーは、一九九九年にNASAが打ち上げた火星探査機で、火星大気圏突入で通信が途絶したきり再開せず、行方不明になった］。最初の月面着陸は、それを覚えている年齢の人なら（そしてそれを見るために夜更かしが許された人なら）誰にとっても重要な出来事だった。ほんのつかの間、ベトナム戦争や学生の抗議運動、人種問題を気にかける者はいなくなった。誰もが、別世界へと足を踏み入れた人をじっと見ていた。とはいえ、私の目についたものと記憶に焼きついて今でも覚えているものは、ぼやけた映像信号ではなく、がやがやとノイズ混じりでひどく音声圧縮された、ニール・アームストロングの声だ。「これは一人の人間にとっては小さな一歩だが、人類にとっては偉大な飛躍だ（That's one small step for a man, one giant leap for mankind.）」。（そして確かに、彼は「a」をいった——数年前、古い無線信号のその後の分析で、確かに彼は「a」をいったが、データ圧縮で消えてしまったことが示された）。［アポロ11号で彼が人類で初めて月に降り立ったときのこの発言の録音では、「一人の人間にとって（for a man）」の部分の「a」が聞こえず、「人類にとって（for man）」と聞こえる］。

　だが、以上は人間がもたらす音だ。地球から離れた全舞台の音は、ほとんど注目されることはない。それはたぶん、私たちが宇宙を静寂だと考えるからだろう。音が伝わるには何らかの媒体が必要で、人間の聴覚はおもに空気を媒体とする音に感受性がある。ところが、惑星間や銀河系間の宇宙空間は真空レベルが極端に高くて、高価な試験用チャンバーを用いても再現するのは困難だとはいえ、宇宙空間は真に空っぽというわけではない。宇宙空間には粒子が存在する。すなわち、一立方メートルあたり数個の酸素原子だ——地球の海では、同じ体積あたり一〇の二五乗個の粒子があるのに比べれば多くはないが、それでも十分に強力なエネルギー源があれば、音響振動として通用しうるものになる。問題は、宇宙での音波の伝播が、非常な長距離を超えて、とてつもなく長い時間スケールを経て、ごく薄い媒体によって起こるものなので、中央のC（ド）より五七オクターヴ低いBフラット（シ♭）というブラックホールが奏でる超低音（振動周波数が一千万年）を聴くためには、超巨大な耳と並外れた忍耐をそなえるか、もしくは、その超低音の発見者アンドリュー・ファビアンがしたようにNASAのチャンドラX

線観測衛星を利用するか、どちらかが必要ということだ。

たいていの場合、「宇宙空間からの音」と呼ばれるものを聞くときに実際耳にしているものは、たとえば電波を音響信号にする(可聴化する)など、電磁波現象の変換、つまり「ソニフィケーション」によるものだ。こうした変換が必要な理由はたくさんある。まず、あなたはそうした電波を拾うことができる感覚器を持っていないことだ。[*] 次に、電波情報には周波数と周期と振幅があり、反射と屈折および発散損失を含め、音と同じ損失因子の影響下にあるとはいえ、電波信号は地球上での音よりもおよそ一〇〇万倍速く発散と振動をしていることだ。

だが、私たちはすでに一世紀以上にわたって、まさにここ地球上で電波を音に変換する実験をしてきた。そして八〇年ほど前、カール・ジャンスキーが初の使用可能な電波望遠鏡を建造し、天の川の電波放射に耳を傾けることができるようになった。それ以来、宇宙で生じた電磁気的な音響事象のソニフィケーションによって、私たちの太陽とそのほかの星が、対流電流が表面から熱を循環させるにつれて鳴っている音を聞いたり、荷電粒子が太陽系の至るところに散らばるにつれて太陽風がうなる音を聞きとったりすることができるようになった。この太陽風が、オーロラから不気味な高音のキロメトリック放射や、ヴァン・アレン帯で螺旋運動している自由電子によって形作られた「地球のコーラス」を発生させており、地上システムと衛星システムによって、太陽風が地球の上層大気に与えるこうした影響を聞くことができる。大型電波望遠鏡と軌道探査機は、木星と土星の周りの同種の現象を検知し、それらの電磁環境の構造に関する洞察を私たちにもたらすだけでなく、太陽系の内部および外部での惑星と太陽風との相互作用の共通点も示す。そして、私たちが遠隔探査の限界をますます押し広げようとしているので、ビッグバンの名残の超音波エネルギーについて、ワシントン大学のジョン・クレイマーは、一四〇億年前の宇宙誕生の残響をソニフィケーションによって私たちに「聞こえる」ようにした。それは、ゆっくりと変化をしている悲しげな音で、まるで宇宙が何かを考え直しているかのようだ。

しかし、惑星間と星間空間のエネルギーに永遠に魅了されてはいても、私たちは惑星の住人だ。私たちは火星表面の下側で、あるいは土星の衛星タイタンにあるエタンの湖のなかで起きていることのほうが、太陽のコロナガスの噴出による途方もないパワーよりも、はるかに興味深く思うことを認めざるを得ない。たとえ後者のほうが、私のGPSがだめになるといった直接的な大打撃をもたらすかもしれないとしても。地球上での聴覚体験はきわめて限られている。太陽系内のほかの天体に着陸するミッションは、一八回成功を収めたにもかかわらず、そのうちの三つの探査機にしか専用のマイクは組み込まれていなかった。

一九八一年、ソビエト連邦がヴェネラ13号と14号という探査機を打ち上げ、金星の表面で大気を測定し、実験を行った。それ以前のヴェネラ計画のミッションでは、金星表面に着陸して最長二時間の活動をしていたが、カメラのレンズカバーが貼り付いて外せなかったことから、気密シールが損傷して土壌分析実験に失敗したことまで、どのミッションにもそれなりの問題が発生した。ところが特にヴェネラ13号はそうしたことに優れていて、破壊的な大気圧と高温を耐え抜いただけでなく、地表の高精細画像と、古い玄武岩質の地面にドリルで掘って得た土壌サンプルの分析、そして初めての地球外の音を地球に送ってきた。ヴェネラ13号および14号探査機は、グローザ2と呼ばれる計器を搭載していた。これは

[*] 生物学的にありえないというわけではない――電気魚は電磁場を使って、皮膚の特殊な電気受容器をとおしてコミュニケーションをはかる。

研究者のレオニード・クサンフォマリチが設計したもので、地表の振動を感知する地震計と、空気伝播音を拾う小さなマイクでできていた。マイクは再現性の高い録音よりも、圧力鍋のなかのような大気中でのサバイバルを目指した設計で、厳重に装備されており感度が比較的低かったが、降下中の数時間と、地表でそれより数時間長いあいだ、硫酸の雲の真っ只中で働いた。マイクは探査機が降下中に雷鳴をとらえ、金星表面ではゆっくりとした厚い風のささやくような低音を感知した。

私は何年もかけて実際の録音を手に入れようとしたが、オリジナルのテープもバックアップも、現代のフォーマットには一切変換されていないようだった。私が手に入れたものでオリジナルの音に最も近かったのは、低いサンプリング周波数の波形のグラフだった。それが示していたのは、ヴェネラ13に搭載の計器、グローザ2が拾った音だった。つまり、レンズのキャップが外れた音と地面にあたった音、その後、土壌サンプルを取り出す実験中のドリルで掘る音、そしてサンプルが実験用チャンバーのなかにセットされた音である。たったそれだけかとあきれる前に思い出してほしい。三〇年前の科学技術を使って、気温がおよそ四五五度、気圧が地球の八五倍という金星表面で、この録音がなされたのだということを。私は雨が降っているときには、そこそこの録音をするのにも苦労する。

太陽系の天体で唯一ほかに音が明かされたのは惑星ではなく、タイタンという土星の最大の月だ。タイタンは一風変わった月で、その大きさは地球の月の一・五倍、ほぼ惑星サイズである。自身の属している惑星、すなわち土星の潮汐力によって自転と公転の周期が一致しており、タイタンの一日は地球時間の一五日と二二時間である。太陽からの距離が一五億キロメートルあるので、氷か岩石でできたありきたりの天体だ。ただし、ありきたりでない点が一つある。それは、タイタンの大気が地球の大気と同じような組成をしていることだ。ほとんどは、微量のエタンやメタンのような有機物を含む窒素で、それらがタイタンの雲を作っている。その大気は、小さな天体から想像される薄いかすみのような膜ではなく、実際に地球の大気よりも五〇パーセントほど厚い。タイタンは、太陽エネルギーと土星の潮汐応力のエネルギーの両方から影響を受けているきわめて動的な場所で、エタンとプロパンの湖と川、メタンの雪、広大な砂丘を形成する凍った炭化水素類でできた砂に覆われており、ゆっくり動いているが激しい天候にさらされている。

二〇〇四年一二月二五日、小さな円筒状の物体が、アメリカの原子力駆動の土星探査機、カッシーニから分離して、タイタンに接近し始めた。この物体は、オランダの一七世紀の天文学者、クリスティアーン・ホイヘンスにちなんでホイヘンス・プローブ（小型探査機）と呼ばれ、二〇〇五年一月一四日にタイタン表面のザナドゥと呼ばれる地帯近くの「ぬかるんだ」場所に着地した。ホイヘンスはバッテリー駆動で、最も大きく期待された仕事は、厚い大気を降下するのにかかる二時間半と、着地後におそらく数分間動作しているあいだに、よいデータを取って送信することだった。降下中に作動した最新装置の一つが、「ホイヘンス大気構造測定装置（ＨＡＳＩ）」だ。加速度計と小さなマイクをそなえ、降下中に探査機にかかる力と、タイタンの風の実際の音をとらえた。（同じく搭載されていた）「ドップラー風速測定器」は、降下中にパラシュートにぶら下がって横方向に揺れるプローブの位置変化を計算するために電波望遠鏡を利用し、そのデータをＨＡＳＩのものと合わせると、研究者たちがタイタンの音を再構築することができたので、このはるかかなたの世界の音を私たちは初めてうかがい知ることになった。私が初めてこの音を欧州宇宙機関のウェブサイトで聴いたとき、一〇億キロメートルより離れたところでもなお、わが家で聞こえるような音がしうることがわかって、奇妙な気持ちになった。

ヴェネラ13号と14号、ホイヘンスのほかには、マーズ・ポーラー・ランダーだけが録音装置を備えていた――「マーズ（火星）マイクロフォン」と呼ばれた装置だ。これは、約五一グラムのデジタルサンプリング装置で、この赤い星の表面で短い音サンプルを採取する予定だった。たった五一二キロバイトのオンボードメモリーで、全一〇秒の音声ファイルしか保存することができなかったが、一九九八年ではこれが、耐放射線設計はいうまでもなく、音声装置小型化の最高傑作だった。火星での録音は、十分な大気が存在する天体での録音に比べて、つまり地球や金星どころかタイタンに比べて、容易ならない挑戦だ。金星の圧倒的な大気圧と何でも融解する高温や、タイタンの凍てつくマイナス一八〇度の溶けかけのぬかるみといった環境に比べると、火星の環境はほとんど地球のようだが、大気は地球のたった一パーセントの濃さなので、音は地球よりもはるかに静かだ。マーズマイクロフォンは増幅器が内蔵されており、音声信号を聞こえるレベルまで増幅するはずだったが、悲しいことに、マーズ・ポーラー・ランダーがプログラムのエラーのために火星の表面に激突したのと同時に最期をとげた。その代わりになるものとして、フランスのマーズ・ネットランダーが立ち上がる予定だったが、プロジェクトが二〇〇四年に中止となり、今は棚上げ状態だ。設備や打ち上げのコストがかかるからというだけでなく、リアルタイムの音波情報を得るのに比較的高い帯域が必要とされるからという理由もあり、また太陽系のほかの場所で音を聞くことはほとんどの研究者にとって優先度が低いので、最初に火星の音を実際に聞くのは火星に降り立つ人かもしれない。だが、率直にいって、それでは目先のことしか考えられていない。人間の宇宙探検家は地球の音響環境で進化したために、異世界に行くときには、音が知覚的警告や情報のもとではなく、むしろ混乱のもとになるかもしれない。

宇宙探索で人間の音響心理学には比較的わずかな注意しか払われていないが、聴覚上どれほど大きなストレスでありうるかを考えてみれば、それではおかしいだろう。ユーリイ・ガガーリンでさえ、人類初の宇宙飛行での発射音について「どんどん大きくなる騒音……ジェット機で聞こえると思われる音よりも大きくはないが、音色や音質が非常にさまざまでどんな作曲家も楽譜に書きたいとは思えない音だ」と述べている。アメリカやソビエト連邦の初期の宇宙飛行研究は、発射ストレスのシミュレーションで身体にかかる振動と力の影響を調べるために時間とリソースをたっぷり費やした。その際に、人体に生じる超低周波音の影響について、きわめてよい研究のいくつかがなされた。地上のデータを利用して、NASA（とおそらくソビエト連邦）は大がかりな分析をして、騒音レベル、つまり閉じた空間での反響音の影響の許容レベルを確定したり、音声言語による重大な指示や警告が、宇宙船の乗組員室のどんな騒音でもかき消されないために必要な通信設備の帯域幅を設定したりするのが目的で、工学的手順を定めたのだ。ところが、宇宙船内の騒音や音響のレベルに関する研究で、最近合衆国で発表されたものは比較的少ない。国際宇宙ステーション（ISS）の建設がついに完了し、働いている乗員は永続的に配置されるので、聴覚への長期的影響とそこでの認知に関する影響があるかどうかを調べようとするのは、有効な試みだろう。ISSは以前のどんな宇宙船や居住環境ともかなり異なる。内部空間が八三七立方メートルあり、今までに建てられた最大の宇宙構造物で、一一年を超えて継続的に使用されている。

完成の遅れがおもな理由だが、予算超過だとか、科学的活用が不十分だと批判されたりすることが絶えないにもかかわらず、ISSは、人間が宇宙に長期的居住をする影響を研究するためのすばらしい実験室を提供している。とはいえ、どんな環境でも最も見過ごされているストレス源の一つは、慢性的に騒音にさらされていることだ。ISSでは、ほかのどんな宇宙船とも共通する問題が生じている。すなわち、その環境は基本的に空気で満たされた硬質な箱のなかであり、そこにはファンがそなえつけられていて、それがとにかく動作し続けていなければならないことだ。これでは、絶えず共鳴状態が作り出されて、防音しても十分に音が小さくならない。二〇〇九年のR・I・ボガトヴァらによる論文では、ステーション内での音響調査により、乗員モジュールのすべての領域で安全限度を超過していることが報告されている。地下鉄のトンネルでの一〇〇デシベルの轟音や、子どもがかけている耳をつんざくような大音量の音楽を我慢しなければならない場合を考えると、宇宙船の騒音が大きすぎるかどうかを心配するのは、重要ではないと思われるかもしれない。だが、思い出してほしい。宇宙飛行士はそこにしかいられないから、騒音は決して止むことはないのだ。扉を開けて外へは（少なくともたくさんの準備をしなければ、どうしても）出られない。また重大な警告音を聞き落としかねないので、常に耳栓をして安全にすごせるわけでもない。ところが聴覚的ストレスは、作業の遂行や感情の状態、注意、問題解決に長期的影響を与えうる。地球上か軌道上のいずれにいようとも。これは将来のためによく考えるべきとりわけ重要なポイントだ。というのは、いつしか火星かそれより遠くへ向かう有人宇宙船は、おそらくソユーズやアポロのような窮屈なカプセルというよりむしろ、ISSにかなり似た方向で作られるだろう。乗員が地球軌道の外側の探索を始めるときには、私たちは乗員の日常生活や能力に与える聴覚的ストレスの影響を考えなくてはならない。

そして、乗員たちが目的地に到着したときに何が聞こえるだろう？　初めて人間が木星の雲層のなかを飛んだり、タイタンの凍ったぬかるみを重い足取りで進んだりするときまで私が元気でいるとは思えないが、私が生きているあいだに人間がブーツを履いたその足を火星に踏み入れるだろうという望みは今でも持っている。今まで、ミッションでのあらゆる船外活動は、地球や月の軌道や、月面のいずれの場所でも行われたが、宇宙飛行士がヘルメットを構造物に押しつければ別だが、人間の通常レベルの感度では音を伝えるものが何もない環境だった。しっかりと足を防護するブーツは、最も強い地面からの衝撃と振動以外はすべて、足にまで到達するのを阻む。だが、火星では事情が異なるだろう。そこは地質学的に（そして私たちの推測では生物学的にも）地球よりもはるかに静的だが、異常な気象と化学的に活発な環境の惑星で、そして五〇年ものあいだ、その秘密の解明が試みられてきたにもかかわらず、いまだにほとんど未探索だ。ガリー（溝）が渓谷の斜面に見えており、それは塩水が流れた可能性の証拠を示し、凍った二酸化炭素（ドライアイス）の氷床が広がり、季節によって後退し、それが通ったあとに奇妙な地形を残している。それより温暖な地帯では、巨大な砂丘が毎日のように変化し、クレーターや谷を通ってあちこちを進んで行き、その一方で、地表下のトンネルは、もっと濃い大気ともっと多くの水を保持している可能性のある領域へと通じている。したがって、火星は死んでいる場所ではない――単にとても変わった場所なのだろう。たぶん、音響的にも。

前述したように、火星の大気は地球のたった一パーセントの密度で、おもに二酸化炭素からなっていて、人間の頭の高さでの気温は一度からマイナス一〇七度の範囲だ。これらの要素によって、地球における音との基本的な違いが三つ生じる。第一に、音速は秒速約二四四メートルで、それは地球の海抜ゼロ地点での音速の約七一パーセントだ。第二に、火星の大気は、五〇〇から一五〇〇ヘルツというまさに人間の最高感度の聴覚帯域の音を減衰させる傾向があるだろう。最後に、密度の低い大気は、どんな音の相対的音量も五〇から七〇デシベルほど低減させるだろう。将来、火星で作業するために作られる宇宙服は、外部の音を観測する埋め込み式マイクをそなえていると思われる。よって、火星探索者は、新たな環境での音響の違いを埋め合わせる方法を習得しなくてはならないだろう。

たとえそのマイクが増幅器に接続され、宇宙船やほかの乗員からの音声コミュニケーションを打ち消さないように適切に調整されているとしても、それでもなお火星探索者は自分の周りの音が違って聞こえるのを克服しなくてはならないだろう。彼らがクレーターの壁近くの地表に立っているときに、ローバー（惑星探査車）の振動が岩石の崩落を誘発した場合のことを想像してほしい。ローバーはどこにある？岩石はどこだ？　音源からどのぐらい離れているか、その音が正確にはどこからくるのかを見いだすのにも苦労するだろう。私たちが進化させた聴覚的定位能力は、両耳への音の到着時間と相対的音量の違いに基づいており、その基盤になるのは地球の大気を移動する音の伝播性質だ。自分の住む地球であっても、水中ではそれをすることさえできない。火星では、音速が低いことと、最もよく聞こえる周波数域での音の減衰によって、問題が生じる。音源を特定することさえかなり難しくなる。なぜなら、そこは奇妙な音源に満ちたまったく新たな環境というだけでなく、スペクトル情報が失われるからだ。

幸いなことに、それは音声コミュニケーションの妨げにはならないだろう（愚かにも宇宙服のヘルメットを外して火星で叫んだ人がいても、声が奇妙に聞こえることよりも心配すべきことがあるだろう）が、環境音を把握するのは簡単ではないだろう。宇宙探検者が測量装置を調整しようとしているあいだに、低音のうなるような音が外からヘッドセットに入ってくる。数秒後にヘルメットに砂がパタパタとあたる音を感じる。いつもはほとんどホワイトノイズの風の音さえ違って聞こえ、五〇〇から一五〇〇ヘルツ帯域が欠けているので、音はもっと低く、もっと有機的に聞こえる。飢えたエイリアンのたてる音だと思う宇宙飛行士はほとんどいないだろうが、それでもその音は方向感覚を狂わせるだろう。人間の宇宙探検者は何億年もかけて聴覚を、何十万年もかけて心理物理学を進化させるだろう。そして、どんな新しい環境にでも進出していった祖先たちと同じように、危険を知らせる音やチャンスを示す音に耳を傾ける方法を習得しなくてはならないだろう。どこへ行こうとも、どれほど遠い未来に至っても、聴覚というきわめて古くて非常によく保存されていているユニバーサルな感覚システムは、未来のシナリオに人間の精神が対応しようとする進化に適応し、そうした進化をうながしもするのだ。

第11章

あなたに聞こえるものがあなたなのだ

私は人生でのこの三〇年は、物事に耳を傾けることに費やしてきた。それどころか、あらためて考えてみれば、私はおよそ半世紀のあいだ物事を聴いている。この三十余年は物事を聴くことだけに、ひたすら集中**している**。そしてこの一八年間以上は（人間やそのほかの動物の）脳に注目し、脳が評価しようとしている音や、脳が作り出す音に多くの注意を傾けてきた。

私は運よく音楽と科学の両方についての訓練をふさわしい時期に受けることができた。子どものころ数年間ピアノのレッスンを受けたにもかかわらず、ようやく真剣に音楽への興味を持ったのは二〇代の初めだった。それは、初期のパソコンが手の届く値段になり使えるようになって、それを楽器に接続できるというアイデアが楽器用デジタルインターフェイス（ＭＩＤＩ（ミディ））の出現によって現実になったときである。一九九〇年代に聴覚科学の世界に足を踏み入れた私は、従来の心理物理学と解剖学のテクニックの訓練を受けるだけに留まらなかった。その分野に私が入ったまさにその時期、ＥＥＧが、巨大で使いにくいリレー駆動のスチームパンク然とした「要塞」から、もっとしゃれた自立型のユニットに変化し、ＰＥＴとＭＲＩのスキャンは神経イメージングの実用的なツールになり、電気生理学がアナログ・オシロスコープの時代からより自立型のデジタルフォーマットへ移行した。おかげで私は音響テクノロジーの交差する場で、音を作ることから、音が脳に与える影響をつきとめることまで楽しく取り組んだ。そして初めて脳の記録をとるのに成功した際、自分が考えたことを私は今でも覚えている。

脳は歌う。

電気生理学の実験中に、最初に私の注意を引いたのは脳が作り出す音だ。ホワイトノイズが続いているのは、電極がまだ入っていないことを意味するのだろうか？　あるいは、刺激に合わせてクリック音がするのは、聴覚の反応領域にあたったということだろうか？　私が鳴らす音とは無関係にスネアドラムのソロのように鼓膜を打つ大きな音があるのは、外部の音とはそろわない独自の重要なリズムを持つ領域に私が立ち入っているのを示すのだろうか？　あるいは海辺で聞こえる波の音のように、さらさらと鳴る穏やかな変化があるのは、もしかしたら奥へ押しすぎて電極が脳室に入っていて、脳脊髄液内の心臓血管のリズムが間接的に私に聞こえているのだろうか？

一世紀以上ものあいだ、頭蓋骨に外科的に開けた開口部から導電性電極を脳のなかへ入れることは、日々信号を外へ送り出し、なかへ送り込む情報を受け取るための、ニューロンの基礎にあるリアルタイムのイオン変化について、情報を集める唯一の方法だ。ほとんどの場合、集められたデータは画像とで発表される。たとえば時間の経過に対する電圧変化の振幅をプロットしたグラフや、さまざまな周波数での音に対する神経感度を描いた聴力図、チャネルの個々の区画での伝導率の変化を示すグラフ、二つの違う場所の電極からの反応タイミングの違いに基づいて、異なる反応領域間の接続性を示す図といったものだ。とはいえ私たちの最初のデータはたいてい音であり、ニューロンの電気的変化がステレオ音声の小型増幅器に入り、そしてまったく普通のスピーカーへ伝えられるのだ。

こうしたデータはめったに公表されない――十分に録音を再現できるマルチメディアを採用する研究誌は、まだ存在しないということを読者のみなさんに報告するのを残念に思う。小うるさい文句だということは否めないが、私はずっとこれを恥ずかしく思っている。脳そのものの「歌い方」によって、脳内のどこを録音しているのかが私にはたいていわかる。使う電極の種類によって、何百万ものニューロンが一斉にたてている音を聞いたり、あるいは個々のイオンチャネルのクリック音に聞き耳を立てたりすることができる。さまざまな種類のニューロンが刺激に反応して出す音によって識別することさえできる。一つのニューロンからのレスポンスを拾い出すために高インピーダンスの電極を使って録音していて、被験者に短いクリック音を聴かせれば、麻酔が効いている場合でも、その人の脳は反応して、電気化学に基づいて脳そのもののクリック音を生じさせることがわかるだろう[*]。音の始まりにだけクリック音で反応を返してくるニューロンもあれば、音の最後だけに反応を返してくるニューロンもある。規則的なクリック音を一気に生じるものもある。何も生じないものもある。ときどき、聞こえるものが反応ではなく、ただの非常に独特な「ニューロンの死の歌」の場合もある。それは物悲しいうめき声のように聞こえる（実際にはただイオンチャネルが細胞膜のなかの不適当な穴を通して、間違った位置の電極からカリウムを放出しているにすぎないのだが）。

各ニューロンは、その条件と入出力状態によって特徴的な音を持っている。けれども、脳の個々の最小要素までしっかりと調べることができれば、最終的には脳全体の機能を理解できるとする「ニューロン理論」はだんだんと時代遅れになり、それに対して、長い時間を費やしてニューロンの録音をしている私たちのような人々は、生き物にとってニューロンが個々にはそれほど重要ではないことに気づいている。実験で録音する領域以外も含めて脳は全体として生きていて、そこでは何十億ものニューロンが発火していて、ニューロンはおのおの、それ自体と近隣するものと、刺激に無関係そうなその他すべてのニューロンが行っていることに基づく独自の電気的パターンを持っている。何千ものニューロンが毎日死んで、置き換わるものはほとんどないが、認知的あるいは機能的劣化は何十年も気づかれないか、もしくは幸運な一部の人々では、最後のスイッチが切れるときまで認知的あるいは機能的変化がまったく起こらない。

培養皿に浮かんでいる数個のニューロンに比べてより複雑などんな脳においても、複雑な計算が行われていて、同調あるいは集団コード化が必要となる。数百や数千、数百万のニューロンが集団で働いて曖昧な入力の性質や特徴を分離し、どの部分が関係するのかを見つけ出し、複雑な認知を組み立ててから、意識のようなもっと興味深いものへ至るのだ。非常にノイズの多い場である現実をコード化する（そして解読(デコード)する）ために、フィルターやアンプに相当するニューロンのモジュールを用いて騒音を取り除き、役立つ信号に変えられるシステムが必要となる。小さなプログラムを走らせているあいだに、そうしたモジュールは、ノイズを集めて入力のループで相互作用し、確率的ノイズを非連続な知覚概念――この音色、あれらのにおい、あの色――に変える。

フィルターについて考えるときに人々が犯す誤りは、フィルターが情報を取り除くので、フィルターを通った出力は必然的に複雑さが減り、もとの入力よりも抑制される、という考えに陥ることだ。この根底にたぶんに存在するのは、人間の経験は現実の一部にすぎないという哲学的主張だ――物理現象から感覚、そして認知へ至る経路は、進むにしたがって狭くなるというものだ。ところが私たちの認知フィルターは、ニューロン同様に単独では機能しない。互いに異なるニューロン集団から発生するいく多の統合に起因する二つの（あるいは生物学的にいえば、二千の）フィルターの出力は、相互作用が可能であり、実際に相互作用をするだろう。フィルターを通り抜けた出力は、似ている場合には特定の入力を合計して強めるだろうし、まったく逆にニューロンと認知で打ち消し合う場合もあるが、しばしば共鳴して互いにぶつかり合って新たな反応パターンが生まれるだろう。これらのニューロンのフィルターは、目隠しするものではない――騒音を取り除いて、生物学的速度で取り扱えるようにするもので、振動す

◆

［＊］　インピーダンスは、時間的変化をする電流と逆の変化をするので、抵抗と同じようなものだ。電極のインピーダンスが高いと、そこから録音しようとする音量が小さくなるので、より少数のニューロンから録音することができるだろう。

る原子の熱エネルギーの千兆分の一秒の変化について過度に心配することなく、その代わりに盛り上がる弦楽器の豊かなハーモニーに心を注ぐ。

脳の状態（あなたが目覚めているか、眠っているか、興奮しているか、考えているか、読書しているか、引っかいているかのいずれかによって決まる状態）により、特定のニューロン活動が増幅され、それ以外のニューロン活動は弱められるが、その生物が生きている限りは、あらゆる条件で何らかの傾向が変わらずに続くだろう。これらの違いはサウンドシステムでのフィルターとアンプに似ていて、脳のなかの個々の違いに基づいている。規則正しい習慣は、脳内の既定値としてコード化されてくる。つまり、あなたは特定の入力に注意を払い、それ以外の入力は無視することを楽に感じる。この既定値には柔軟性があり、あなたがお気に入りの歌を楽しめるようにする一方、新しく好きになった歌を聞いたり、頭が痛くなるような歌のスイッチを切ったりすることにも、喜びを感じさせるだろう。

個々の脳の違いは、発達や環境、健康、文化――生き物に影響を与えるほとんどあらゆるもの――に由来する。一〇〇億から一〇〇〇億のニューロンがともに働き、何兆ものシナプスが役割を果たすことによって、生物学的に適切な速度で強くなったり、弱くなったり、脈打ったり、ループし、その出力には個人に合ったニューロン信号、つまりニューロンの音色のようなものを生み出す。それは百年ものの楽器が奏でる音と同じぐらい個性的な音だ。脳を全体的なものとしてとらえてみよう。数十億のニューロンで構成されており、それぞれが機能にしたがって変化する独自の動的な音響(ダイナミックサウンド)を持つものとして。すると、全体としての脳の機能は、高次の音響(メタサウンド)――ニューロンのオーケストラ――で示される。

音響心理学と音楽についての章を振り返ってみよう。歌は随伴現象だ。すなわち、楽器の物理学的音響特性や、実演する場所や録音装置の建築音響工学、ミュージシャンの技術レベル、演奏する日の朝食にとったものの影響といった要素の合計を上回る全体なのだ。それと同様に、脳の正常な機能で発生するニューロンの個々の発火や、液体の流れ、遺伝子の活性化と不活性化といったすべては、音響効果を含みうるニューロン反応の集積を上回る何かを引き起こす――生み出されるのは、精神だ。

一人の人間も、一つの研究機関も、一つの分野たりとも、脳あるいは精神を理解していない。とはいえ、アメリカ神経科学学会の年次会議に三万人の神経科学者が出席したことからも、私たちが脳や精神をどれほどまでに理解したくてたまらないかを感じとれるだろう。発表前の最先端の研究を扱うポスターのあいだを歩き回り、予想外の大発見に基づく新たな方向についての話を聞き、数ミクロン幅のたった一つの分子チャネルが、何兆もの同じような分子を持つ可能性のある構造にどう寄与するのか理解しようとすることだけに職業人生を費やしうることに気がつくと、学ばなくてはならない量とすべてを真にまとめられるのにかかる時間のどちらについても、イメージが湧いてくるだろう。人間の脳とそこから生じる精神の働きは、星間空間と同じぐらいまだまだ探索のなされていない領域だ。

「精神」(あるいは「心」)という言葉を使うことについて、多くの神経科学者が居心地の悪さを感じているのは確かだ。認知や心理学の論文でむやみに使われることもしばしばあり、いい加減に使われることも多いが、通常神経科学者が精神について話すのを聞くことはあまりない。ノーベル賞をもらって安全になってから、ようやくそれについて口にする。私はノーベル賞非受章者として、脳という精神のすみかの可能性が高い場所の機能について、重点的に取り組むことが多い。とはいえ、種そのものがヒマワリではないのと同じように、脳は精神ではない。脳は精神が生まれ、成長し、創発し、ついには消える場所だ。私と私の同業者たちのほとんどが、自分たちのデータ――電気的記録の束、ニューロン反応のグラフ、刺激と反応の凝った図解――のなかに精神を探し求めている。もっと分子的な興味のある人々は、細胞挙動のごくわずかな変化の基盤を探る。神経イメージングを扱う人は、生きている無麻酔で機能している脳で、随伴現象がかすかに創発するのを垣間見たいと思っている。

とはいえ、私たちの研究にはどれも問題があるだろう。精神は、ＭＲＩの緩慢で一時的な画像標本や、遺伝学の煩雑きわまりない操作では見つけられない。これらは、私たちの精神が働いていると思われる一時的「ドメイン」とは、あまりにもかけ離れている。動作は速いが場所をとる巨大装置のＥＥＧや、電気生理学的記録の精密だが不自然な単一ニューロンのパルスのなかにも見つからない。私たちはこの五〇年間、人間と近縁種の脳の機能を研究し、複雑な代謝や、感覚と認知のかすかな入力に反応した電気的変化を調べ、思考や想像や言語の生化学的な基盤を探り、人間が特別であることの根拠になると思われる遺伝子が見つかったときには臆面もなく喜び、その後、ほかの何百もの生き物でそれが見つかり、脳のなかで、そして脳に対して微妙に違うことをしていたときにはひそかに文句をいった。それでも私たちは、今もなおそうした断片を確認中だ。私たちは精神の基礎を分割してますます小さな要素にしている。初期の素粒子物理学者が、ますます大きな粒子加速器を使って、ますます小さな物質元素を見つけていったのと同様だ。ところが、全体像は、つまりあらゆる精神の理論は、いまだに見つからない。そして、私たちは繰り返しテクノロジーを注入しているにも関わらず、さまざまな断片をまとめ合わせる方法を解き明かすためには、物事を単純化することがまだ必要だ。

こうしたまとまっていない断片を集めてどうにか対処できるようにするには、モデルを作ることだ。モデルは、起こるだろうと思われるものを小さなスケールで表現したもので、過去の研究だけでなく、私たちのデータによって導かれる予測にも基づいている。とはいえ、将来を予測する私たちの能力にはむらがあり、モデルは脆弱なものだ。飛躍的進歩によって、長年にわたる科学理論が完全に解体されることもありうるので、天才による大胆なモデルでさえ、絶えず改良と再評価にさらされるのだ。これが本物の科学の基本である。これまでに、精神はどのように働くのか、精神とは何なのか、精神は少なくとも何に似ているのかを説明する何十ものモデルが提案され、それぞれはその時点での最先端科学の一般的解釈から作り出された。

電話による通信の時代には、精神は配電盤、つまり双方向に接続するさまざまな脳モジュールと説明された。古い電話ネットワークが電話機を接続する方法である。一九五〇年代、すなわちレーザー実験とホログラフィーの初期の時代には、外傷性の脳損傷を受けた後でも精神の恒常性と記憶を保持する能力から、脳をホログラフィー装置と表現し、脳のすべてが精神全体のホーリズム的な記憶を含んでいるとした［ホーリズムとは、全体はすべての部分の和を超えるものであるとし、全体を部分や要素に還元することでは全体は理解できないとする考え］。一九七〇年代に、コンピューターが実験室にあたり前のように存在し始めると、精神はコンピューターとして説明された。コンピューターはその後間もなく、精神の働き方の側面をモデル化するために設計されて、人工知能開発の最初の一歩が踏み出されることになった。一九九〇年代後半までに、遺伝学をもっと楽に扱って研究する私たちの能力が、ポリメラーゼ連鎖反応や遺伝子配列決定の技術で広がったので、精神は、遺伝的傾向と環境条件が合わさったところ、すなわち神経遺伝学の本質的なところから現れるものと見なされ始めた。二一世紀に入り、コンピューターや電話、そして本でさえ、まとめて一つの相互接続したインターネットの情報になり始めたので、知識と精神は、途方もなく複雑で大量のデータ処理から出てくるといわれ始めた。そして今、二一世紀が一〇年代に入り、私たちは豊富な情報を手にしているが、精神についての真に役に立つモデルにはまったく近づいていない。現在ｆＭＲＩやそのほかいくつかの形式の神経イメージングばかりに注目が集まることは、私たちを後退させており、生きている脳が実際にしていることを理解するために美しい絵で代用していると指摘する人さえいる。

私はこれについて長年考え、たくさんの議論を（そしていくつかの徹底的な論争を）してきた。精神とは何かという本質に迫りたいとほんとうに思うなら、これ以上のデータの深追いはやめて、私たちがすでに持っている知識について実際に考えるべきではないかと思う。それもできれば新しい方法で。音と精神ほどの大がかりなテーマを扱う本を書こうとすることのメリットは、通常の日常的視点から抜け出して、実験室だけではなくむしろ実世界で物事がどのように働くのかを見いだすほかなくなることだ。私は書いていたというよりもむしろ考えてすごしていたある日、私の世界で勃発した小さな戦いのことを思い出した。コウモリが、ナノ秒スケールの（おそらく神経系が扱えるスケールよりも何桁も速い）音の違いに反応できるかもしれないことが示されたときのことだ。これは、学問の範囲から決して出ない神経科学者同士の単なる内輪争いの一つで終わっていたかもしれない。ところが今でも、その問題は私を悩ませている。たった数百ナノ秒の信号の変化に対して、それより数千倍ゆっくりしたスピードで発火する神経を持っているコウモリが、どうやって反応できるのだろうか？　脳機能に関するすべての古典的モデルでは、そうした信号より数百倍ゆっくりした変化の感知さえ不可能なのだが。

私がもっと枠を広げてそれについて考え始めたとき、脳一般について気づいたことがある。私たちが精神を探し求めているとすれば、間違った場所を間違った時間に見てきたのだろう、ということだ。私たちは、基本の一式と考えるもの——脳神経と、それより程度は低いが脳神経に結びついているグリア細胞や血管といった支持組織——に脳機能がどのように基づいているかについて考えがちだ。ところが、各々の脳神経は、脳のどの場所にあるかによって、それに先立つ何千、あるいは何百万もの脳神経が存在する可能性があり、それらすべてはインパルスのイエスかノーかだけではなく、発火するかしないかの傾向のわずかな調節にも寄与する。どんなテクニックであろうと見える範囲を狭める方法で私たちが感知するものは、とびきり複雑な神経化学的オーケストラの配置を小さな一時的な窓をとおしてとらえた見方にすぎない。そうした「配置」は、発火しろ、あるいはするなという指令に反応して流れる荷電イオンを移動させているだけでなく、電位の変化の状態を作り出している。この海馬細胞への三〇〇の興奮性入力は、四〇の抑制性入力によって覆されるだろうか？　組み込まれているギャップ結合は、さらなる入力を無効にする一連の周期的パルスに対して開始反応を変えるのに十分なほど、電流へ寄与するだろうか？　そしてこのすべては、私が今聞いたばかりの音を実際にとらえて、それを記憶に変えるのか、または、次にくるものや前にきたものと比較するためにただ保持されるのだろうか？　大脳皮質のどんな場所でも一〇〇億のニューロンが以前に発火したかもしれず、それはあの電圧、すなわち、すべて合わさって入力が到着したときから、一つの出力が選択されるときまでのあいだのあの瞬間かもしれない。その選択された出力――歌うこと、何かいうこと、ほほ笑むこと、突然ひらめいた瞬間に神経化学的快感を覚えること――に、精神は隠れているのだろう。それを精神の量子的な泡の一種として考えてみるといい。そこで、次に何が起こるかという予想の確率的状態が消えるのだ。

私たちの精神は、生化学的であろうと環境的であろうと私たちの過去の経験から作り上げられている。私たちが成長するにつれ私たちの経験が原因となって、すばらしいことや衝撃的なことなど一部の経験は増幅し、過去において有用性が限られたり興味があったもの以外は、つまり選択と状況により強度が調節されたもの以外は取り除かれる。要するに、入力と出力の電位差のなかで　私たちの精神は少しずつ時間を追って形成され、人生経験によって形作られる。ちょうどサックス奏者の呼気が、楽器本体のエネルギーを変えて、金属と部屋の反響音と、肺や唇、顔、手で操作される楽器の増幅とフィルタリングを加えるように。そして、出現するものは単なる調節された空気ではなく、音楽なのだ。
新しい物事を発見するための最良の方法は、新たな見方で目を向けることだ。それでは、「精神は音楽そのものなのだろうか？」

音楽と精神を結びつける考えは新しいものではない。「音楽」と「精神」を含むタイトルやサブタイトルを持つ本や、『サイエンス』誌と同じぐらい高尚な専門誌に掲載されている学術論文は、少なくとも五〇は見つかるだろう。だがたいていは、音楽の要素を聞いたときに行動や神経機能がどのように変わるかということや、音楽的訓練を受けた人は音楽経験のない人とどんな差があるかということがテーマだ。私の提案はこうだ。私たちが音楽について考える方法で、精神についても考えよう。識別されるべきものではなく、探究されるべきプロセスとして考えるのだ、と。科学は音楽を定義しようとして（これまでは）失敗しているが、その原因は、プロセスや流れよりもむしろ、インフラに焦点を合わせていることだ。メロディーや歌は、既知の時間と音量の単なるひと続きの音符ではない。それは右の扁桃体に対して左を活性化するものではない。それはあなたを賢くしたり愚かにしたりするものでもない。それは個別の事象とそれに続くものの流れのあいだの緊張状態だ。そしてことによるとそれは精神も同様で、脳は、密集したニューロン活動のループを引き起こし、それがおのおの、わずかなフィルタリングやわずかな増幅、注意を払うべきことを信号で伝えるテンポの変化、物事が混乱しているときのやかましさの増加といったことに寄与するのだろう。おそらく、ニューロンの活性化と抑制の低下や緊張の瞬間のあいだに、意識の創発的入口があるのだろう。精神は音楽のように、情報そのものというよりも、情報の流れについてのものであるように思われる。全入力が意識に上ってくるのは、それが量子的なものから会話的なものへ達してからで、全入力が処理され、フィルターを通され、増幅されて、創発する精神を作り出すパラメーターによって流し出されるときだ。それは、言葉の伴わない思考と発語とのあいだの瞬間だ。

どんな脳においてもすべてのニューロンのすべての音を録音することができるなら、あらゆる脳は、イベント駆動型の音と認知が引き出す音が出た瞬間にできた曲を奏でるだろう。聞き手の精神としてより、この絶え間なく変わり続けるが個人をよく特徴づける波形を考えるためのよい方法はあるだろうか？これはものすごい技術的な挑戦である。常識的に考えて、地球上で最も複雑な情報処理システムを導電性の針差しに改造しないことには、一〇〇〇億もの物理的電極を人の脳に入れることはできない。だが、生物医学の録音とイメージングでの急速な進歩や、科学者や技術者が既存のテクノロジーを巧みに操ってはるかに強力な「玩具」を作る能力を考えると、おそらくそれほど現実離れした話ではないだろう。理論的には？　たぶん、これが精神の問題に対する唯一の答えというわけではなさそうだが、脳機能と精神についての新たな考え方を検討するのに有効な方法かもしれない。

脳の奏でる曲を私たちが聞こえる形に変換できれば、個人の精神のなかで何が働いているか、あるいは何が働いていないか、という直感を得ることができるだろうか？　私たちはこれの簡単バージョンを外の世界ですでに実施しているので、木星で高エネルギー陽子の嵐がキーキーと鳴る音を聞くことができる。孤独な宇宙探査機が軌道をまわるときに、電磁場内の変化をとらえ、私たちに音として理解できるように再生してくれるのだ。脳卒中で局部的に脳を損傷すると、オーケストラの一セクションが欠けた状態で曲が演奏されているような音がするのだろうか？　早期発症型アルツハイマー病が忍び寄るのを、オーケストラで弦楽器のチューニングがゆっくりとあわなくなっていくように聞きとることができるのだろうか？　ある種の精神病は、ハーモニーの歪みのような音がするだろうか？　直感のひらめきはベートーヴェンの「英雄交響曲(エロイカ)」で盛り上がっていく音響のように、あるいは「ユリーカ」と叫ぶ声の韻律的な音色のように鳴るのだろうか?

答えはわからない。私は音の研究を続けているといつかわかる日がくるだろうと願っている。

でもそれは、次の曲がプレイリストに現れるのを待つあいだに考えることなのだ。

参考文献

第1章　始まりは爆音

Fritzsch, B., Beisel, K. W., Pauley, S., and Soukup, G. "Molecular evolution of the vertebrate mechanosensory cell and ear." *International Journal of Developmental Biology*. 51 (2007): 663-678.

Lewis, J. S. *Rain of Iron and Ice: The Very Real Threat Of Comet And Asteroid Bombardment*. New York: Perseus Publishing, 1995.

Pieribone, V., Gruber, D. F., and Nasar, S. *Aglow in the Dark*. Cambridge, MA:Belknap Press, 2006.［邦訳：『光るクラゲ：蛍光タンパク質開発物語』（滋賀陽子訳，青土社）］

Pradel, A., Langer, M., Maisey, J. G., Geffard-Kuriyama, D., Cloetens, P., Janvier, P., and Tafforeau, P. "Skull and brain of a 300-million-year-old chimaeroid fish revealed by synchrotron holotomography." *Proceedings of the National Academy of Sciences USA*. 106 (2009): 5224-5228.

Wilson, B., Batty, R. S., and Dill, L. M. "Pacific and Atlantic herring produce burst pulse sounds." *Proceedings of Biological Sciences*. 271 supp. 3 (2004): S95-S97.

第2章　空間や場所――セントラルパークを歩く

Charles M. Salter Associates. *Acoustics: Architecture, Engineering, the Environment*. San Francisco: William Stout Publishers, 1998.

China Blue. "What is the sound of the Eiffel Tower?" Acoustics Today. 5 (2009): 31-38.

Declercq, N. F., and Dekeyser, C. S. A. "Acoustic diffraction effects at the Hellenistic amphitheater of Epidaurus: Seat rows responsible for the marvelous acoustics." *Journal of the Acoustical Society of America.* 121 (2007): 2011-2022.

第3章　ローエンドタイプの聴覚を持つ動物たち——魚類とカエル

Boatright-Horowitz, S. S., and Simmons, A. "Transient 'deafness' accompanies auditory development during metamorphosis from tadpole to frog." *Proceedings of the National Academy of Sciences USA.* 94 (1997): 14877-14882.

Boatright-Horowitz, S. L., Boatright-Horowitz, S. S., and Simons, A. M. "Patterns of vocal interactions in a bullfrog (*Rana catesbeiana*) chorus. Preferential responding to far neighbors." *Ethology.* 106 (2000): 701-712.

Mann, D. A., Higgs, D. M., Tavolga, W. N., Souza, M. J., and Popper, A. N. "Ultrasound detection by clupeiform fishes." *Journal of the Acoustical Society of America.* 109 (2001): 3048-54.

Simmons, A. M., Costa, L. M., and Gerstein, H. B. "Lateral linemediated rheotaxis behavior in tadpoles of the African clawed frog (*Xenopus laevis*)." *Journal of Comparative Physiology A: Neuroethology, Sensory, Neural, and Behavioral Physiology.* 190 (2004): 747-758.

Tobias, M. L., and Kelley, D. B. "Vocalizations by a sexually dimorphic isolated larynx: peripheral constraints on behavioral expression." *Journal of Neuroscience.* 7 (1987): 3191-3197.

Weiss, B. A., Stuart, B. H., and Strother, W. F. "Auditory sensitivity in the *Rana catesbeiana* tadpole." *Journal of Herpetology.* 7 (1973): 211-214.

Yamaguchi, A., and Kelley, D. B. "Generating sexually differentiated vocal patterns: Laryngeal nerve and EMG recordings from vocalizing male and female African Clawed Frogs (*Xenopus laevis*)." *Journal of Neuroscience.* 20 (2000): 1559-1567.

第4章　高周波音を聞く仲間

Dear, S. P., Simmons, J. A., and Fritz, J. "A possible neuronal basis for representation of acoustic scenes in auditory cortex of the big brown bat." *Nature*. 364 (1993): 620-632.

Hiryu, S., Bates, M. E., Simmons, J. A., and Riquimaroux, H. "FM echolocating bats shift frequencies to avoid broadcast-echo ambiguity in clutter." *Proceedings of the National Academy of Sciences USA*. 107 (2010): 7048-7053.

Griffin, D. R. *Listening in the Dark: The Acoustic Orientation of Bats and Men*. New York: Dover Press, 1974.

Horowitz, S. S., Stamper, S. A., and Simmons, J. A. "Neuronal connexin expression in the cochlear nucleus of big brown bats." *Brain Research*. 1197 (2008): 76-84.

第5章　下側に存在するもの――時間、注意、情動

Aeschlimann, M., Knebel, J. F., Murray, M. M., and Clarke, S. "Emotional pre-eminence of human vocalizations." *Brain Topography*. 20 (2008): 239-248.

Davis, M., Gendelman, D. S., Tischler, M. D., and Gendelman, P. M. "A primary acoustic startle circuit: Lesion and stimulation studies." *Journal of Neuroscience*. 2 (1982): 791-805.

Emberson, L. L., Lupyan, G., Goldstein, M. H., and Spivey, M. J. "Overheard cell-phone conversations: When less speech is more distracting." *Psychological Science*. 21 (2010): 1383-1388.

Halpern, D. L., Blake, R., and Hillenbrand, J. "Psychoacoustics of a chilling sound." *Perception and Psychophysics*. 39 (1986): 77-80.

Hart, J. Jr., Crone, N. E., Lesser, R. P., Sieracki, J., Miglioretti, D. L., Hall, C, Sherman, D., and Gordon, B. "Temporal dynamics of verbal object comprehension." *Proceedings of the National Academy of Sciences USA*. 95 (1998): 6498-6503.

King, L. E., Douglas-Hamilton, I., and Vollrath, F. "African elephants run from the sound of disturbed bees." *Current Biology*. 17 (2007): R832-R833.

LeDoux, J. *The emotional brain : The mysterious underpinnings of emotional life*. New York: Simon & Schuster, 1996. [邦訳：『エモーショナル・ブレイン：情動の脳科学』（松本元ほか訳、東京大学出版会）]

McDermott, J., and Hauser, M. "Are consonant intervals music to their ears? Spontaneous acoustic preferences in a nonhuman primate." *Cognition*. 94 (2004): B11-B21.

Olds, J., and Milner, P. "Positive reinforcement produced by electrical stimulation of septal area and other regions of rat brain." *Journal of Comparative Physiological Psychology*. 47 (1954): 419-427.

Paré, D., and Collins, D. R. "Neuronal correlates of fear in the lateral amygdala: Multiple extracellular recordings in conscious cats." *Journal of Neuroscience*. 20 (2000): 2701-2710.

Pressnitzer, D., Sayles, M., Micheyl, C., and Winter, I. M. "Perceptual organization of sound begins in the auditory periphery." *Current Biology*. 18 (2008): 1124-1128.

Ross, D., Choi, J., and Purves, D. "Musical intervals in speech." *Proceedings of the National Academy of Sciences USA*. 104 (2007): 9852-9857.

Shamma, S. A., and Micheyl, C. "Behind the scenes of auditory perception." *Current Opinion in Neurobiology*. 20 (2010): 361-366.

第6章　誰か、「音楽」を定義してください（そして、その定義について音楽家と心理学者、作曲家、神経科学者、それからアイポッドを聴いている人の同意をもらってください……）

Bangerter, A., and Heath, C. "The Mozart effect: Tracking the evolution of a scientific legend." *British Journal of Social Psychology*. 43 (2004): 605-623.

Chabris, C. F. "Prelude or requiem for the Mozart effect?" *Nature.* 400 (1999): 826-827

Fritz, T., Jentschke, S., Gosselin, N., Sammler, D., Peretz, I., Turner, R., Friederici, A. D., and Koelsch, S. "Universal recognition of three basic emotions in music." *Current Biology.* 19 (2009): 573-576.

Grape, C., Sandgren, M., Hansson, L. O., Ericson, M., and Theorell, T. "Does singing promote well-being?: An empirical study of professional and amateur singers during a singing lesson." *Integrative Physiological and Behavioral Science.* 38 (2003): 65-74.

Harris, C. S., Bradley, R. J., and Titus, S. K. "A comparison of the effects of hard rock and easy listening on the frequency of observed inappropriate behaviors: Control of environmental antecedents in a large public area." *Journal of Music Therapy.* 29 (1992): 6-17.

Malmberg. C. F. "The perception of consonance and dissonance." *Psychological Monographs.* 25 (1918): 93-133.

Plomp, R., and Levelt, J. M. "Tonal consonance and critical bandwidth." *Journal of the Acoustical Society of America.* 38 (1965): 548-560.

Rauscher, F. H., Shaw, G. L., and Ky, K. N. "Music and spatial task performance." *Nature.* 365 (1993): 611.

Seashore, C. E. *Psychology of music.* New York: Dover Publications, 1967.

Ventura, T., Gomes, M. C., and Carreira, T. "Cortisol and anxiety response to a relaxing intervention on pregnant women awaiting amniocentesis." *Psychoneuroendocrinology.* 37 (2012): 148-156.

Zattore, R. H. "Music and the brain." *Annals of the New York Academy of Science.* 999 (2003): 4-14.

第7章　耳にこびりつく音——サウンドトラック、「スタジオ視聴者」の笑い声、頭から離れないCMソング

"The Use of Sound Effects." *Tha Radio Times—BBC Yearbook*, 194. London: British Broadcasting Corporation, 1931.

Szameitat, D. P., Kreifelts, B., Alter, K., Szameitat, A. J., Sterr, A., Grodd, W., and Wildgruber, D." It is not always tickling: Distinct cerebral responses during perception of different laughter types." *Neuroimage.* 53 (2010): 1264-1271.

Meyer, M., Baunmann, S., Wildgruber, D., and Alter, K. "How the brain laughs: Comparative evidence from behavioral, electrophysiological and neuroimaging studies in human and monkey." *Behavioural Brain Research.* 182 (2007): 245-260.

第8章　耳を通して脳をハックする

Graybiel, A., and Knepton, J. "Sopite syndrome: A sometimes sole manifestation of motion sickness." *Aviation Space and Environmental Medicine.* 47 (1976): 873-882

Gueguen, N., Jacob, C., Le Guellec, H., Morineau, T. and Loure, M. "Sound level of environmental music and drinking behavior: A field experiment with beer drinkers." *Alcoholism: Clinical and Experimental Research.* 32 (2008): 1795-1798.

"Hell's Bells." *Maxim.* 100th issue, 166. 2006.

Karino, S., Yumoto, M., Itoh, K., Uno, A., Yamakawa, K., Sekimoto, S., and Kaga, K. "Neuromagnetic responses to binaural beat in human cerebral cortex." *Journal of Neurophysiology.* 96 (2006): 1927-1938.

Klimesch, W. "EEG alpha and theta oscillations reflect cognitive and memory performance: A review and analysis." *Brain Research: Brain Research Reviews.* 29 (1999): 169-195.

Lawson, B. D., and Mead, A. M. "The Sopite syndrome revisited: Drowsiness and mood changes during real and apparent motion." *Acta Astronautica.* 43 (1998): 181-192.

Rockloff, M. J., Signal, T., and Dyer, V. "Full of sound and fury, signifying something: The impact of autonomic arousal on EGM gambling." *Journal of Gambling Studies.* 23 (2007): 457-465.

第9章　兵器と奇妙なもの

Cai, Z., Richards, D. G., Lenhardt, M. L., and Madsen, A. G. "Response of human skull to bone-conducted sound in the audiometric-ultrasonic range." *International Tinnitus Journal.* 8 (2002): 3-8.

Cheney, M. *Tesla: Man out of time.* New York: Touchstone Books: New York, 2001.［邦訳：『テスラ：発明王エジソンを超えた偉才』（鈴木豊雄訳、工作舎）］

Fletcher, N. H., Tarnopolsky, A. Z., and Lai, J. C. S. "Rotational aerophones." *Journal of the Acoustical Society of America.* 111 (2002): 1189-1196.

Foster, K. R., and Finch, E. D. "Microwave hearing: Evidence for thermoacoustic auditory stimulation by pulsed microwaves." *Science.* 185 (1974): 256-258.

Friedman, H. A. "U.S. PsyOp in Panama." http://www.psywarrior.com/PanamaHerb.html.

Friedman, H. A. "The Wandering Soul Psy-Op tape in Vietnam." http://www.psywarrior.com/wanderingsoul.html.

Gavreau, V. "Infrasound." *Science Journal.* 4 (1968): 33-37.

Gavreau, V., Condat, R., and Saul, H. "Infrasound: Generation, detection, physical properties and biological effects." *Acustica.* 17 (1966): 1-10.

Lebenthall, G. "What is infrasound?" *Progress in Biophysics and Molecular Biology.* 93 (2007): 130-137.

Lubman, D. "The ram's horn in Western history." *Journal of the Acoustical Society of America.* 114 (2003): 2325.

Liao Wanzhen. "Whistling arrows and arrow whistles." http://www.atarn.org/chinese/whistle/whistle.htm.

O'Brien, W. D. Jr. "Ultrasound--Biophysics mechanisms." *Progress in Biophysics and Molecular Biology.* 93 (2007): 212-255.

Tandy, V., and Lawrence, T. R. "The ghost in the machine." *Journal of the Society for Psychical Research.* 62 (1998): 1-7.

第10章　未来の音

Bogatova, R. I., Bogomolov, V. V., and Kutina, I. V. "Trends in the acoustic environment at the International Space Station in the period of time of the ISS missions from one to fifteen." *Aerospace and Environmental Medicine.* 43 (2009): 26-30.

Doran, J., and Bizony, P. *Starman : The truth behind the legend of Yuri Gagarin.* New York: Walker & Co., 2011［邦訳：『ガガーリン：世界初の宇宙飛行士、伝説の裏側で』（日暮雅通訳、河出書房新社）］

Elko, G. W. and Harney, K. P. "A history of consumer microphones: The electret condenser microphone meets microelectro-mechanical systems." *Acoustics Today.* 5 (2009): 4-13.

Hu, Z., and Corwin, J. T. "Inner ear hair cells produced in vitro by a mesenchymal-to-epithelial transition." *Proceedings of the National Academy of Sciences USA.* 104 (2007): 16675-16680.

Leighton, T. G., and Petculescu, A. "The sound of music and voices in space (Parts 1 & 2)." *Acoustics Today.* 5 (2009): 17-29.

Oshima, K., Shin, K., Diensthuber, M., Peng, A. W., Ricci, A. J., and Heller, S. "Mechanosensitive hair cell-like cells from embryonic and induced pluripotent stem cells." *Cell.* 141 (2010): 704-16.

第11章　あなたに聞こえるものがあなたなのだ

Buzsáki, G. *Rhythms of the brain.* New York: Oxford University Press, 2006.

訳者あとがき

本書は、Seth S. Horowitz著、The Universal Sense: How Hearing Shapes the Mind (Bloomsbury USA, 2012) の全訳です。著者のセス・ホロウィッツは、「この本を書こうと決めたのは、三〇年以上のあいだ、あらゆる種類の音に魅せられてきたからだ」といっています。よく知られているように音は空気の振動で、それを感知するのが聴覚です。音は世界のどこにでも存在しており、すべての脊椎動物は何らかの形で音を感知する——つまり、聴覚は「ユニバーサルな感覚（センス）」なのです。原書のタイトルはこのことに由来します。

インターネットで調べてみると、人間が五感から得る情報のうち、一番多いのが視覚からのもので、全体の八割以上を占めているそうです。それに次ぐ聴覚の情報量は、一割程度とのこと。これは、耳よりも目に多く頼って生きているという私自身の実感に合っている数字だと思います。けれども、情報量だけでは単純に比較できない何かがありそうです。目を閉じれば入力がゼロになる視覚とは違い、聴覚は眠っているあいだも休むことなく周囲の情報を監視していて、周囲に変化が起きると、身体や感情にいち早く——意識に上るよりも速く——働きかけるというのですから、常識や実感ではわからない秘密があるに違いありません。本書では、そうした音と聴覚、そして心に至るつながりがテーマになっています。音や振動という物理現象は、どのようにして人間を含めた動物に感知され、それが身体や心にどう影響するのでしょう？　それぞれの動物にとって、聴覚世界とはどのようなものでしょうか？　こうした問いの答えを探し求めて、著者の研究の場は実験室にとどまらず、さまざまな魅力的な人々との出会いを通じてどこまでも広がります。人のいるところ、動物のいるところは、すべてが実験場です。

著者のホロウィッツは、「リズム・アンド・ブルースのミュージシャンから、デジタルサウンドを作るプログラマーやイルカのトレーナー、聴覚神経科学者、音楽プロデューサー、あるいは音響ブランディングのデザイナーまで」経験したという多才でユニークな人物です。そして、どんな仕事をしているときでも、ホロウィッツの興味の中心はつねに音と聴覚です。本書では聴覚神経科学者としてのホロウィッツが、音と聴覚のふしぎな世界を語ります。「誰かが何かを不可能だと言ったら、それはそれを成し遂げるのにはほんの少し余計に時間がかかるという意味に過ぎない」し、「装置を使った実験で本物の失敗とは、感電死してしまった場合だけ」だという父上の教えのとおりに、型破りな発想と、エネルギッシュな行動力で、大胆に、粘り強くチャレンジをし続けています――彼の実験は、奇想天外で、愉快で、ときに迷惑です。無響室にこもってコウモリに装置の付いたリュックを背負わせてみたり、ウシガエルのおしっこアレルギーを発症するほどウシガエルを追いかけまわしたり、エッフェル塔に大きな録音装置を持ちこんだり、オタマジャクシ専用の耳あてを作ってみたり、聴くと嘔吐したくなる音楽を作り出すなどなど。「邪悪博士（ドクター・イーヴィル）」の名に恥じないホロウィッツの実験の数々は、そして悪ふざけさえも、とてもチャーミングです――私は被験者にはなりたくないけれど！

この本を読むまで、地球が誕生して間もないころの音など、想像したこともありませんでした。原始大気をまとった地球に大量の小惑星が衝突する音、火山の爆発する音、酸性の雨が降り注いで海を作る音。世界にはいつでもどこでも、音が存在することを思うとふしぎな気持ちになります。街で聞こえる音、音、音。カエルの鳴き声。コウモリの超音波。身体で感じる打楽器の響き。コマーシャルの耳につくフレーズ。火星で砂が立てる音。宇宙の果ての超低周波音。脳のなかでニューロンがオン・オフする音。オーケストラの奏でる音楽。本書で語られたこれらの音が、どれもこれもこの世界の一部として存在していることを思うと、私は耳に入るすべての音を何とも愛おしく感じるようになりました。それも含めて、本書に出会う前とは世界が少し違って見えることがあるので、私はそれらを「ホロウィッツ効果」と（勝手に）名付けました。ホロウィッツ夫妻は旅行をするときに、ふつうの人がカメラを持つように、録音装置を持っていくとのこと。私もどこかへ出かけたら、風景を目に焼きつけるだけでなく、耳を澄ませて、空気の振動を身体全体で味わおうと思います。読者のみなさんにも、ホロウィッツの世界を楽しんでいただけますように。

最後になりましたがお礼を申し上げたいと思います。実験中のお忙しいなか、私の質問のメールに毎度快くユーモアたっぷりに答えてくださった著者に深く感謝します。また、本書の翻訳の企画を実現してくださった上に、私の訳の至らなかった点にたくさんの的確な御指摘をくださった柏書房の二宮恵一さんに心より感謝します。ありがとうございました。そのほか刊行までにお世話になった方々と、家族に感謝したいと思います。数々のアドバイスや励ましをありがとうございました。

二〇一五年　三月

安部恵子

ま

や

ら

わ

な

は

た

か

さ

索　引

著者紹介
セス・S・ホロウィッツ（Seth S. Horowitz）
神経科学者。元ブラウン大学アシスタントリサーチプロフェッサー。現在は、Advanced Brain Technologies社（Scientific Advisory Board）科学顧問。神経科学および心理物理学を用い、音楽や音のデザイン、音響ブランディングをするコンサルティング会社NeuroPopの共同創立者。妻は、音と生体模倣のアーチスト、チャイナ・ブルー。ロードアイランド州ワーリック在住。

訳者紹介
安部恵子（あべ・けいこ）
慶應義塾大学理工学部物理学科卒業。企業で製品開発などに従事したのち、翻訳業。共訳書に『元素をめぐる美と驚き』（早川書房）。そのほか翻訳協力多数。

「音（おと）」と身体（からだ）のふしぎな関係（かんけい）

2015年5月10日　第1刷発行

著　者　　セス・S・ホロウィッツ
翻　訳　　安部恵子

発行者　　富澤凡子
発行所　　柏書房株式会社
東京都文京区本郷2-15-13（〒113-0033）
電話（03）3830-1891［営業］
（03）3830-1894［編集］

装　丁　　勝木雄二
DTP　　有限会社一企画
印　刷　　壮光舎印刷株式会社
製　本　　小高製本工業株式会社

ISBN978-4-7601-4555-3 C0040